NEW WCDP

新文京開發出版股份有限公司

新世紀 · 新視野 · 新文京 — 精選教科書 · 考試用書 · 專業參考書

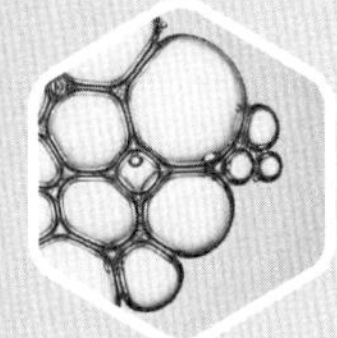
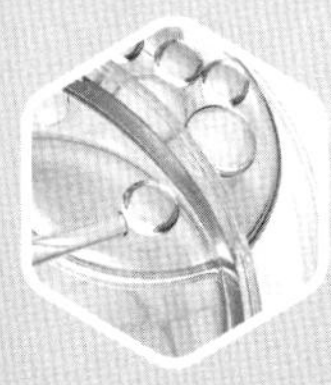

生物技術概論

第7版

鍾竺均・陳偉——編著

序言

PREFACE

「生物技術概論」的內容是整理自國內外生命科學與生物技術相關書籍及網站，並加入編著者自身投入生物科技領域的研究與教學心得而成。本書除了介紹在生物技術領域當中相當重要的基因重組技術外，對於新興領域之奈米生物技術、環境生物技術、能源生物技術及海洋生物技術等亦有所著墨。其目的是希望莘莘學子能夠以更宏觀的角度來認識生物技術，並更加瞭解生物技術的內涵。本書除了適合當作生物科技與生物技術相關學系大學部學生的參考用書外，亦可作為非生物相關科系的通識課程教科書。

本書自付梓至今，受到許多大專院校及高職農校相關科系的支持與採用，特此感激。為使讀者獲得完整的生物技術相關知識，廣納各方建議與指正後予以再版，第七版內容主要是新增生物技術相關的最新資訊，例如：嚴重特殊傳染性肺炎(COVID-19)病毒的檢測與疫苗的研發。本書各章章末設計有「小試身手」單元，以方便考試、複習及教學之用。

本書在內容編撰上力求嚴謹，並且經過再三審校，以求內容之正確及完整，但若仍有遺漏之處，敬祈各方專家學者不吝賜教，提供寶貴意見。是所企盼，不勝感謝。

鍾竺均　謹識

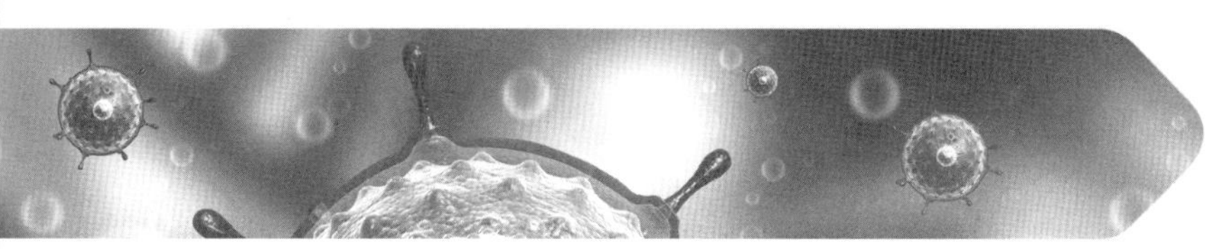

CONTENTS

CHAPTER 1 **生物技術概論** 1

1-1 何謂生物技術 2
1-2 傳統生物技術 3
1-3 現代生物技術 7

CHAPTER 2 **分子生物技術** 19

2-1 細胞構造 20
2-2 遺傳物質染色體的構造 25
2-3 DNA 雙股螺旋的構造 25
2-4 DNA 複製（遺傳訊息的傳遞） 28
2-5 蛋白質 31
2-6 基因調控 32
2-7 DNA 重組技術 35
2-8 基因庫的建立與篩選 38
2-9 DNA 分析法 39

CHAPTER 3 **食品生物技術** 51

3-1 食品生物技術的內涵 52
3-2 特用化學品及食品生物技術產業 55
3-3 基因改造食品的檢驗法 57
3-4 幾丁質與幾丁聚醣 59

CONTENTS

CHAPTER 4 動物與植物生物技術 65

4-1 動物生物技術 66
4-2 植物生物技術 76
4-3 生物防治在農業方面的應用 86

CHAPTER 5 醫藥生物技術 91

5-1 人類基因體計畫 92
5-2 基因治療 94
5-3 免疫作用 98
5-4 幹細胞 104
5-5 組織工程 108
5-6 製藥與生物技術 112
5-7 藥物基因體學 113
5-8 中草藥 114
5-9 嚴重特殊傳染性肺炎(COVID-19) 116

CHAPTER 6 環境生物技術 121

6-1 環境生物技術與五大演進期的關聯性 122
6-2 環境生物技術的應用領域 124
6-3 生物技術應用於環境監測 126
6-4 生物技術應用於廢汙水的處理 134
6-5 生物技術應用於廢氣的處理 139
6-6 生物技術應用於廢棄物產生與汙染防制 147

CONTENTS

6-7 生物技術應用於生物復育 148
6-8 生物技術應用於能源產生 151

CHAPTER 7 海洋生物技術 159

7-1 水產養殖 160
7-2 海洋天然物 166

CHAPTER 8 奈米生物技術 173

8-1 奈米生物技術概述 174
8-2 生命科學領域 175
8-3 生物醫學領域 176
8-4 國外的產業化奈米生物技術 182
8-5 全球奈米生物技術的發展現況 182
8-6 奈米生物技術的未來發展趨勢 186

CHAPTER 9 後基因體時代 195

9-1 功能基因體學 196
9-2 蛋白質體學 196
9-3 結構生物學 201
9-4 生物資訊 202
9-5 生物晶片 207

APPENDIX 附錄 | 基因重組實驗守則 213

REFERENCE 參考資料 262

CHAPTER 1

生物技術概論

1-1　何謂生物技術

1-2　傳統生物技術

1-3　現代生物技術

INTRODUCTION TO BIOTECHNOLOGY

－前言－

有許多人推測，21 世紀三大明星科技產業為資通訊技術、奈米技術及生物技術，因此各國政府均投入大筆預算經費做為提升國家科技與經濟的競爭力。而生物技術的重要性在於生物技術能解決人類在 21 世紀所面臨的種種問題，諸如人口爆炸所衍生的糧食問題、人口高齡化所面臨的醫療問題、人類過度開發所造成的環境問題、高科技生活與工業發展所產生的能源問題等。

本章介紹生物技術的定義與傳統生物技術的起源，而現代生物技術是從基因重組技術之後開始蓬勃發展，我們現在正處於一個生物技術結合其他高科技的時代，其發展目的是讓人類活得更健康，甚至增長人類的壽命。

1-1 何謂生物技術

「生物技術」(biotechnology)這個名詞最早是由匈牙利科學家 Karl Ereky 於 1917 年提出的。當時的定義是指將甜菜作為飼料來進行大規模的養豬事業，亦即利用生物將原料轉變為產品。現今則根據美國生技產業協會的定義：「生物技術是利用生物的製程或分子與細胞的層次，來解決問題並製造有用物質及產品的技術。」

廣義而言，所謂生物技術，是利用生物（動物、植物或微生物）或其產物來生產對人類醫學或農業有用的物質或生物。生物技術並非新興技術，長久以來人類已仰賴其作為食品及醫療之用。從早期利用微生物對於有機物進行代謝分解（如製造醬油與啤酒），到醫療用的抗生素、疫苗，以及水果、花卉、農作物的改良育種等。只是近幾十年來，由於遺傳科學的突破，遺傳密碼逐漸為人所知，利用改變根本的遺傳特質達到改良的目的成為可能，生物技術的潛力得以完全發揮。

我國經濟部工業局對「生物技術」的定義為：「運用生命科學方法（如基因重組、細胞融合、細胞培養、醱酵工程、酵素轉化等）為基礎，進行研發、製造產品或提升產品品質，以改善人類生活素質之科學技術。」

1-2 傳統生物技術

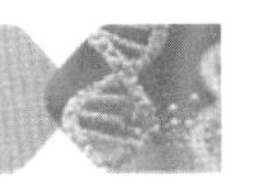

從生物技術發展歷史而言，最早的生物技術應始於 19 世紀。當時生產的產品有乳酸、酒精、麵包酵母、檸檬酸等初級代謝產物。傳統生物技術主要透過微生物的醱酵來生產商品，一般而言分成三個步驟：

1. **上游處理過程**：指的是對於粗材料進行加工，作為微生物的營養和能量來源。
2. **醱酵與轉化**：醱酵指的是微生物的大量生長，而轉化指的是微生物生理特性的改變。醱酵過程必須在一個大的醱酵槽內進行，可以連續生產某一個目的產品，比如抗生素、胺基酸或蛋白質等。
3. **下游處理過程**：主要是指所需目的產物的純化過程，既可以從細胞培養液中純化，也可以直接從細胞中純化。

在利用微生物生產商品的過程中，「生物轉化」這個環節往往是條件最難掌控的。通常用於大規模生產的培養條件往往不是自然條件下微生物的最佳生長條件。因此，一般都是利用化學突變或紫外線照射的方法來產生菌體突變，從而改良菌種，提高產量。傳統的誘導突變和選擇的方法在生物技術生產中獲得了較大的成功，多種抗生素的大量生產過程就是這種方法的成功例證。

不過利用傳統方法能夠提高產量的幅度仍是有限，如果一個突變的菌株中某個成分讓一些代謝物的合成受到影響，這就會影響微生物在大規模醱酵過程中的生長。傳統的誘變和選擇的方法過程繁瑣，耗時又長，費用極高，需要繁瑣的篩選步驟。此外，利用傳統方法只能提高微生物某種原本就具有的遺傳特性，並不能給予這種微生物其他遺傳特性。所以傳統的生物技術僅僅比較侷限在化學工程與微生物工程的領域內。但是隨著 DNA 重組技術的出現，這些問題亦尋得解決之道。表 1-1 為生物技術發展之進程摘要。

表 1-1 生物技術發展史

年 代	科學家	重大貢獻
1844	Herr Carl Nageli	發現細胞分裂現象
1866	Gregor Mendel 喬治．孟德爾	發表研究報告「植物雜交實驗」，提出分離律及自由配合律等遺傳定律，被譽為遺傳學之父
1870	Theodor Schwann 許旺	利用顯微鏡發現染色體
1889	Altman 阿特曼	分離細胞核中的蛋白質以得到核酸
1905	Nettie Stevens 妮蒂．史帝文斯	發現性染色體
1913	Alfred Sturtevant 亞弗列德．史德提文特	發表以置換值作為染色體上基因相對距離的想法，建立染色體上基因間位置關係及其距離的「基因聯鎖圖」理論
1915	Thomas Hunt Morgan 摩根	透過「果蠅實驗」，確認遺傳基因位於染色體上，證明並發展了孟德爾遺傳學理論，且創立染色體遺傳理論，被譽為現代遺傳學的奠基者；於 1933 年獲得諾貝爾生理醫學獎
1924	Feulgen 福爾根	發現核酸中有兩種五碳糖－核糖核酸(RNA)與去氧核糖核酸(DNA)
1928	Frederick Griffith 格里夫茲	利用肺炎鏈球菌之 R 型及 S 型，以老鼠做實驗，證實遺傳物質為 DNA 而不是蛋白質
1929	列文	證明核酸是由簡單的核苷酸所組成，而核酸鹼基的主成分為嘌呤（腺嘌呤、鳥嘌呤）與嘧啶（胸腺嘧啶、胞嘧啶）
	Alexander Fleming 亞歷山大．弗來明	發現青黴菌產生的特殊物質可抑制葡萄球菌的生長；於 1945 年獲得諾貝爾生理醫學獎
1944	Oswald Avery 奧斯華．艾弗里	證明基因是由 DNA 組成的
1946	Edward Tatum, Joshua Lederberg 愛德華．塔特姆、 約舒亞．萊德伯格	利用大腸桿菌作為研究對象，發現當兩種細菌混合培養時，會出現一種細菌的 DNA 轉移到另一種細菌上，產生基因重組的現象；於 1958 年獲得諾貝爾生理醫學獎

表 1-1 生物技術發展史（續）

年 代	科學家	重大貢獻
1952	Max Delbruck, Alfred Hershey, Salvador Luria 麥克斯・德爾布呂克、 阿弗列・赫希、 薩爾瓦多・盧瑞亞	利用病毒 DNA 來產生新的病毒，進一步證明 DNA 是遺傳物質；於 1969 年獲得諾貝爾生理醫學獎
1953	James Watson, Francis Crick 詹姆斯・華森、 弗朗西斯・克立克	依據 DNA 的 X 光繞射照片，提出 DNA 雙螺旋結構模型及其遺傳機制；於 1962 年獲得諾貝爾生理醫學獎
1954	George Gamow 喬治・伽莫夫	提出蛋白質的遺傳密碼是由三個鹼基排列而成的假說
1958	Matthew Meselon, Frank Shahl	發現 DNA 的半保留複製機制
1961	Marshall Nirenberg 馬歇爾・尼恩伯格	發現蛋白質之產生與三個為一組之核苷酸遺傳密碼有關；於 1968 年獲得諾貝爾生理醫學獎
1963	H. G. Khorana, M. Nirenberg 霍拉納、馬歇爾・尼恩伯格	用化學的方法合成了 64 種可能的遺傳密碼，並測出 20 種胺基酸的遺傳密碼
1970	Hamilton Smith, Werner Arber, Daniel Nathans 漢密爾頓・史密斯、 維爾納・亞伯、 丹尼爾・納森	發現 DNA 限制酶；於 1978 年獲得諾貝爾生理醫學獎
	Jacques Monod, Francois Jacob 賈克・莫諾、 法蘭斯瓦・雅各布	發現基因可以彼此調控，並提出 DNA 操作子理論；於 1965 年獲得諾貝爾生理醫學獎

表 1-1 生物技術發展史（續）

年 代	科學家	重大貢獻
1973	Stanley N. Cohen, Herbert W. Boyer 科恩、博耶	他們是最早將 DNA 切割成片段，再將不同的片段重組，接著將這些新的基因殖入大腸桿菌，並且申請了第一個基因重組技術的專利
1975	Edwin Southern	建立南方墨點分析法
	Georges J. F. Köhler, César Milstein 柯勒、麥爾斯坦	利用融合瘤技術完成單株抗體製備；於 1984 年獲得諾貝爾生理醫學獎
	F. Sanger 桑格	建立核苷酸的定序方法；於 1980 年獲得諾貝爾化學獎
1977	P. A. Sharp, R. J. Roberts 夏普、羅伯特	發現基因排列是不連續的，並有插入序列(intron)；於 1993 年獲得諾貝爾生理醫學獎
1982	Stanley Prusiner 史丹利．普魯西納	發現不具核酸，但具遺傳特性的感染性蛋白質顆粒(Prion)；於 1997 年獲得諾貝爾生理醫學獎
1983	Kary B. Mullis 凱瑞．穆利斯	發明聚合酶鏈鎖反應法(PCR)；於 1993 年獲得諾貝爾化學獎
1992	NIH 與 CEPH	美國國家衛生研究院(NIH)與法國人類多樣性研究中心(CEPH)合作建立人類染色體之基因圖譜
1996	Ivan Wilmut 伊安．威爾瑪	成功地由成熟母羊乳房細胞複製出羊，取名為「桃莉」
2000	各國科學家	成功繪製出人類基因體圖譜草圖
2001	各國科學家	人類基因體發表於 Science and Nature 期刊，使全世界科學家得以開始進行人類基因體之研究
2002	Ralph Dean 拉爾夫．迪恩	完成主要稻米病原真菌(*Magnaporthe grisea*)之基因序列，使得科學家得以釐清稻米與病原菌間分子層次之關連性
2004	Judah Folkman 猶大．福克曼	抗血管生成之抗癌藥物 AVASTIN®第一次被 FDA 核准

表 1-1 生物技術發展史（續）

年代	科學家	重大貢獻
2006	NIH	美國國家衛生研究院(NIH)以基因測試方法進行為期10 年、10,000 例患者的研究，以預測乳腺癌復發之可能性
2010	Paolo Macchiarini（巴塞羅那大學教授）	利用幹細胞生長在膠原蛋白支架，作為人工食道，並成功移植到英國男孩身上
2010	John Craig Venter 約翰．克雷格．文特爾	合成了全世界第一個合成細胞（將人工設計、合成、組裝好的絲狀支原體(*Mycoplasma mycoides*)移植入受體細胞中，一段時間後，該移植細胞完全由合成的基因組控制）
2013	Human Brain Project（人類腦計畫）	來自歐洲、美國和日本超過 80 個研究機構，在歐盟委員會的幫助下啟動「人類腦計畫(HBP)」。希望在十年內可盡可能完整地模擬人類的大腦。

1-3 現代生物技術

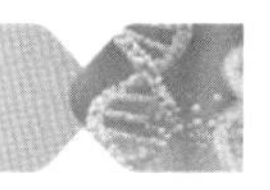

現代生物技術的發展對於全球經濟與人類生活都造成了重大的改變。現代生物技術又稱為生物工程，是指利用生物有機體（從微生物直至高等動物）或其組成部分（如器官、組織、細胞等）發展新工藝或新產品的一種科學技術體系，但常以分子為單位來詮釋生物現象。而現代生物技術肇始於 1973 年的 DNA 重組技術與 1975 年的融合瘤(hybridoma)技術。DNA 重組技術顯示了細胞具有自我複製數百萬次的能力，其經濟力量才在日後後逐漸形成基因工程技術，包括細胞工程、酵素工程及醱酵工程等。

時至今日，生物技術應用範圍日益拓廣，如：食品、醫藥、化工、農業、環保、能源與國防等，其發展潛力亦與日劇增，並為世界之醫療、能源、環保與糧食等問題提供了解決之道。因此，隨著 20 世紀末電子資訊產業時代的成熟發展後，21 世紀起將會是生物科技產業的時代。

現代生物技術的應用範圍

一般而言，現代生物技術的應用可以分成以下五項：

一、DNA 重組技術

1. **定義**：DNA 重組技術即針對不同生物的遺傳基因，根據人們的意願，進行基因的切割、拼接及重新組合，再轉入生物體內，產生出人們所期望的產物或創造出具有新的遺傳特徵的生物類型。

2. **發明者**：DNA 重組技術是在 1973 年由 Boyer 和 Cohen 所發明，他們利用限制酶將 DNA 切成特定的片段，再與質體 DNA 結合，經轉形過程將此重組 DNA 送入大腸桿菌(*E. coli*)，重組 DNA 的數量隨細菌的分裂而增加，一天之內 DNA 分子就可以擴增到數十億倍。

3. **益處**：DNA 重組技術和基因複製技術的發展，讓科學家可以在很短的時間內有效分離、鑑定及複製基因。其益處包括：

   (1) 使生物技術過程中生物轉化的過程變得更為有效：DNA 重組技術可以分離並利用人工方式製造高產量的微生物菌株，原核生物細胞和真核細胞都可作為生物工廠來生產胰島素、干擾素、生長激素等大量的外來生物所具有的蛋白質。

   (2) 簡化許多化合物和大分子的生產過程。

   (3) 使植物和動物也可以作為天然的植物或動物工廠，用來生產新的或改造過的基因產物，例如：螢光鼠、彩色海芋、螢光魚等（圖 1-1~1-3）。

   (4) 簡化新藥的開發時間和檢測系統。

• 圖 1-1　基因轉殖生物－螢光鼠

• 圖 1-2　農業生技產品－彩色海芋

• 圖 1-3　漁業生技產品－螢光魚

事實上，DNA 重組技術在很大程度上得益於分子生物學與細菌遺傳學，但同時 DNA 重組技術也讓發生生物學、分子進化、細胞生物學及遺傳學等學科，產生革命性的影響，使得生命科學日新月異，其進展一日千里，成為 20 世紀以來發展最快的學科之一。

二、蛋白質工程

蛋白質工程主要包括瞭解蛋白質的 DNA 編碼序列、蛋白質的分離純化、蛋白質的序列分析和結構功能分析、蛋白質結晶和結構力學分析等。蛋白質工程為改造蛋白質的結構和功能找到了新途徑，推動了蛋白質和酶的研究。

三、細胞工程

細胞是生物體的結構單位和功能單位。細胞工程是利用細胞的全能性，採用組織與細胞培養技術對動、植物進行修飾，為人類提供優良品種和保存瀕臨絕種的珍貴物種，主要包括體細胞融合、細胞核移植及染色體片段重組。

1. **體細胞融合**：是指兩個不同種類的細胞，在一定條件下，彼此融合成雜交細胞，如此一來，兩個原本細胞內的基因有可能都被表現。

2. **細胞核移植**：細胞核對動物優良雜交種的無性繁殖具有重要的意義，如動物複製技術。

3. **染色體片段重組**：是利用染色體替換來改變生物遺傳特性，如利用染色體的易位、缺體等方法，獲得新的染色體組合。

四、酶工程

酶是生物體內的一種具有催化劑作用的特殊蛋白質，它們可特定地促成某個反應而自身卻不參與其中，具有反應效率高、反應條件溫和、反應產物汙染小、耗能低及反應易於控制等優點。酶工程即利用酶的催化作用，在特定的生物反應器中，將原料轉化成所需的產品，主要應用於食品工業與醫藥工業的領域，例如：幾丁質酶(chitinase)之應用。

五、複製技術

複製技術指的是將生物的體細胞以無性生殖的方式大量繁殖成為另一個完整的生物體，其外型與遺傳基因與原來生物完全一樣。1970 年代，英國劍橋大學的高登(Gurdon)教授利用一種非洲爪蟾(*Xenopus laevis*)的腸細胞複製出一隻爪蟾成體，這是第一次利用體細胞複製成功的生物。直到 1996 年於英國誕生的複製羊桃莉，則是第一個利用體細胞複製出的哺乳動物。

現代生物技術的發展趨勢

近年來，現代生物技術領域的研發交出許多顯著的成績，也為人類創造和製造了許多有用的商品條件。目前，多數與人類健康密切相關的基因都已經可以大量複製和表現，例如胰島素(insulin)、生長激素(growth hormone)、單株抗體(monoclonal antibody)等基因工程藥物已正式生產上市。根據統計，世界各國准許進行基因轉殖的作物已超過 4,000 種，尤以基因轉殖抗蟲及抗除草劑作物居多。所以現代生物技術已廣泛地應用在農業、醫藥、食品、環保、海洋等領域。

現代生物技術的核心技術與衍生技術領域包括細胞培養(cell culture)、離體受精(*in vitro* fertilization)、基因序列解讀技術(gene sequence analysis technique)、生物資訊學(bioinformatics)、結構生物學(structural biology)、基因體學(genomics)、蛋白質體學(proteomics)、幹細胞(stem cell)研究、基因轉殖生物(transgenic organisms)、組織工程(tissue engineering)、複製動物(cloning animals)、基因治療(gene therapy)及功能性基因體學(functional genomics)等。

現代生物技術的特點包括以下七項：

1. 基因操作技術不斷改善，只要有新技術及新方法產生，便迅速申請專利並加以商業化，而在市場上廣為應用。
2. 基因工程藥物和疫苗的研究與開發突飛猛進，生物製劑的產業化前景十分看好。
3. 基因轉殖動植物的相關研究已有重大突破，給農林漁牧業帶來新的契機。
4. 闡明生物基因體的結構與功能是當今生命科學發展的一個主流方向。目前已有許多種原核生物及真核生物的基因體序列已被定序（目前主要有人類、水稻、阿拉伯芥等）。與人類重大疾病相關的基因和與農作物產量、質量、抗病性、抗蟲性等有關基因結構與功能及其應用研究是今後研發重點。
5. 基因治療的進展，原預計到 2015 年左右，有關惡性腫瘤（癌症）、愛滋病等嚴重疾病的治療可望有所突破，然而目前已經 2016 年暫仍無重大突破。
6. 蛋白質體學是基因體學的延續，它將功能性基因體學、結構生物學及生物資訊加以整合，形成一門高度綜合的學科。
7. 網際網路技術的日趨發達和完善，許多研究成果都可以自由在網路上取得，大大加速了生物技術的研究、應用與開發。

現代生物技術的商業化

生物技術研究的最終目標是生產商業產品，因此，現代生物技術在某種程度上是由經濟的需求所推動的，商業投資不僅在支撐著現代生物技術的研究，而且對於商業回報的預期也使人們在現代生物技術發展的早期階段積極地對它進行投資。現代生物技術除了應用於醫藥物品（胰島素）外，主要用於食品。

其首例為重組 DNA Chymosin（乾酪凝乳用酵素）。1994 年美國食品藥物管理局(Food and Drug Administration, FDA)才核准第一個重組 DNA 農產品 Flavr Savr（基因重組番茄）上市，目前市面上已經有相當多的基因重組農產品上市。

在生技研發商業化的過程中，過去生技公司都渴望最後成為醫藥公司，以便與現有的主要醫藥公司相抗衡。但是新藥從研發到上市，投入的成本估計要 5~10 億美金，幾乎沒有幾家小公司能夠支付這樣的成本。所以一般中小型的生技公司較傾向於成為純粹的技術專家，並對醫藥公司提供服務，如此一來，只需要較少的資金，可以降低風險。針對這樣接受大型醫藥公司委託提供研發技術的生技公司，稱為委託研究機構(contract research organization, CRO)。此外，也有所謂的受託生產機構(contract manufacture organization, CMO)會接受製藥公司的委託，提供生技產品生產時所需要的製程、配方開發、臨床試驗用藥、化學或生物合成的原料藥生產、中間體製造、製劑生產及包裝等服務。

世界各國對於生物技術產業的投入

全球目前的生技公司總數已超過 5,000 家，其中已上市的超過 600 家。目前全球生物技術的產值每年已超過 1.2 兆美元，其中以醫療產業的市場最大，其次是檢驗試劑、農業生技產品及特用化學品等。以國家而言，美國居全球生技產業領導地位（>45%市場占有率），境內的生技公司超過 1,500 家。

台灣的生技產業發展始於 1980 年代，發展領域以醫藥、食品生物科技、農業生物科技及醫療器材為主。目前我國生技產業營業額已超過新臺幣 3,500 億元，生技公司總數超過 2,000 家，並有將近 200 家生技公司上市櫃或於興櫃市場登錄。2002 年在行政院所核定的「挑戰 2008：國家發展重點計畫」當中，將生物技術產業列為政府「兩兆雙星」的明日之星，主要預算將投入於基因體醫學國家型計畫、農業生物技術國家型科技計畫及生技製藥國家型科技計畫中。事實上，全球對於以中草藥作為輔助治療的案例逐漸增加，全球中草藥市場更以每年 10%的速率成長，目前每年產值已超過美金 250 億元。而台灣使用中草藥來治療慢性疾病已歷史悠久，因此中草藥產業是台灣在生技產業領域中最具優勢與競爭力的一環，利用基因體學及蛋白質體學研發中草藥，也是目前積極規劃與推動的研究重點。

此外，水產養殖與食品生物技術也是台灣專長的生技領域之一。因人口不斷增加，陸地生物已不足為提供蛋白質的主要來源，加上我國與挪威、日本都是水產養殖非常發達的國家，故未來以海洋當作牧場來養殖水生生物是趨勢所在。

台灣四面環海，具有探索海洋的便利性，而許多海洋生物具有治療癌症的成分，若能善加利用，將可造福人群。另外，國人非常喜歡食用健康食品來增進健康，靈芝、紅麴、冬蟲夏草、巴西洋菇是近年來亞洲地區銷售量極佳的健康食品，這些真菌的液體醱酵培養技術也是台灣生技公司的專長。其中台灣本土原生物種－樟芝，其所含有的多醣體已被證實具有保健功能，也相當具有開發潛力。

現代生物技術的發展遠景

由於生物技術是以生物(包括動物、植物、微生物)為原料來生產產品的，因此其原料具有再生性，同時利用生物系統生產產品產生的汙染物很少，對環境的破壞性極小或幾乎沒有，重組微生物甚至還可以消除環境中的汙染物。例如油輪在大海中發生漏油現象時，利用可以代謝原油的微生物來清除油汙是對於環境永續利用最好的方法，不過缺點是微生物的清除速度要比利用化學藥品來的慢。鑒於生物技術產業的種種特點，清潔、經濟的生物技術必然會在 21 世紀獲得更大的發展。

1. **生技製藥方面**：輝瑞(Pfizer)藥廠的藍色精靈－威而剛(Viagra®)是藥物研發中的成功實例之一。威而剛最早應用於心肌缺氧疾患，它讓心肌供血量增加，可預防或治療心絞痛。結果發現威而剛的副作用可以延長男性性興奮時陰莖勃起的時間，其原理是促使陰莖動脈的平滑肌鬆弛，進而使得進入陰莖的血流源源不絕，並能夠在適當的情境發生勃起。因此可治療勃起功能障礙男性患者，也讓一些藥廠開始研發具有跟威而剛類似功能的藥物。

   此外，國內的幾家生技藥廠，也都有不錯的表現。例如中化合成、生達、永信(嗜睡症治療劑－Modafinil 錠劑)、喬聯科技、台灣元生、國慶化學、華泰生物及永光化學等十數家，主要產品包括抗體、血漿藥品、心血管用藥、癌症用藥(腫瘤抑制、癌症治療)、抗氣喘新藥及疫苗等。

2. **動物胚胎移植技術**：除了生物技術製藥外，動物胚胎移植技術在美國及加拿大已進入實用化階段，目前世界上共有兩百多家家畜胚胎移植公司。

3. **農業生物技術**：利用組織培養及細胞大量繁殖法開發出的植物新品種有棕櫚、香蕉、甘蔗等上百種再生植株，目前已在市場銷售的商品包括農作物、林木、瓜果、花卉等，美國已有十幾個蘭花工業中心，在新加坡、泰國僅出口蘭花一項外匯就超過 1,000 萬美元。以台灣而言，目前農產外銷產值最高為蘭花（2018 年已達 2 億美金），其種苗來自於組織培養苗。

現代生物技術對人類與環境的影響

現代生物技術為人類生活提供了多方面的便利，主要包括以下五項：

1. 能夠更加準確地診斷、預防或治療慢性疾病、傳染病和遺傳疾病。
2. 可以有效地提高農作物的產量，並藉由基因轉殖法獲得具有抗蟲、抗真菌、抗病毒、抗逆境等優良性狀的農作物。
3. 以微生物、植物或動物當作工廠，製造出藥物、胺基酸、蛋白質等物質。
4. 創造帶有更多優良性狀的家畜和其他動物（見圖 1-4，複製羊）。
5. 簡化從環境中清除汙染物和廢棄物的程序。

• 圖 1-4　複製羊
（圖片來源：行政院農業委員會網站 http://www.coa.gov.tw）

除此之外，生物技術已廣泛運用到日常生活中，例如美國有些州已建立 DNA 資料庫來偵查犯罪，確定罪犯。對懷孕中的胎兒進行染色體篩檢，以分析胎兒是否帶有遺傳缺陷基因。而聚合酶鏈鎖反應(PCR)、限制片段長度多型性分析(RFLP)及墨點法(blotting)也逐步廣泛用於多種疾病的分子診斷。

雖然現代生物技術的發展已經給人類社會帶來許多好處，但是生物技術也給人類社會帶來了許多意想不到的衝擊，有可能會出現許多人們始料未及的後果。例如複製生物的誕生後，隨之誕生的複製人，是否有可能破壞人類社會原有的秩序？胚胎幹細胞的研究所牽涉的倫理議題，利用胚胎幹細胞做研究是否符合倫理與道德規範？基因改造生物是否會降低自然界的遺傳多樣性或是對其他生物體造成危害，甚至影響環境生態？基因診斷的程序會不會侵犯個人隱私權？經過基因改造過的生物可不可以變成私人擁有的財產？農業生物技術是否會徹底改變傳統的耕作方式？強調現代生物技術的商業利益是否意味著只有富人能夠有機會享受成果，窮人卻無法受用？這些問題目前都沒有答案，許多科技與人文的衝突議題仍有待我們去討論。

現代生物技術的管理與規範

由於對現代生物技術可能帶來的不良後果之擔憂，在 1975 年，包括 Boyer 和 Cohen 在內的美國科學家要求禁止一切有潛在危險性的基因轉殖實驗，甚至有人要求全面禁止所有的基因操作實驗。從那時候開始，現代生物技術就不再僅僅是一個科學問題，而成為了世界各國政府關注的社會問題。之後的十幾年，科學家們彙整了自己的研究經驗，提出了對於現代生物技術安全性的指導方案。

目前全世界對基因改造生物及產品的管理規範，美國、日本及歐盟等國家大都由現有管理機構負責管理，但其他國家則由中央生物安全委員會負責。另外，超過 180 個國家簽署的生物多樣性公約(Convention on Biological Diversity, CBD)，規範締約國應該要致力於生物多樣性的保育生物之永續利用與資源利用所衍生之利益。

小試身手
EXERCISE

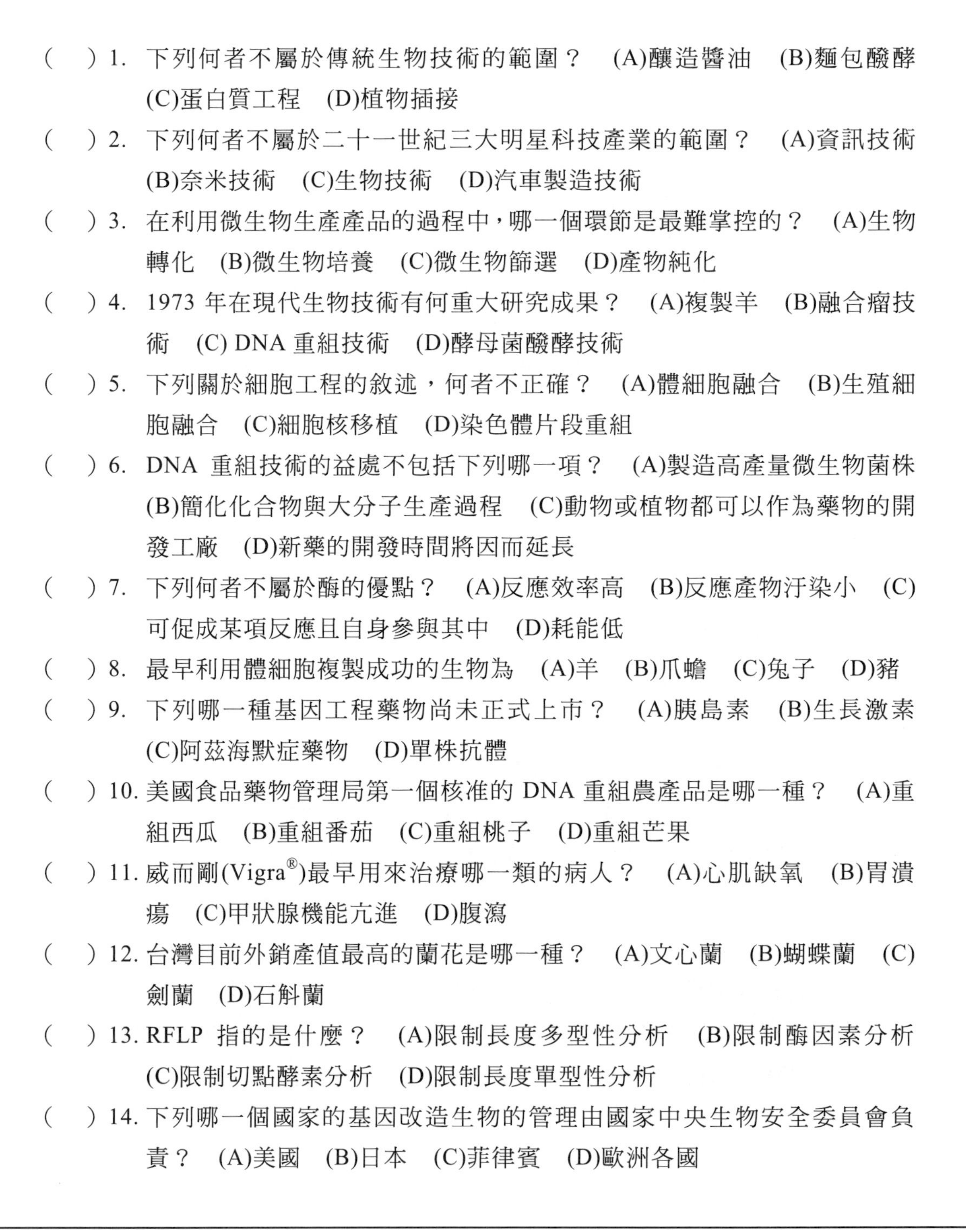

(　　) 1. 下列何者不屬於傳統生物技術的範圍？ (A)釀造醬油 (B)麵包醱酵 (C)蛋白質工程 (D)植物插接

(　　) 2. 下列何者不屬於二十一世紀三大明星科技產業的範圍？ (A)資訊技術 (B)奈米技術 (C)生物技術 (D)汽車製造技術

(　　) 3. 在利用微生物生產產品的過程中，哪一個環節是最難掌控的？ (A)生物轉化 (B)微生物培養 (C)微生物篩選 (D)產物純化

(　　) 4. 1973 年在現代生物技術有何重大研究成果？ (A)複製羊 (B)融合瘤技術 (C) DNA 重組技術 (D)酵母菌醱酵技術

(　　) 5. 下列關於細胞工程的敘述，何者不正確？ (A)體細胞融合 (B)生殖細胞融合 (C)細胞核移植 (D)染色體片段重組

(　　) 6. DNA 重組技術的益處不包括下列哪一項？ (A)製造高產量微生物菌株 (B)簡化化合物與大分子生產過程 (C)動物或植物都可以作為藥物的開發工廠 (D)新藥的開發時間將因而延長

(　　) 7. 下列何者不屬於酶的優點？ (A)反應效率高 (B)反應產物汙染小 (C)可促成某項反應且自身參與其中 (D)耗能低

(　　) 8. 最早利用體細胞複製成功的生物為 (A)羊 (B)爪蟾 (C)兔子 (D)豬

(　　) 9. 下列哪一種基因工程藥物尚未正式上市？ (A)胰島素 (B)生長激素 (C)阿茲海默症藥物 (D)單株抗體

(　　) 10. 美國食品藥物管理局第一個核准的 DNA 重組農產品是哪一種？ (A)重組西瓜 (B)重組番茄 (C)重組桃子 (D)重組芒果

(　　) 11. 威而剛(Vigra®)最早用來治療哪一類的病人？ (A)心肌缺氧 (B)胃潰瘍 (C)甲狀腺機能亢進 (D)腹瀉

(　　) 12. 台灣目前外銷產值最高的蘭花是哪一種？ (A)文心蘭 (B)蝴蝶蘭 (C)劍蘭 (D)石斛蘭

(　　) 13. RFLP 指的是什麼？ (A)限制長度多型性分析 (B)限制酶因素分析 (C)限制切點酵素分析 (D)限制長度單型性分析

(　　) 14. 下列哪一個國家的基因改造生物的管理由國家中央生物安全委員會負責？ (A)美國 (B)日本 (C)菲律賓 (D)歐洲各國

(　) 15. 下列哪一項不屬於利用微生物清除海上原油的優點？ (A)節省成本 (B)不會對環境造成汙染 (C)清除速率快 (D)可以完全分解油汙

(　) 16. 靈芝、紅麴及巴西洋菇屬於哪一類生物？ (A)黏菌 (B)真菌 (C)細菌 (D)藻類

(　) 17. 下列中英名詞對照，何者不正確？ (A)委託研究機構－CRO (B)胃蛋白酶－chymosin (C)受託生產機構－CMO (D)墨點法－Blotting

(　) 18. 下列何者不算是健康食品？ (A)靈芝 (B)紅麴 (C)薯條 (D)巴西洋菇

(　) 19. 下列敘述何者不正確？ (A)美國算是全球生物科技發展居領導地位的國家 (B)嗜睡症治療劑－Modafinil 錠劑是國內中化合成的研發藥品 (C)目前全世界有超過兩百家的家畜胚胎移植公司 (D)國內外銷的蘭花種苗來自於組織培養苗

(　) 20. 下列敘述何者不算是現代生物技術的核心技術？ (A)幹細胞研究 (B)動植物分類 (C)組織工程 (D)基因治療

(　) 21. 下列關於科學家與其貢獻的關連性，何者正確？ (A)阿特曼(Altman)－利用顯微鏡發現染色體 (B)格里夫茲(Frederick Griffith)－發現核酸中兩種五碳糖－RNA 與 DNA (C)亞歷山大．弗來明(Alexander Fleming)－發現青黴菌可以產生特殊物質，抑制葡萄球菌生長 (D)霍拉納(H. G. Khorana)、馬歇爾．尼恩伯格(M. Nirenberg)－發現基因可以彼此調控，並提出 DNA 操作子理論

(　) 22. 下列哪一位學者並未獲得諾貝爾生理醫學獎？ (A)馬歇爾．尼恩伯格(Marshall Nirenberg) (B)賈克．莫諾(Jacques Monod)、法蘭斯瓦．雅各布(Francois Jacob) (C)夏普(P .A. Sharp)、 羅伯特(R. J. Roberts) (D)格里夫茲(Frederick Griffith)

(　) 23. 下列何者非為我國經濟部工業局對生物技術「定義」之領域？ (A)基因重組 (B)醱酵工程 (C)組織分類 (D)細胞融合

(　) 24. 現代生物科技是以何種單位來詮釋生物現象？ (A)原子 (B)細胞 (C)分子 (D)生物體

解答 QR Code

MEMO

INTRODUCTION TO
BIOTECHNOLOGY

CHAPTER 2

分子生物技術

2-1 細胞構造

2-2 遺傳物質染色體的構造

2-3 DNA 雙股螺旋的構造

2-4 DNA 複製（遺傳訊息的傳遞）

2-5 蛋白質

2-6 基因調控

2-7 DNA 重組技術

2-8 基因庫的建立與篩選

2-9 DNA 分析法

－前言－

本章藉由細胞基本結構之介紹導入分子生物的一些概念。包括 DNA 的複製、細胞的轉錄與轉譯作用、原核與真核細胞的基因調控機制等。另外也提到基因重組技術，就讀生物科技相關系所的學生應該具備本章所提到的相關知識，再加上實際的實驗室經驗，方能對各項技術有更深刻的瞭解。

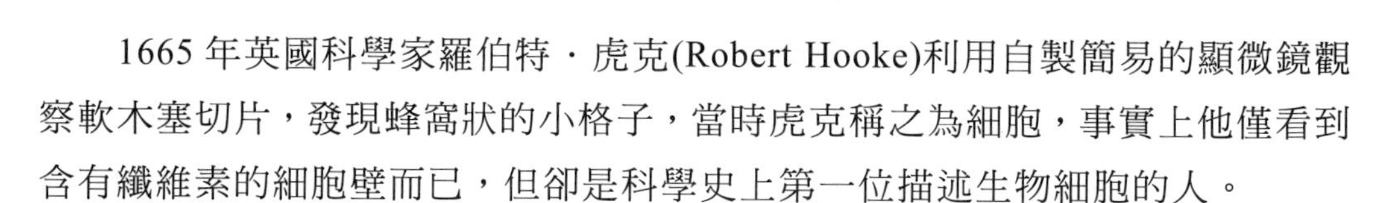

2-1 細胞構造

1665 年英國科學家羅伯特．虎克(Robert Hooke)利用自製簡易的顯微鏡觀察軟木塞切片，發現蜂窩狀的小格子，當時虎克稱之為細胞，事實上他僅看到含有纖維素的細胞壁而已，但卻是科學史上第一位描述生物細胞的人。

地球上所有生物都具有相同的基本構造，皆由細胞(cell)所構成，原始的動植物體僅由一個細胞構成，一般稱之為單細胞生物，例如：細菌、藍綠藻及眼蟲。大部分的生物則是超過一個細胞所組成，稱之為多細胞生物，例如：黴菌、藻類、植物及動物。相同或類似之細胞構成組織(tissue)，數種組織再組成器官(organ)，低等生物雖無器官，但有類似器官功能之「胞器」(organelles)。細胞為生物構造與機能單位，也是生命的基本單位，含括一切生命的特性，這就是所謂的「細胞學說」(cell theory)。

細胞的基本構造

細胞是構成生物體的基本單位，「構成細胞的主要物質」包括水、醣類、脂質、蛋白質、核酸（去氧核糖核酸(DNA)和核糖核酸(RNA)兩種）及其他微量物質。

細胞的基本構造一般可分細胞核、細胞質及細胞膜三部分，不過，植物或細菌除了細胞核、細胞質及細胞膜以外，尚具細胞壁的構造。

1. **細胞核(cell nucleus)**：一般位於細胞中央，通常有核膜包覆於外（原核細胞沒有），內含 DNA（遺傳物質）和蛋白質所組成的染色體(chromosome)。細胞的新陳代謝都需要細胞核之運作，此為細胞的生命中樞。
2. **細胞質(cytoplasm)**：位於細胞膜和細胞核之間，有多種構造或胞器散布其間，大部分構造由膜包圍，形成胞器（原核細胞沒有），可確保不同的化學反應各自進行，不會互相干擾，是許多代謝反應進行的場所。
3. **細胞膜(cell membrane)**：位於細胞表面，由雙層磷脂質（一為親水端，一為疏水端）和蛋白質構成，常為細胞屏障，控制細胞內外營養、分泌物及廢物的進出（圖 2-1）。
4. **細胞壁(cell wall)**：為植物細胞或細菌細胞特有的構造，一般位在細胞膜外面，對細胞具有支持、保護或維持形狀等作用。

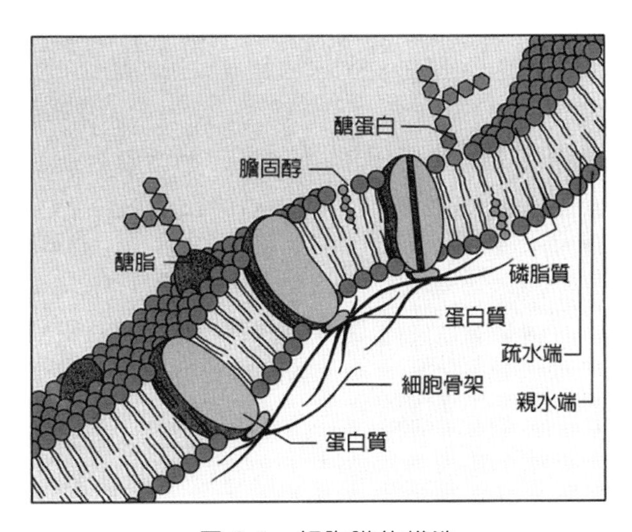

• 圖 2-1　細胞膜的構造

原核與真核細胞的主要胞器（構造）

根據原核與真核細胞構造之不同，常見的構造與胞器如表 2-1 所示。不同結構肩負不同之工作與機能，以維持生命體正常新陳代謝與運作。典型的植物細胞與動物細胞結構如圖 2-2 與圖 2-3 所示。

表 2-1 細胞構造及其功用

構 造	功 用
細胞膜 (cell membrane)	主要在控制物質之進出
細胞壁 (cell wall)	保護、避免滲透作用及維持形狀
核糖體 (ribosome)	為一種小型的核蛋白顆粒，是進行蛋白質合成之場所
中心粒 (centriole)	為半滲透層、可參與細胞分裂，當進行 DNA 複製時可形成橫隔（植物細胞沒有此種構造）
包涵體 (inclusion)	為新陳代謝之產物，可貯存廢物及營養物質
內質網 (endoplasmic reticulum)	為疊狀膜或細管之集合體，負責輸送胞內物質。具有一層薄膜，表面可與核糖體結合成粗糙內質網，與蛋白質合成有關
高爾基體 (Golgi body)	於中心體的附近，為顆粒狀、桿狀、線狀和溝狀等構造，由不規則的溝道所組成之網狀物，與細胞分泌物的產生與貯藏有密切的關係，可扮演蛋白質的修飾及定位之角色
溶小體 (lysosome)	含水解酶，負責胞內消化作用，可消化死細胞或對付進入細胞的異物（一般這些酵素都聚集在溶小體中，不會損傷正常組織）
粒線體 (mitochondria)	為雙層膜結構（外層膜平滑而內層膜摺曲），可形成許多平行之隔板向中央延伸，主要負責呼吸作用能量產生(ATP)之胞器，一般富含電子傳遞系統酵素
鞭毛 (flagella)	運動器官
線毛 (pili)	接合管道、細胞接合及附著之用
莢膜 (capsule)	保護、細胞接合、保存食物、防止水分喪失及方便附著於物體表面

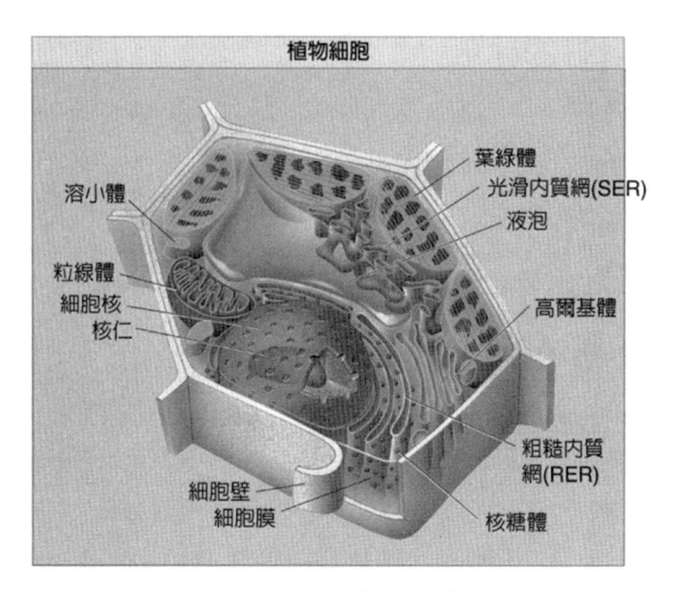

• 圖 2-2　植物細胞結構圖

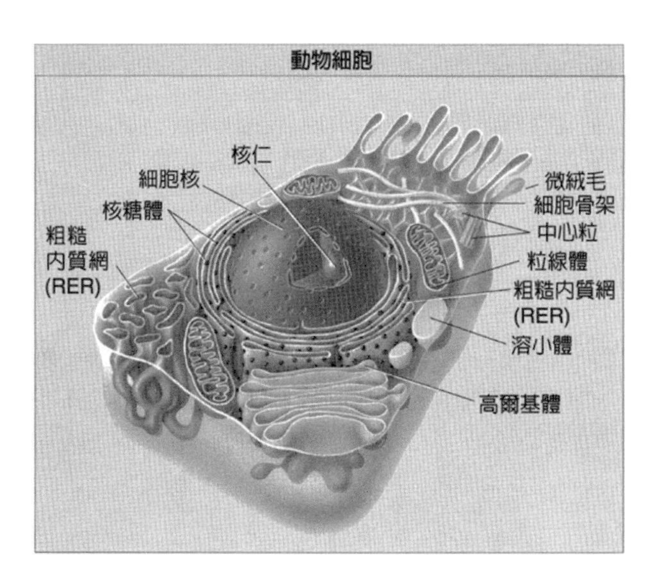

• 圖 2-3　動物細胞結構圖

原核與真核細胞的比較

細胞依核膜的有無可分為原核細胞(prokaryote)和真核細胞(eukaryote)兩類。由於原核細胞無核膜，導致遺傳物質(DNA)以裸露狀態與細胞質相接觸，而 DNA 所在區域被稱為擬核(nucleoid)，以與真核細胞之細胞核區別。兩者之差異可參見表 2-2。

表 2-2　原核與真核細胞的比較

	原核細胞	真核細胞
核體	無核膜，無有絲分裂	有核膜及有絲分裂
細胞分裂方式	細胞分裂	有絲分裂、減數分裂
DNA 的結構	單一分子，通常不和組織蛋白結合	數個或多個染色體，一般和組織蛋白結合
細胞膜的成分	不含固醇類	含固醇類
呼吸系統地點（產能地點）	呼吸系統為細胞質膜的一部分或細胞質膜所特化之中間體的一部分	存在於粒線體中
光合作用地點	光合機構由內膜組織化而成，無葉綠體（如：葉綠素）	光合機構在葉綠體
核糖體的大小	70s	除粒線體和葉綠體內的核糖體為 70s 外，其餘為 80s
細胞壁成分	化學構造複雜的細胞壁（主要為胜醣類）	如果有的話，由簡單有機物或無機物組成，常為纖維素、半纖維素，幾丁質等多醣類
液泡	極少有	常見
核仁、核膜、粒線體、內質網、高爾基體等構造	無	有
菌體大小	5 μm 以下	5 μm 以上
典型菌種	細菌及藍綠藻	真菌、藻類、原生動物（、動物、及植物）

2-2 遺傳物質染色體的構造

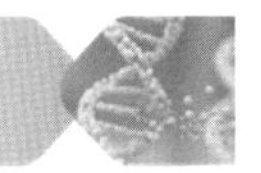

染色體(chromosome)是指細胞分裂時在細胞內部可以觀察到的棒狀構造，此種構造可以被鹼性色素染色，因而稱為染色體。

1. **染色體的組成**：染色體是由 DNA 分子纏繞而成的，而基因(gene)是由 DNA 所構成，所以可以說在 DNA 上攜帶遺傳資訊的部分就是一段基因。DNA 平常散布在細胞核中，當細胞準備分裂時，DNA 便會與細胞中的組織蛋白(histone)結合，然後纏繞起來，成為染色體。大部分生物的染色體一套有兩組，當有絲分裂染色體複製完尚未分開時，若我們將染色體染色，透過顯微鏡，便可看見清楚連在一起的姐妹染色分體(sister chromatids)。
2. **DNA 的所在位置**：細胞中的 DNA 平常存在於細胞核中，將人類一個細胞中的 DNA 連接起來，其長度可達兩公尺，如果把一個人的 DNA 全展開，長度相當於從地球到太陽 610 次。DNA 在細胞核中與組織蛋白結合以形成染色體，人類有 22 對體染色體與 1 對性染色體（女性有 2 條 X 染色體，男性有 1 條 X 染色體及 1 條 Y 染色體），共 23 對染色體。一個細胞所含有的所有遺傳物質 DNA 稱為基因體(genome)，是由一條以上的 DNA 所構成的。

2-3 DNA 雙股螺旋的構造

DNA（去氧核糖核酸）的構造是由美國分子生物學家華森(James Watson)與物理學家克立克(Francis Crick)兩位學者發現的。

生物體內的遺傳物質由核酸所構成，遺傳物質是指核酸(nucleic acid)，基本單位為核苷酸(nucleotide)，核苷酸又由鹼基(base)、五碳糖(pentose)及磷酸(phosphate)組成（圖 2-4），許多核苷酸相結合組成長長的分子鏈，即為核酸。核酸可分為核糖核酸(ribonucleic acid, RNA)和去氧核糖核酸(deoxyribonucleic acid, DNA)。前者所含的鹼基為胞嘧啶(cytosine, C)、尿嘧啶(uracil, U)、腺嘌

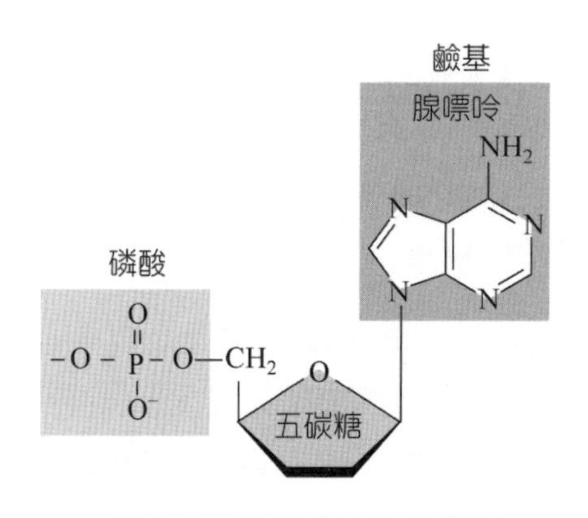

• 圖 2-4　核苷酸結構示意圖

呤(adenine)及鳥糞嘌呤(guanine, G)；而後者除胸腺嘧啶(thymine, T)取代了尿嘧啶(U)外，其餘三種鹼基皆與 RNA 相同（圖 2-5）。

DNA 好似一個模板，能夠自我複製。所謂「龍生龍、鳳生鳳，老鼠的兒子會打洞。」就是指遺傳物質由親代傳給子代的結果。遺傳物質為什麼能自我複製？它是怎樣複製的？這些問題都蘊藏在 DNA 雙股螺旋結構當中。DNA 雙股螺旋立體結構模型（圖 2-5），其螺旋骨架是由核苷酸的五碳糖（去氧核糖）和磷酸相結合而成的，由彼此反向的兩根螺旋分別伸展開來的鹼基相互結合而形成雙螺旋的橫桿。而鹼基的配對必須是 A 對著 T、G 對著 C，也就是說 A 和 T 配對，G 和 C 配對。配對方式是 A＝T 和 C≡G 間藉由氫鍵結合，從單細胞的變形蟲到多細胞高等生物的人類，都攜帶有這種遺傳物質的 DNA 雙股螺旋結構。

由於這一研究成果，華森、克立克及在 X 射線的繞射分析上作出成績的威爾金斯(Maurice Wilkins)共同獲得了 1962 年的諾貝爾生理醫學獎。華森與克立克的 DNA 雙股螺旋結構模型的偉大發現，不僅為揭示生物的奧祕奠定了基礎，同時也為生物學走進經濟領域預鋪了道路。

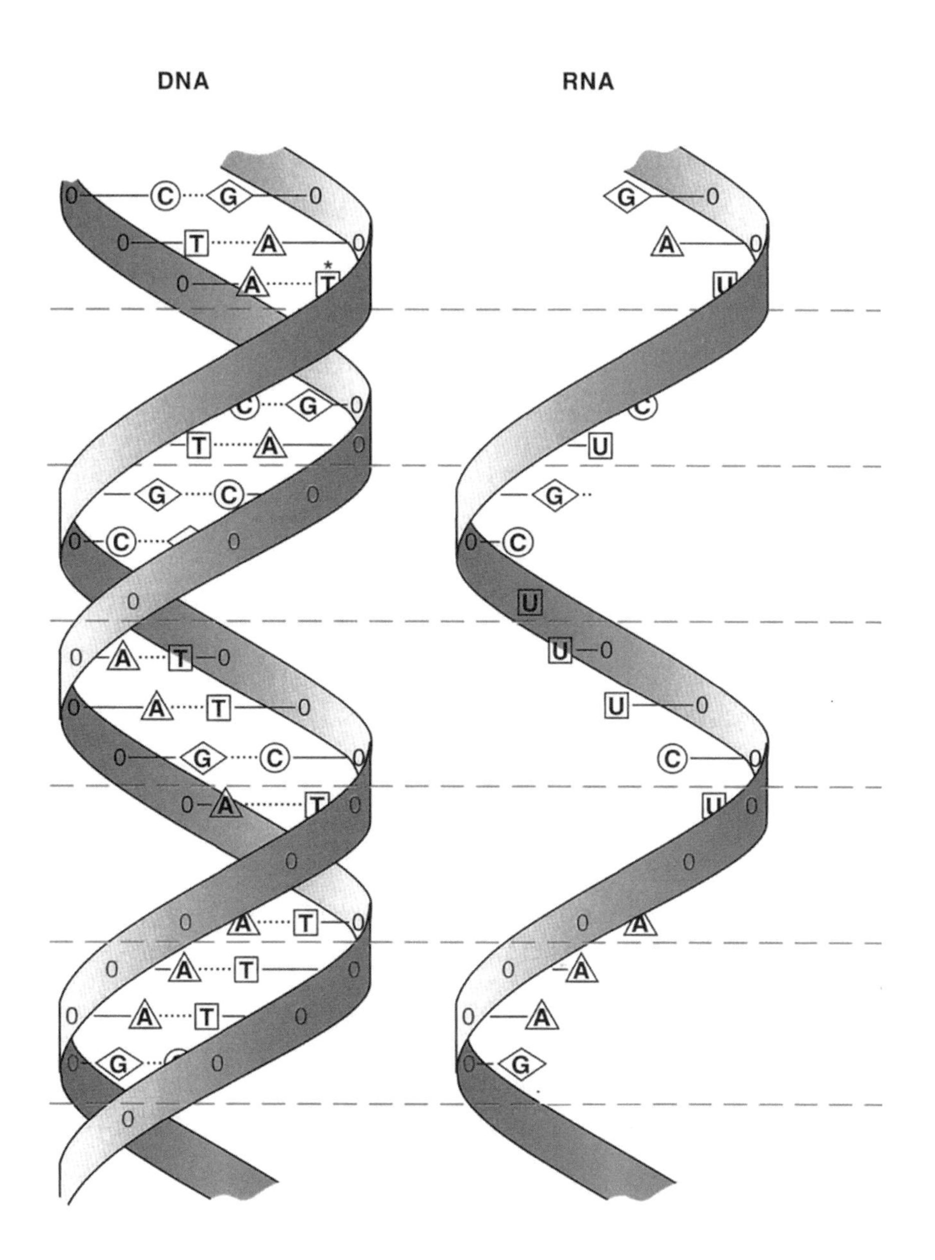

• 圖 2-5　DNA 與 RNA 的鹼基配對

2-4 DNA 複製（遺傳訊息的傳遞）

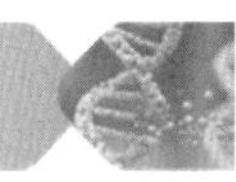

半保留複製模式

細胞進行分裂時，DNA 會先複製一個與本身相同的 DNA，然後分別進入兩個子細胞中，為何 DNA 會有如此準確的複製功能呢？因為 DNA 複製前雙股螺旋的兩股會分開，分別充當模板，然後分別添加新的化學成分，並各自組合成另一個雙螺旋體，結果得到兩個完全一樣的 DNA 分子。此種複製方式稱為半保留複製(semi-conservative replication)（圖 2-6）。

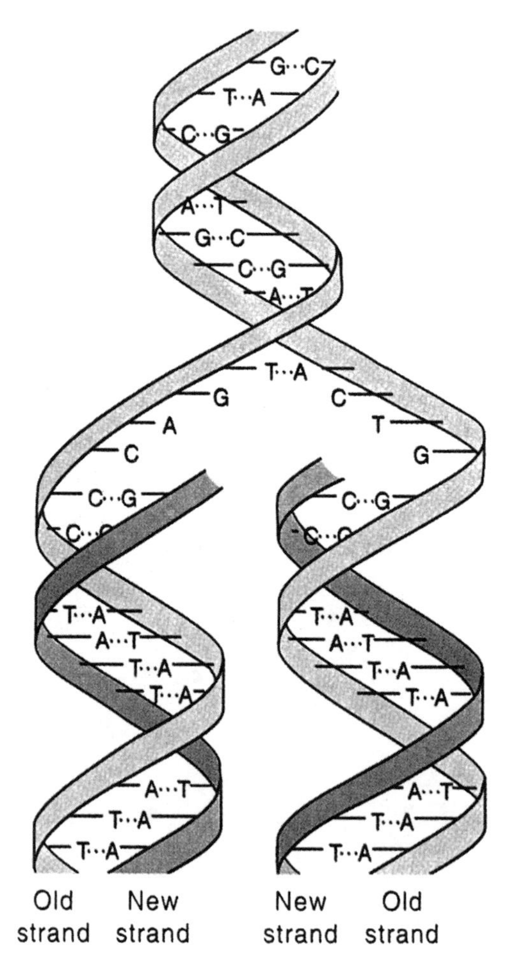

• 圖 2-6　DNA 複製圖

在細胞分裂的過程中，染色體上的 DNA 先複製，然後分裂成兩個染色分體，各含同樣的 DNA，當染色體彼此分離時，便形成兩子染色體，各自進入一個新細胞，於是將同樣的 DNA 帶進新細胞，此即遺傳機制。此外，原核生物的複製機制比真核生物簡單。原核生物是地球上最原始的生物，細胞除了細胞膜外，沒有其他膜狀構造，如細菌與藍綠藻。真核生物的細胞內有核膜等其他膜狀胞器，如藻類、真菌、原生生物、一些動植物。

轉錄作用與轉譯作用

DNA 所攜帶的遺傳訊息，欲建立一個全新的生命時，尚需要一種不可或缺的物質－RNA，經由 RNA 才可形成各種蛋白質。這其中包括了轉錄作用(transcription)與轉譯作用(translation)兩大步驟。

1. **轉錄作用(transcription)**：指的是在 DNA 命令下合成 RNA。合成蛋白質時，先由 DNA 複製產生一個完全相同的子代分子，再經由 DNA 的轉錄作用合成傳訊 RNA(messenger RNA, mRNA)。

   原核生物因不具核膜，故轉錄與轉譯作用的發生地點無明顯的區隔，而真核生物的轉錄作用與轉譯作用分別發生於細胞核與細胞質內。真核生物的轉錄作用亦較原核生物複雜，原始轉錄產物(primary transcript)還需要經過 RNA 修飾作用(RNA processing)才能夠變成成熟的 mRNA。

2. **轉譯作用(translation)**：是指依 mRNA 的指令合成胜肽(peptide)，發生的地點是在核糖體。核糖體是由多種蛋白質與核糖體 RNA(ribosomal RNA, rRNA)結合而成的複合體。

真核生物進行轉錄作用所產生的 mRNA 在進入細胞質後，就和核糖體(ribosome)結合，形成 rRNA，rRNA 接收轉運 RNA(tranfer RNA, tRNA)運送到核糖體的胺基酸進行轉譯作用，此時 tRNA 則會運來與 mRNA 之密碼子相對應的胺基酸。胺基酸在核糖體上逐漸連接，直到出現代表「終止」的密碼子。由於終止密碼子並未有與其對應的 tRNA，故轉譯作用到此結束。連接的胺基酸離開核糖體，形成數十個到數千個相連的多胜肽(polypeptide)（圖 2-7）。

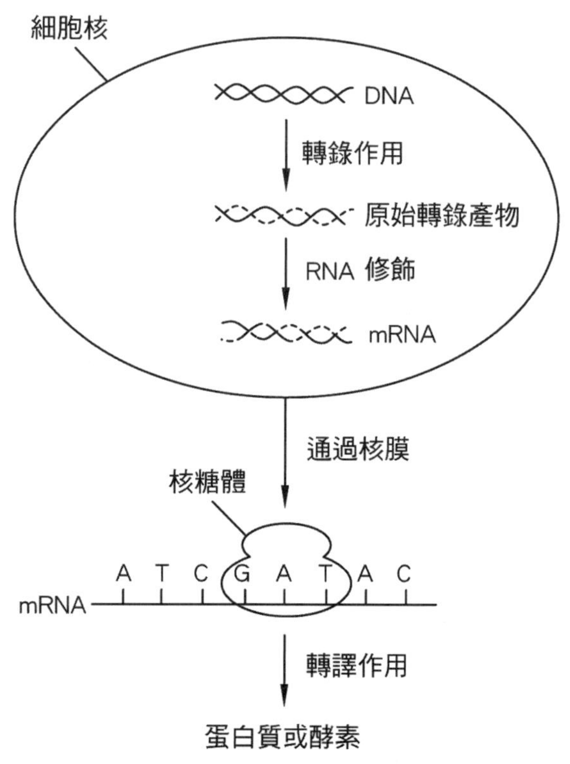

• 圖 2-7　真核生物的轉錄與轉譯作用

遺傳密碼

遺傳密碼(genetic code)是由連續的每三個核苷酸所組成的一個密碼子(codon)組合。照這樣推斷，四種不同鹼基組成的核苷酸中，每三個一組，會形成 $4^3=64$ 種密碼。蛋白質的胺基酸共有二十多種，DNA 中核苷酸卻只有四種，所以核苷酸以三個字碼為一組的組合方式，所形成的種類與胺基酸種類比較起來，數目顯然較大，由此可知，每一個胺基酸的遺傳密碼必定由數個核苷酸組成。自從華森和克立克的 DNA 模型出現後，許多專家即開使著手研究 DNA，結果發現 DNA 有三種特徵：

1. 每三個核苷酸組成一個密碼（例如：CAC）。
2. 每個密碼表示一種胺基酸(例如：CAC 表示組胺酸；CAU 亦表示組胺酸)，而許多胺基酸則形成蛋白質。
3. 核苷酸的密碼間並沒有空白。

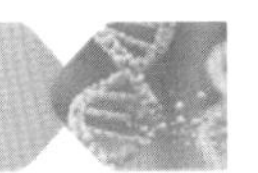

2-5 蛋白質

蛋白質是生物體內由胺基酸（含有胺基(amino group)與羧基(carboxyl group)）所構成的有機化合物，其功能包括調控細胞新陳代謝、擔任催化劑、形成抗體、形成身體各種器官與組織及構成體內各種荷爾蒙。此外，1 公克蛋白質可以提供 4 大卡熱量。所有蛋白質水解而得的胺基酸均屬α-胺基酸，亦即胺基與羧基同在一個碳上。以下簡述蛋白質的四級結構（圖 2-8 到 2-11）。

1. **一級結構**：即為蛋白質的序列。一端為 N 端(-NH_2)，另一端為 C 端(-COOH)。
2. **二級結構**：由α-螺旋(α-helix)與β-摺板(β-sheet)構成，主要是藉著氫鍵（來自不同肽鍵的 C=O 和 N-H 基團形成）來穩定結構。
3. **三級結構**：捲繞成球狀(globular)，利用離子鍵、氫鍵、疏水性（對水溶性蛋白質三級構造之穩定性，貢獻最大）、金屬離子等作用力來穩定結構。
4. **四級結構**：由數個相同或不同的蛋白質三級結構結合成較大的複合體，具有特殊的生理活性。

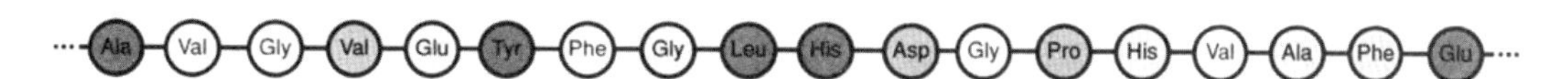

圖 2-8　蛋白質的一級結構示意圖

圖 2-9　蛋白質的二級結構示意圖：α-螺旋（左）與β-摺板（右）

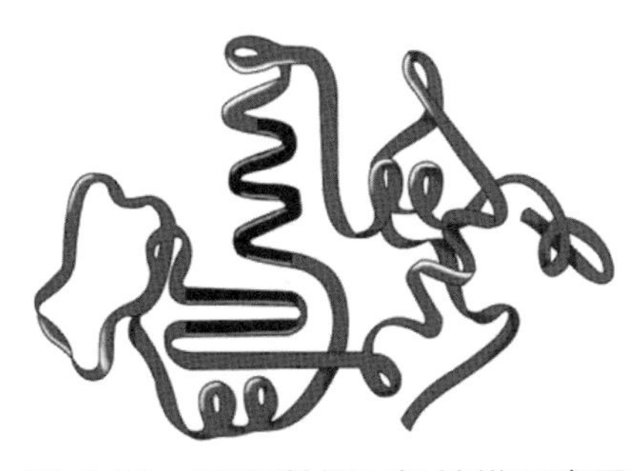

圖 2-10　蛋白質的三級結構示意圖

圖 2-11　蛋白質的四級結構示意圖

2-6 基因調控

在數以萬計的基因當中，其作用並不是 24 小時不間斷的進行著，在不同時間，不同細胞，基因表現的情況皆不盡相同。那基因是如何調控其作用呢？事實上，在基因的上游(upstream)與下游(downstream)部分，有稱為增強子(enhancer)與啟動子(promoter)的鹼基序列，前者的功能是提升基因轉錄的速率，後者則是與 RNA 聚合酶結合的鹼基序列。不論是原核或真核細胞，RNA 的合成是由 RNA 聚合酶和許多個轉錄因子(transcription factors)在啟動子上產生交互作用而開始。轉錄因子可以分成基本轉錄因子和調節轉錄因子。

1. **基本轉錄因子**：是轉錄作用發生時所必需的，用來幫助 RNA 聚合酶與啟動子結合。
2. **調節轉錄因子**：它的特性是能夠和特殊的增強子或啟動子結合，以調節某些基因的作用。

基本上，轉錄因子的共同特徵是有一段可以和 DNA 結合的區域(domain)，而若干轉錄因子的特殊樣式可以用來辨識某些 DNA 的序列。

原核生物

以原核生物的調控來說，屬於一種操縱子模式(operon model)，這是法國微生物學家 Francois Jacob 和 Jacques Monod 於 1961 年以大腸桿菌為例所提出的研究成果，他們也因而獲得 1965 年的諾貝爾生理醫學獎。

從經濟角度加以考量，當培養基內不含有乳糖時，大腸桿菌並不會生成利用乳糖(lactose)的各式酵素，以節省能量；但是當培養基中含有乳糖時，一系列與分解乳糖相關的酵素便會經過誘導作用而生成，這一連串反應所涉及的基因包括了調節基因(regulator gene)、操縱基因（operator gene，其包括一個啟動子(promoter)與一個操作子(operator)），和產生酵素的結構基因(structural gene; *lacZ*, *lacY*, *lacA*)，此段結構基因分別可產生半乳糖苷酶(β-galactosidase)、滲入酶(permease)及乙醯基轉化酶(transacetylase)等酵素。當培養基中沒有乳糖存在時，調節基因將產生乳糖抑制蛋白(*lac* repressor)，與操縱基因接合，進而抑制結構基因的表現，使 RNA 聚合酶無法與 DNA 結合，進而不能生成酵素所用的 mRNA。但是當乳糖加入培養基後，乳糖將會與乳糖抑制蛋白接合使乳糖抑制蛋白無法與操縱基因相接合，結構基因因此而活化，便可以合成分解乳糖的相關酵素。這整組操縱組稱為乳糖操縱子(*lac* operon)。其作用模式詳見圖 2-12。

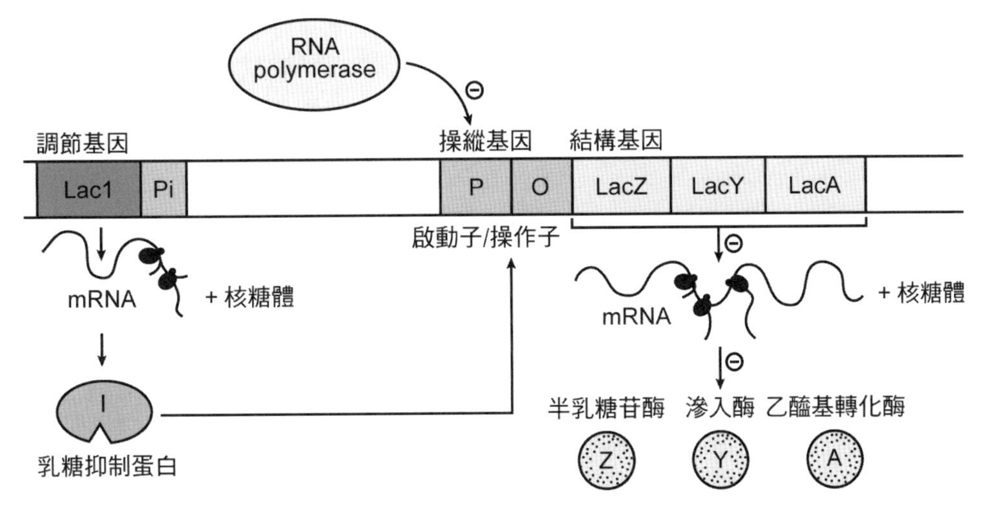

(a) 培養基中沒有乳糖時，抑制蛋白(I)與操縱基因接合，故不會生產分解乳糖的酵素

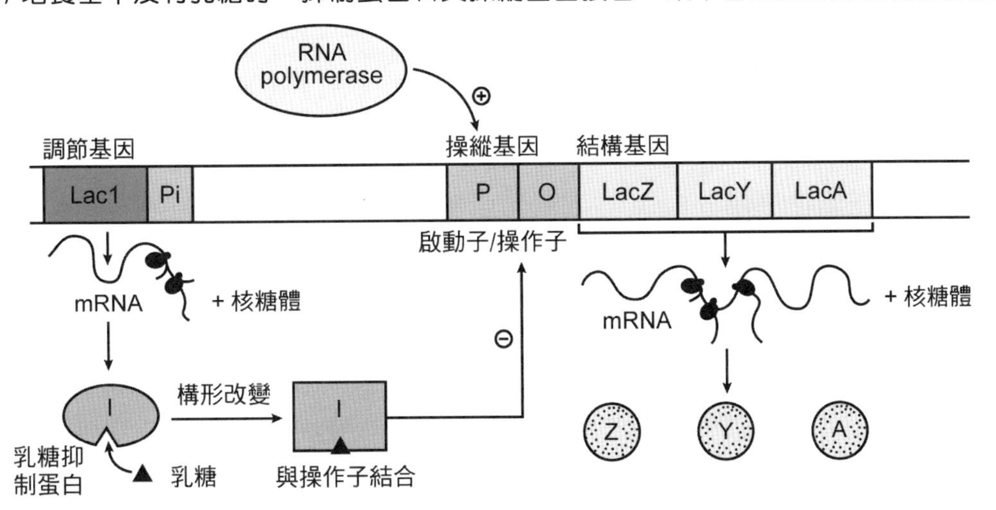

(b) 培養基中含有乳糖時，抑制蛋白(I)無法與操縱基因接合，故會生產分解乳糖的酵素

● 圖 2-12 *lac* operon 作用模式圖

真核生物

真核生物基因表現並沒有類似原核生物的操縱組存在，真核生物負責製造代謝的酵素基因往往位於不同的染色體上。而且功能相關的基因各有其特定的啟動子，所以真核生物存有協同基因表現(coordinate gene expression)的情形發生。有三種例子可以說明真核生物的協同基因表現：(1)在高溫的狀況下使一組基因被活化，進而製造出蛋白質，此即熱休克蛋白(heat shock protein)；(2)類固醇荷爾蒙(steroid hormone)的作用藉以調節轉錄作用；(3)細胞分化期間特定基因的表現。

另外，真核生物基因序列中還有所謂的增強子(enhancer)、內含子(intron)與外顯子(exon)的 DNA 序列。

1. **增強子**：其位置有的在轉錄起始點的上游，有的內嵌於基因當中，也有的在轉錄起始點的下游（圖 2-13）。雖然不是啟動子的一部分，但是卻能夠加強或促進轉錄的起始，除去增強子會大幅降低基因的轉錄效率。
2. **內含子**：散布在真核生物的基因序列中，在 RNA 加工過程中會被分解掉，不會生成胺基酸。
3. **外顯子**：可產生胺基酸。

因此，大多數的真核生物具有不連續的基因，所以在轉錄後必須透過剪接(splicing)作用後才會生成 mRNA。一般會在 mRNA 的末端加上一連串的腺嘌呤(poly A)，目的是讓 mRNA 在細胞質中不易被分解。再者，真核生物的細胞構造較原核生物複雜，必須將細胞核的基因產物送到其他胞器。

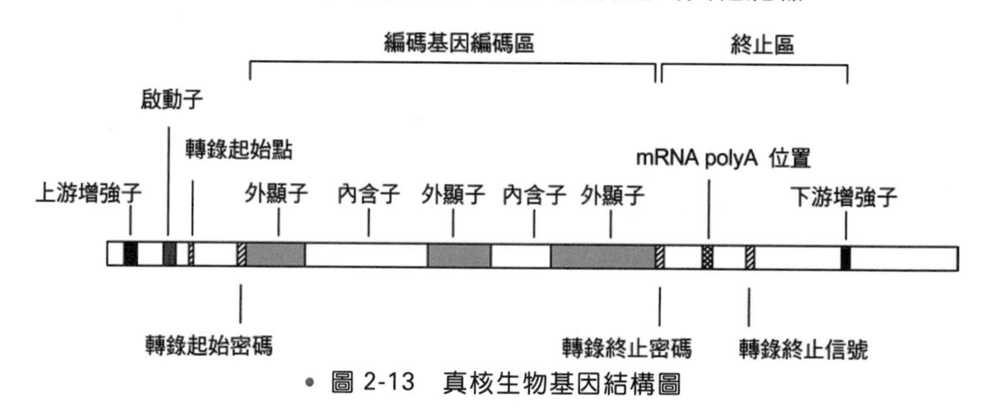

• 圖 2-13　真核生物基因結構圖

2-7 DNA 重組技術

DNA 重組技術，亦有人稱為遺傳工程技術，指的是將選自於某種生物的 DNA 序列與另一段不同生物的 DNA 互相接合，兩者的 DNA 接合後稱為重組 DNA。此技術是分子生物學之延伸應用。

DNA 重組技術的原理是利用可切割特定 DNA 序列的限制酶(restriction enzyme)，將來自不同生物的 DNA 切割成數段，然後連接帶有相同核酸黏合端序列之不同來源，再加上接合酶(ligase)的幫忙，將特殊 DNA 片段與載體(vector)進行接合，形成重組的 DNA。微生物學家以細菌為材料，將重組 DNA 放入細菌中，於是重組 DNA 便能在細菌體內大量複製，並合成蛋白質（圖 2-14）。由於細菌的繁殖速度相當快，因此移入細菌體內重組 DNA 和其蛋白質產物便可大量生產。此種方式可以稱為 DNA 選殖(DNA cloning)或基因選殖(gene cloning)。

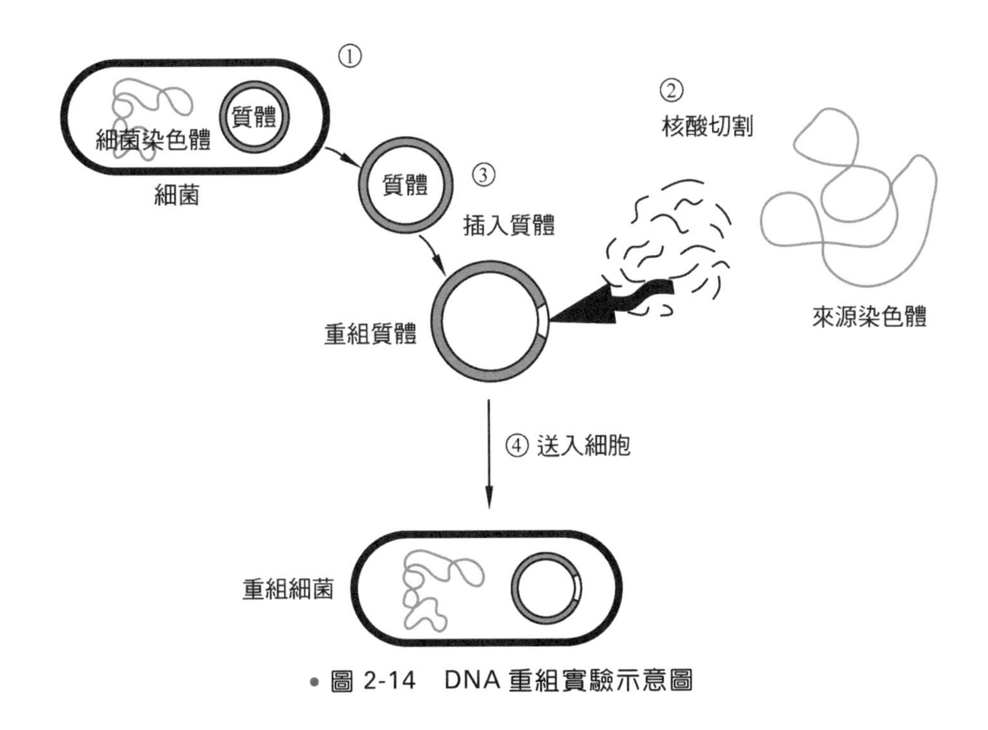

• 圖 2-14 DNA 重組實驗示意圖

進行 DNA 重組技術所需的工具

一、限制酶

限制酶可以辨認出 DNA 上特定的核苷酸序列，此特定序列為雙股 DNA 上 4~8 個核苷酸，有相同的序列與相反的序列方向。限制酶主要是切斷共價磷酸雙酯鍵(phosphodiester bond)，形成限制性片段(restriction fragment)，形成雙股 DNA 片段，其兩端各有著一小段單股 DNA，稱為黏性端(sticky end)。

二、載　體

攜帶基因進入細菌體內的物質，載體(vectors)必須很容易進入細菌內，並且可在菌體中自行複製與繁殖，這種複製與細菌染色體無關。最常用的載體是細菌的質體(plasmid)與噬菌體(bacteriophage)。重組噬菌體透過感染將重組 DNA 送入細菌體內和細菌共生。在共生一段時間後，便破壞細菌，合成新的噬菌體，再繼續去感染其他的細菌。

三、宿主生物

最常使用在 DNA 重組中的宿主生物(host organisms)是細菌，因為細菌質體很容易從細胞中脫離，也容易再重新進入細胞中，而且生長快速。缺點是真核生物和原核生物的轉錄與轉譯作用有所差別，因為真核生物的蛋白質在轉譯作用後常需經過許多修飾作用，例如接上脂質或碳水化合物，但是在細菌體內無法進行這類加工。所以真核生物的基因最好還是用真核生物宿主，較能得到較佳的轉錄與轉譯效率（圖 2-13）。

進行 DNA 重組技術的步驟

1. **基因選取**：由生物細胞中脫離出來或在實驗室中，由 mRNA 為模板，反向轉錄出一股 DNA，謂為互補 DNA(complementary DNA)。
2. **選取適當的載體**：以細菌載體最常見，因為其較易由細胞中分離，但僅限應用於原核生物中，若要應用於真核生物，酵母菌載體則是不錯的選擇。

3. **使選取的基因進入細菌體內**，其方法有：

(1) 利用噬菌體感染細菌：將重組噬菌體 DNA 包裹在其蛋白質外鞘內，再去感染宿主細胞。

(2) 電穿孔法(electroporation)：在細胞溶液當中施加電壓造成細胞暫時性產生孔洞，如此一來，DNA 得以進入細胞內。

(3) 顯微注射法(microinjection)：利用顯微探針將 DNA 直接注入細胞內。

(4) 基因槍（圖 2-15）注射法：把 DNA 附著到金屬微粒上，再利用類似空氣槍的裝置直接注射進入細胞，主要用於植物細胞。

4. **在菌體內進行複製和表現（確定載體成功進入細菌之方法）**：為了要確認載體已經成功進入細菌體，可利用一種叫做 ampicillin（安比麻）的抗生素加以檢驗。來自於大腸桿菌(*E. coli*)的質體，其上帶有兩種基因：amp^R 基因及 *lacZ* 基因。amp^R 基因可以幫助大腸桿菌對抗 ampicillin，*lacZ* 基因可以製造一種叫做半乳糖苷酶(β-galactosidase)的酵素來分解乳糖。質體當中只有一個辨識序列(recognition sequence)，其位於 *lacZ* 基因中。限制酶將會在辨識序列上切一刀，同時，相同的限制酶也會將欲置入質體的外來 DNA 也切上一刀，如此一來，*lacZ* 基因便遭到破壞。

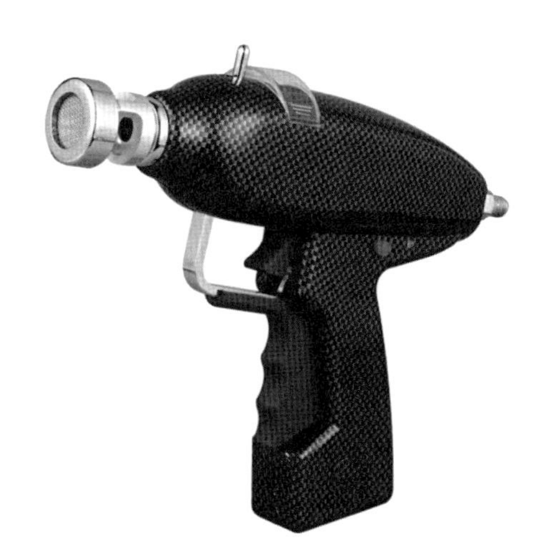

• 圖 2-15　基因槍

接著外來 DNA 與被切開的質體互相混合，質體黏性端上的鹼基將與外來的 DNA 互補黏性端上的鹼基互相配對。如果質體載入細菌不成功，則細菌便缺乏質體（即缺乏 amp^R 基因），那麼將細菌置於含有 ampicillin 之培養基中培養，細菌便無法生長，故沒有菌落的形成，換言之，若有菌落的形成則是質體載入成功的。

基因重組或基因改良目前應用相當廣泛，不僅只利用於醫學領域，亦可適用其他方面。例如：抵抗「登革熱」，英國牛津昆蟲技術公司(Oxitec)將修改基因的公蚊野放至環境中，當其與母蚊交配後所繁衍具有該種基因的後代，在無四環素（一種抗生素）的條件下將無法存活，因此，有利於降低登革熱之發生率；又如：根除「瘧疾」，美國和英國的科學家在蚊子 DNA 插入名為 I-SCEL 的基因片段，干擾蚊子身上瘧疾原蟲生存，讓其後代不易傳播瘧疾。

確定 DNA 重組成功的方法

有時候僅質體成功進入細菌，並非 DNA 重組成功，因此，為確定 DNA 重組是否成功，可利用β-galactosidase 和 X-gal（5-bromo-4-chloro-3-indoyl-β-D-galactopyranoside，一種醣類）反應會生成藍色反應的結果來確認。因為 X-gal 會被β-半乳糖苷酶分解而形成藍色的產物。如果重組成功，表示外來基因置入而造成 *lacZ* 基因分開，β-半乳糖苷酶無法生成，進而無法產生藍色反應；若重組不成功，表示 *lacZ* 基因沒有被置入外來 DNA，就會產生藍色反應，若重組成功便不會呈現藍色。

2-8 基因庫的建立與篩選

基因庫的建立

我們要如何才能獲得用來選殖的 DNA 呢？來源有二：

1. 來自於生物體的基因體 DNA (genomic DNA)，亦即生物體內完整的 DNA。方法如下：將染色體 DNA 以限制酶切成隨意片段後，殖入載體，再送入宿主建庫，包含 intron 及基因上游的調控區域（如 promotor, enhancer）。

2. 利用 mRNA 製出互補的 DNA(cDNA)。基因體 DNA 在經過 DNA 重組後，進入細菌細胞大量複製可得到許多質體株(plasmid clones)，每一質體都含有基因體 DNA 的一個片段，集合而成一個基因庫，單一的 DNA 片段相對於基因庫，就好像一本書相對於圖書館中數萬本書的關係。而眾多的 DNA 片段可以利用具有專一性的分子探針(molecular probe)加以篩選。

由於真核細胞含有內含子(intron)，細菌不能表現這些基因，故必須製造不具有內含子的基因，即透過反轉錄作用(reverse transcription)，以 RNA 為模板來生成 DNA。cDNA 庫（不含 intron）來自於 mRNA，是細胞中特定區域的表現序列，所以僅能包括細胞基因體當中的部分。

基因庫的篩選

不論是基因體 DNA 庫或 cDNA 庫，皆可透過核酸雜交反應(nucleic acid hybridization)的方法加以篩選，即利用一段特殊的 DNA 序列當作探針，此段探針會跟基因上的互補序列間產生配對，目前已有許多研究 DNA 的實驗技術是利用雜交反應的原理來進行，包括聚合酶鏈鎖反應、限制片段長度多型性分析、南方墨點法、北方墨點法、原位雜交技術、DNA 定序等。我們亦可以利用放射性同位素(radioactive isotope)或螢光劑(fluorescent agent)在探針上做標記，觀察放射性或螢光的有無，得知探針是否已跟基因產生配對，此為菌落雜交反應(colony hybridization)。遇到感興趣的基因，將其菌落分離與大量培養，可以對該基因做進一步研究。

2-9 DNA 分析法

聚合酶鏈鎖反應

一、PCR 理論與應用領域

最早是由 H. G. Khorana (1970)提出的，後來由 Kary B. Mullis 研發 PCR 技術的成功而得到諾貝爾獎。聚合酶鏈鎖反應(polymerase chain reaction, PCR)是一種能夠在試管內快速且大量複製 DNA 的技術。

PCR 技術的應用領域包括：(1)研究數萬或數十萬年前的古生物；(2)親子間的親緣關係鑑定或刑事鑑定；(3)針對胚胎細胞進行遺傳疾病診斷；(4)某些病毒基因的分子生物學鑑定。

二、進行 PCR 所需的材料與過程

進行 PCR 時所需要的材料為 DNA 模板、DNA 聚合酶（常是由 *Thermus aquaticus* 體內分離出來的 Taq 聚合酶）及一對由 20~30 個寡核苷酸(oligonucleotides)所構成的引子(primer)－前置引子(forward primer)和反置引子(reverse primer)。這一對引子可以與欲增殖已變性的單股 DNA 產生雜交／配對(annealing)反應，接著 DNA 聚合酶利用目標 DNA 的兩股分別做為模板(template)，再加上試管中所添加的四種去氧核糖核酸(dATP, dTTP, dCTP, dGTP)複製出介於兩條引子間的 DNA。

在一個增殖週期中，先以高溫(92~95℃)讓雙股 DNA 模板「變性」(denature)成為兩條單股 DNA，而後降低溫度(40~52℃)讓引子與單股 DNA 產生雜交／配對反應，接著 DNA 聚合酶可以從引子處開始，以單股 DNA 為模板開始複製或延長(extension)(72℃)（圖 2-16）。PCR 就是重複這種升溫與降溫的動作，在數小時內就可以複製出上億個 DNA。理論上，重複操作 n 次，DNA 增加量為 2^n，舉例來說，一個 DNA 分子若重複操作 25 次，那麼 DNA 分子數將會擴增至 2^{25}(10^6)個分子，該含量在電泳時已足夠被觀察到。

由於 Taq 聚合酶缺乏 3'至 5'端外切酶特性，因而在 DNA 合成時沒有校對(proofreading)功能（即在催化 DNA 合成反應時可以將聚合錯誤的核苷酸除去的能力），因此核苷酸濃度是重要的影響因素，一般應控制在 20~200 μM，Mg^{2+}濃度應在 0.5~2.5 mM，引子濃度約在 0.1~0.5 μM，循環數最好不超過 30，欲合成的 DNA 長度以不超過 1 kb 為宜，緩衝液 pH 值避免為酸性。即使如此，Taq 聚合酶合成 DNA 時，每一個循環中錯誤配對的頻率亦可能達到 1/6,000 個核苷酸。此外，PCR 不需要製備純化後的 DNA 樣品，所以只需要微量 DNA 就可以複製。但是微量汙染即可能造成檢驗失敗或誤判，如偽陽性(false positive)，因此在取樣時，必須避免汙染。

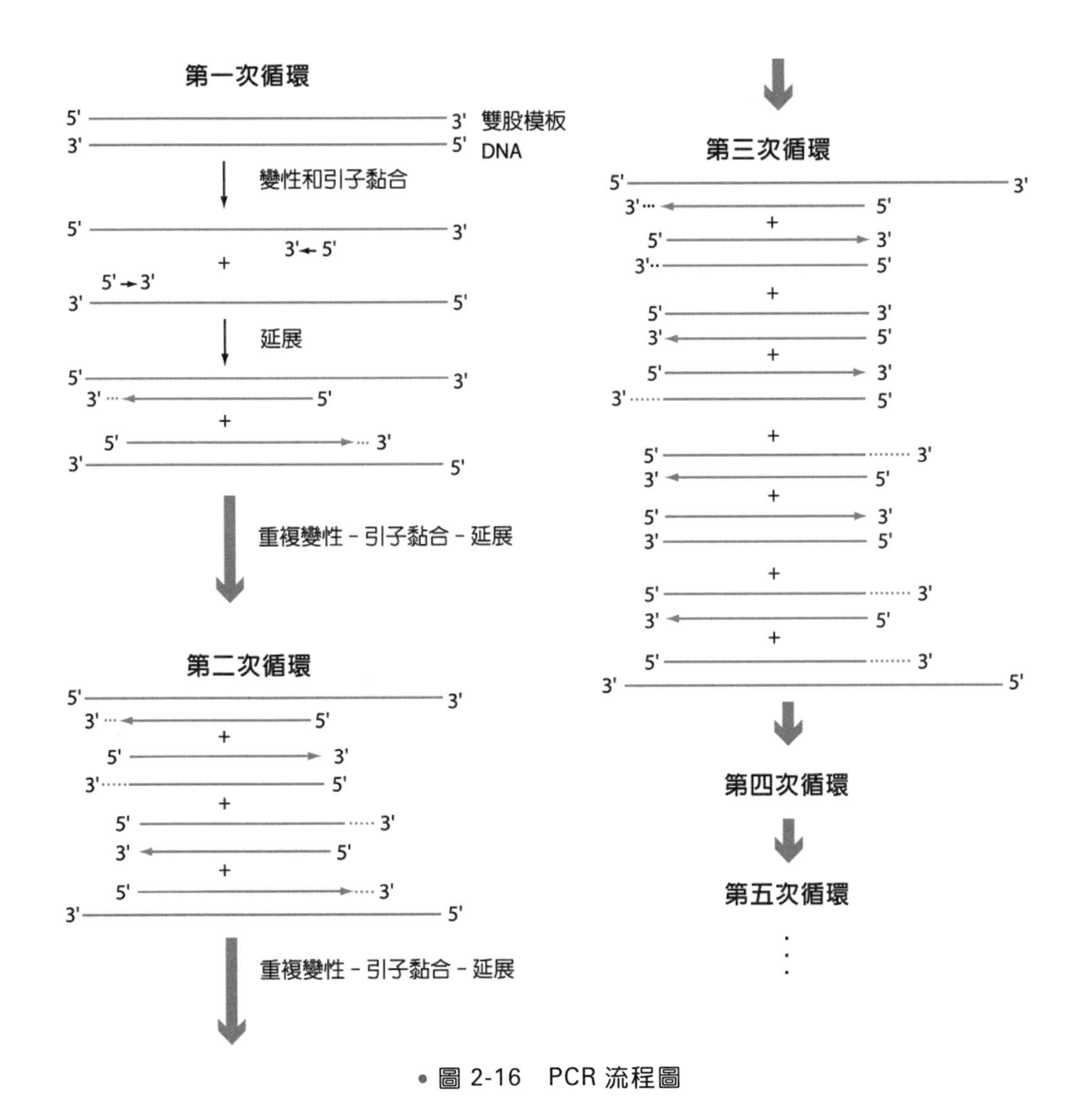

• 圖 2-16　PCR 流程圖

限制片段長度多型性分析

限制片段長度多型性分析(restriction fragment length polymorphisms, RFLPs)的基本原理是根據 DNA 被某些限制酶切成若干個片段後，各片段的長度會有所不同，也因此形成了差異，此即限制片段 DNA 的長度多型性。事實上，同源染色體上 DNA 序列的差異常造成許多的限制片段散布於整個基因體當中。

真核生物的基因體常會發生核苷酸的改變，如果核苷酸因加入或缺失而產生 DNA 序列改變，而此一序列可被限制性內切酶辨識時，則 DNA 序列可被此內切酶分割而產生兩個短片段。如果辨識的位置缺失則會產生長片段。再者，如果對偶基因的某段序列因為其中一條產生一個鹼基的變化，造成多出一個限制性內切酶的辨識部位，則這兩段對偶基因將被切成不同數目與長度的片段。根據上述原理與特性，RFLP 可以用來分析某一族群的遺傳特性及應用於刑事鑑定，例如某研究由食品所購買名稱皆為 *S. cerevisiae* 之 8 種商業酵母菌，利用限制酶 *Hinf* I 將其基因切割並進行電泳後，發現 8 種商業酵母菌之差異性。

墨點法

墨點法(blot technique)為生化分析技術之一，利用凝膠(polyacrylamide gel)將有機分子分離並轉印(transfer)於濾紙上，再將樣本固定並做進一步的分析。

1. **南方墨點法(Southern blotting)**（圖 2-17）：將 DNA 片段先藉瓊脂凝膠電泳分開，然後藉墨點方式(blotting)將 DNA 片段轉移到一個硝化纖維膜(nitrocellulose membrane)或尼龍膜上，如此一來，膜上便有一個 DNA 片段複製品，之後使用放射性標記核酸探針(radioactively labeled nucleic acid probes)與 DNA 片段進行雜交反應，以便對核酸序列進行鑑定或分離。
2. **北方墨點法(Northern blotting)**（圖 2-18）：將凝膠電泳分離出的 RNA，轉移到其他的高分子擔體上固定，或是將 RNA 從瓊脂凝膠轉移至硝化膜上，之後使用放射性 DNA 探針進行雜交反應，針對所要研究的 RNA 進行鑑定。

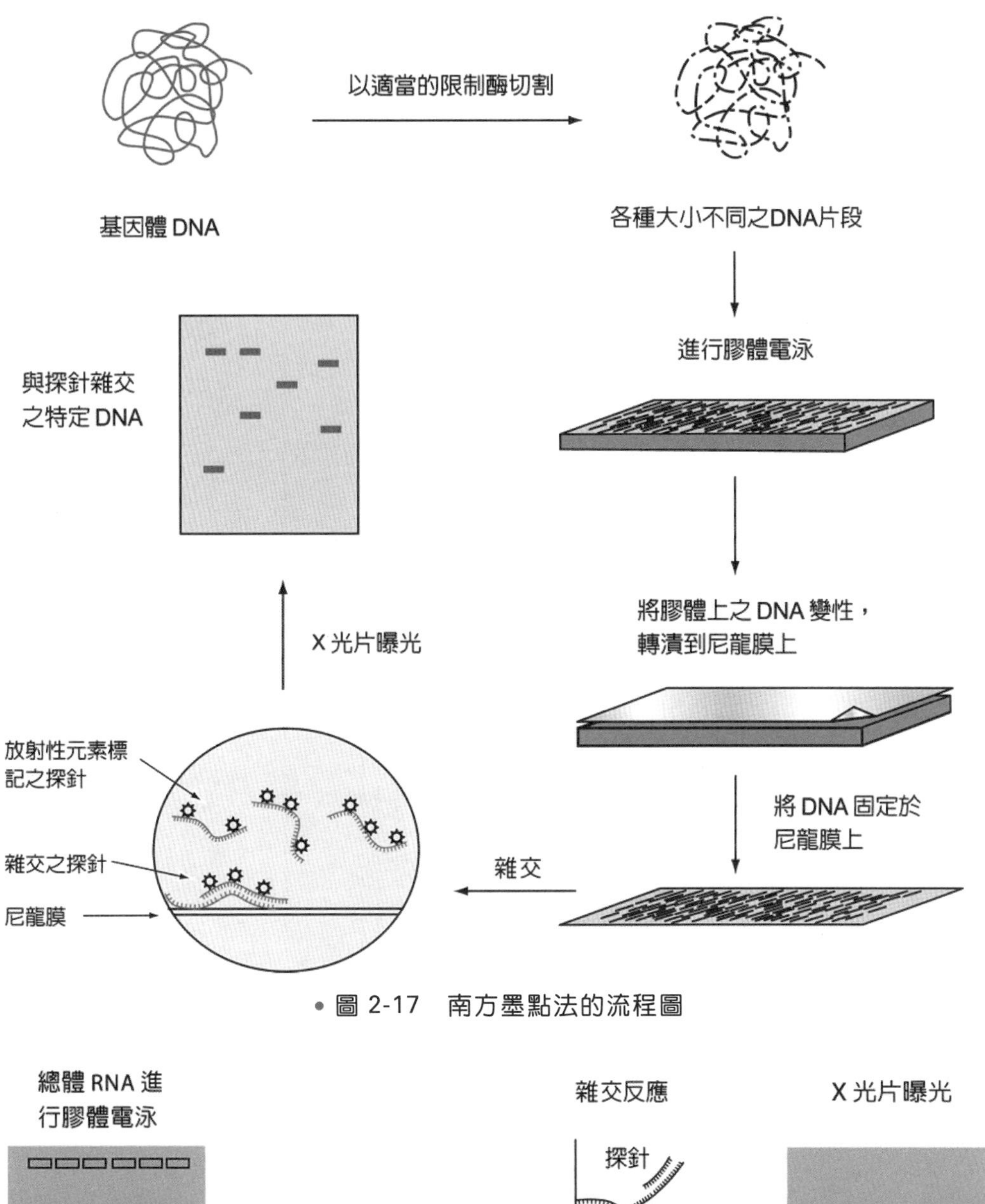

• 圖 2-17　南方墨點法的流程圖

總體 RNA 進
行膠體電泳

RNA 先經變性
處理，解除二
級結構，以利
電泳進行

硝化膜

膠體上的 RNA
轉漬到硝化膜

雜交反應

探針

mRNA

硝化膜

X 光片曝光

• 圖 2-18　北方墨點法的流程圖

3. **西方墨點法(Western blotting)**（圖 2-19）：西方墨點法亦稱免疫墨點法，是結合膠體電泳解析和免疫反應專一性所發展出來的方法。利用西方墨點法不僅可以偵測到蛋白質的分子量，更可以有效地分離所要的蛋白質。

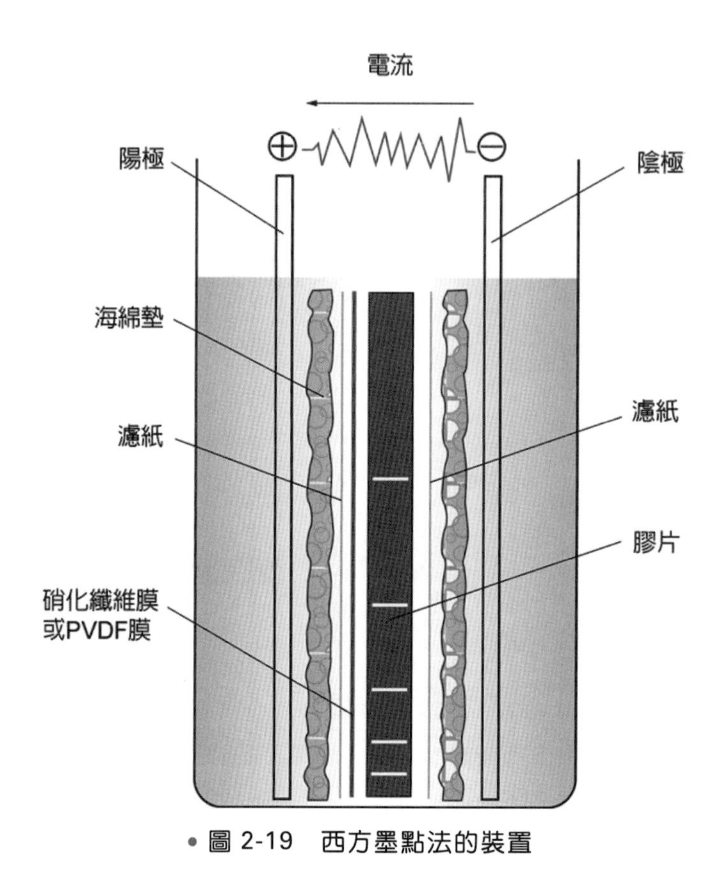

• 圖 2-19　西方墨點法的裝置

原位雜交技術

原位雜交技術(*in situ* hybridization)是直接選取一段基因的 DNA，利用放射線標定後當作探針，接著將此 DNA 探針與完整的染色體進行雜交反應，這些探針會和染色體上相配對的序列產生雜交，然後再經放射線自動顯影技術，就可以知道該基因在染色體上的位置。

DNA 定序

DNA 所攜帶的資訊取決於鹼基的排列順序。我們分析出鹼基的排列順序之方法稱為 DNA 定序(DNA sequencing)（圖 2-20）。DNA 定序之方法是由一些簡單的化學反應加上電泳技術的分析來完成。近年來發展出自動或半自動的核酸定序儀，其原理皆很類似，如：人類基因體定序就是依賴 DNA 定序儀的幫忙。其主要的 DNA 定序方法有兩種：

1. **Maxam & Gilbert method（化學法）**：為美國哈佛大學的學者 Allan Maxam 與 Walter Gilbert 於 1977 年所發表的方法。其內容為：DNA 經過變性後加入試管中，每個試管各有 4 個核苷酸之一，試管內分別加有可切割 1 或 2 個特殊核苷酸部位的化學藥劑，當化學反應結束後，每個試管內就含有不同長度差一個鹼基的標示片段，且每個片段末端是某特定鹼基被移除之處。也就是以四種化學反應分別對四種鹼基作用，每一反應只對「單一種鹼基」進行修飾，而在該鹼基的地方斷開，得到一系列長度不同的核酸片段。電泳可依照這些 DNA 片段的大小，在膠體中排開，即可依序判讀 DNA 的序列，比較此四組鹼基序列電泳，即可組合成整段 DNA。
2. **Sanger's method（生合成法）**：此方法是利用特定位置中與剛合成出來的 DNA。利用核苷酸的類似物－雙去氧核糖核酸(dideoxyribonucleotide)可隨機嵌入 DNA 的特性來「終止」DNA 的複製。利用不同核苷酸(A, T, C, G)的雙去氧核糖核酸做 4 次實驗，在單去氧核糖核酸與雙去氧核糖核酸互相競爭下，可以取得許多不同長度的放射性片段（常以 ^{32}P 進行標記），用電泳將每群長短不一的片段分開即可讀出 DNA 的順序。也就是以樣本 DNA 為模板，加入 DNA 聚合酶進行試管中 DNA 生合成。四個反應中，每個反應各缺少一種核苷酸，而以其「類似物」取代，因此，當 DNA 模板之序列與類似物作用時，將使反應終止於類似物的核苷酸處，造成各種長短不一的 DNA 片段，以電泳進行分離，即可判讀出原有 DNA 的序列。目前大多數的實驗是都是使用 Sanger 的定序方法。

3. 次世代基因定序(next-generation sequencing, NGS)（鏈終止定序法）：
此方法是將全段序列定序。常見檢測系統有兩種，分別是 Illumina (Solexa) 與 Roche (454)。以 Illumina 為例，一般包括下列四個步驟：

(1) 核酸片段化(fragmentation)：利用超聲波將待測 DNA 打斷成 300~500 bp 片段。

(2) 建庫(library construction)與增幅：將每個片段兩端接上接頭(adapter)並與晶片(flow cell)上互補 adapter 序列接合，再透過橋式聚合酶鏈鎖(bridge PCR)反應進行增幅，放大訊號。

(3) 高通量定序(high-throughput sequencing)：Illumina 定序平台加入不同鹼基且標記特定可移除螢光分子的 dNTP 與反應試劑，重覆進行螢光標記移除與偵測（邊合成邊定序），以達到快速且大量的定序結果。

(4) 數據分析(analysis)：利用生物資訊軟體將所有小片段序列進行重新排列，以還原原始片段序列，並與資料庫中參考序列依據相似度進行「比對」與「計數」分析，以驗證序列資訊。

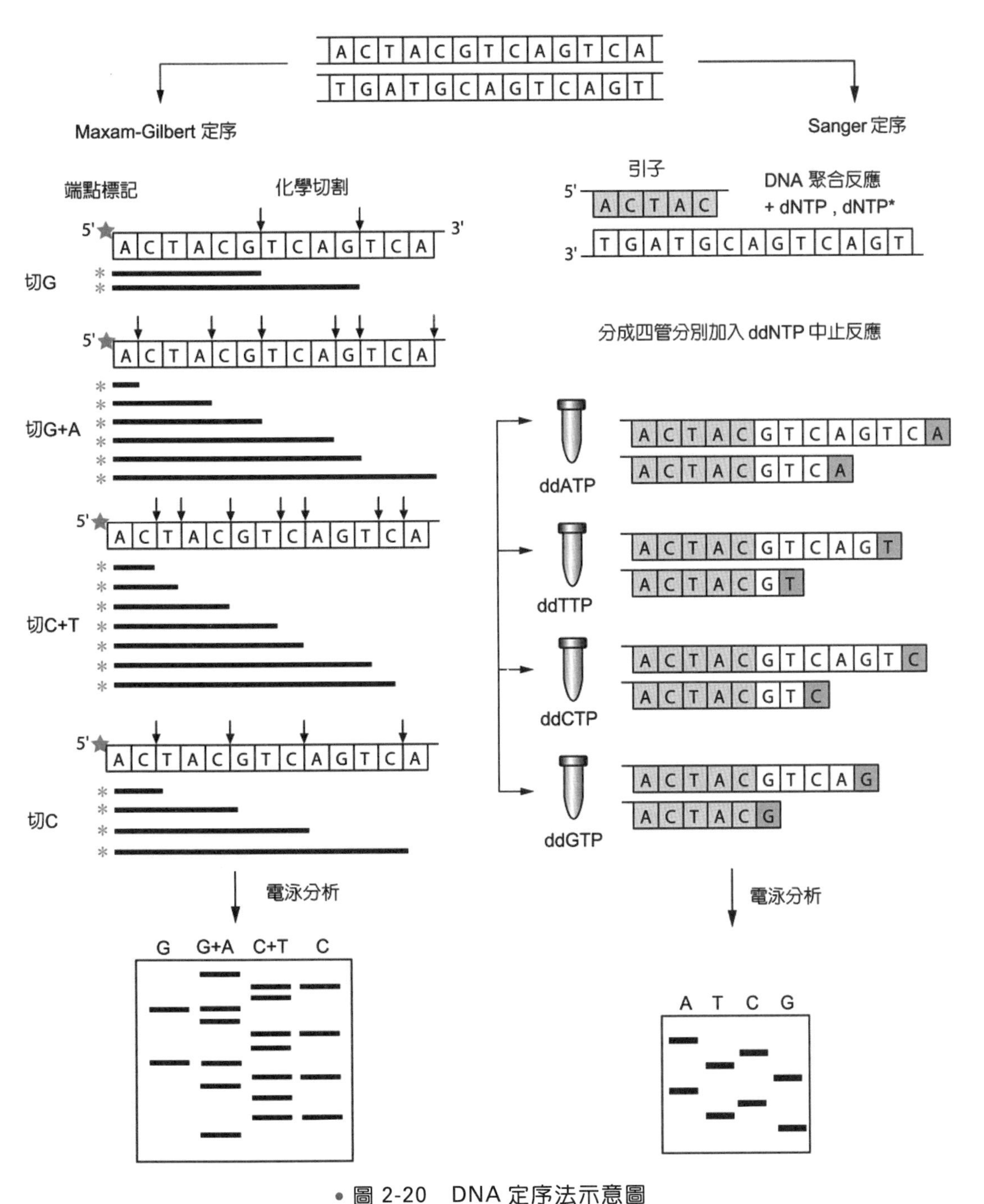

• 圖 2-20　DNA 定序法示意圖

小試身手
EXERCISE

( ) 1. 人類生殖細胞（精子或卵）的染色體數目為？ (A) 23 個 (B) 23 對 (C) 43 個 (D) 43 對

( ) 2. 組成 DNA 的含氮鹼基不包含 (A) A (B) U (C) C (D) T

( ) 3. 二條以上多胜肽鏈鍵結形成一具有功能的蛋白質，具此特性的為蛋白質的何種結構？ (A)四級結構 (B)三級結構 (C)二級結構 (D)一級結構

( ) 4. 1 公克蛋白質可以提供幾大卡的熱量？ (A) 2 (B) 4 (C) 8 (D) 9

( ) 5. 下列關於鹼基的敘述何者不正確？ (A) A 和 T 配對 (B) C 和 G 之間有三個氫鍵 (C) DNA 屬於雙股螺旋 (D) RNA 屬於雙股螺旋

( ) 6. 下列關於載體的敘述何者正確？ (A)可以轉錄宿主細胞的基因 (B)可以轉譯宿主細胞的蛋白質 (C)載體複製與細菌染色體相關 (D)攜帶基因進入細菌體內的物質

( ) 7. DNA 重組技術可以製造出下列何種物質？ (A)脂質 (B)醣類 (C)蛋白質 (D)核酸

( ) 8. 下列關於原核生物基因調控的敘述何者不正確？ (A)操縱基因包括一個啟動子及一個操作子 (B) *lac* operen 是用來調控麥芽糖 (C)屬於一種操縱子模式 (D)利用大腸桿菌來從事研究

( ) 9. 「龍生龍，鳳生鳳」，與這種生物特性有關的化學物質為？ (A) DNA (B) RNA (C)蛋白質 (D) ATP

( ) 10. AIDS 病毒與 SARS 病毒的遺傳物質為何？ (A) DNA (B) RNA (C)蛋白質 (D) ATP

( ) 11. DNA 利用哪一種方式進行複製？ (A)全保留 (B)半保留 (C) 1/3 保留 (D) 1/4 保留

( ) 12. 下列哪一種作用發生於轉錄作用(transcription)？ (A)傳訊 RNA 與核糖體結合 (B)轉運 RNA 與核糖體結合 (C)RNA 修飾作用 (D)合成蛋白質

( ) 13. 下列哪一種作用力對於蛋白質結構的穩定作用最大？ (A)離子鍵 (B)氫鍵 (C)疏水性 (D)金屬離子作用力

( ) 14. 下列哪一種生物適合用來當作真核生物基因重組的宿主？ (A)細菌 (B)病毒 (C)酵母菌 (D)藍綠藻

( ) 15. 從 DNA 製造 RNA 的過程稱為 (A)翻譯 (B)轉譯 (C)轉錄 (D)抄錄

( ) 16. 若要檢測基因表現時的蛋白質，適用下列哪一種方法？ (A)東方墨點法 (B)南方墨點法 (C)西方墨點法 (D)北方墨點法

( ) 17. 正常女性的體細胞內所具有的性染色體為？ (A)兩個 Y 染色體 (B)兩個 X 染色體 (C)一個 X 染色體和一個 Y 染色體 (D)僅一個 X 染色體

( ) 18. 下列關於基因庫的敘述，何者不正確？ (A)建立真核細胞基因庫時要考慮內含子(intron)的問題 (B) cDNA 基因庫不含內含子(intron) (C)可透過核酸雜交反應加以篩選 (D)一般生物體內的完整 DNA 可以全部放入載體當中

( ) 19. 下列敘述何種正確？ (A)酵母菌屬於原生生物 (B)凡病毒皆為寄生 (C)大部分原生生物為多細胞 (D)真菌可以行光合作用

( ) 20. 幾個核苷酸密碼可以決定一種胺基酸？ (A) 1 (B) 2 (C) 3 (D) 4

( ) 21. 下列關於細胞構造與其功能的關連性，何者正確？ (A)細胞壁－控制物質之進出 (B)核糖體－為一種小型的核蛋白顆粒，是進行蛋白質合成之場所 (C)中心粒－為新陳代謝之產物，可貯存廢物及營養物質 (D)包涵體－與蛋白質合成有關

( ) 22. 下列原核細胞與真核細胞的比較，何者正確？ (A)原核細胞的細胞膜成分當中含固醇類 (B)真核細胞的細胞壁結構主要為胜醣類 (C)原核細胞有核膜及有絲分裂 (D)原核細胞的核糖體大小為 70s

( ) 23. 下列有關 PCR 的敘述何者正確？ (A)核苷酸濃度應控制在 2~20 μM (B)Mg^{2+}濃度應控制在 5~50 mM (C)引子濃度約在 0.01~0.05 μM (D)一般循環數最好不超過 30 循環

( ) 24. 下列何者非基因重組所需之物質？ (A)限制酶 (B)載體 (C)宿主細胞 (D)蛋白質

( ) 25. 下列何者非使選取基因進入細菌體內之方法？ (A)利用葉綠體導入 (B)利用噬菌體感染細菌 (C)基因槍 (D)電穿孔法

(　) 26. 下列何者為確認載體已經成功進入細菌體之方法？　(A)以一般培養基確認　(B)觀察細菌菌落顏色　(C)以抗生素檢驗　(D)直接測細菌數目

(　) 27. 下列何者為確認 DNA 重組成功之方法？　(A)培養基未出現藍色　(B)培養基出現藍色　(C)培養基出現綠色　(D)培養基出現紫色

解答 QR Code

CHAPTER 3

食品生物技術

3-1 食品生物技術的內涵

3-2 特用化學品及食品生物技術產業

3-3 基因改造食品的檢驗法

3-4 幾丁質與幾丁聚醣

－前言－

由於醫療之進步與經濟結構的改變，使國人愈來愈注重養生與飲食習慣，雖然仍有許多文明病產生，但是只要符合「健康」、「自然」及「具有風味」，這類食品均相當受到消費者的青睞。根據數據顯示，世界一年與食品相關之工業總值大約有10,000億美金，其中高達4,500億美金的市場為保健食品或機能性食品的天下，若能再附有醫療、減肥、美顏或可增強免疫力之功用，這類產品就會極具競爭力。例如：甲殼素、茄紅素、靈芝、樟芝（圖3-1）或乳酸菌等產品，因此，如何利用生物科技技術來改良，進而提升食品本身之附加價值，為食品學者努力之方向。

• 圖 3-1　樟芝

3-1 食品生物技術的內涵

食品生物技術(food biotechnology)一般是指將基因工程、細胞工程、酵素工程及醱酵技術應用於食品之科學。由此可知，食品生物技術應包括四大方向：

1. **基因工程(gene engineering)**：以分子遺傳學為基礎及 DNA 重組技術為手段，完成生物間的基因轉殖或 DNA 重組，以達到食品品質之改良的目的，例如：利用基因重組之細菌大量生產幾丁質分解酵素或黃金米（通過基因工程使稻米胚乳含有維生素 A 的前體——β-胡蘿蔔素，β-胡蘿蔔素食用後會轉化成維生素 A，改善貧困地區人群維生素 A 缺乏狀況）。
2. **細胞工程(cell engineering)**：應用細胞生物學原理，按照實驗設計的方法，有系統地進行細胞培養，例如：使用細胞融合技術可生產出保健食品的有效成分或產生新特性；又如：馬鈴茄，就是馬鈴薯細胞與蕃茄細胞融合，具有馬鈴薯的耐寒特性。
3. **酵素工程(enzyme engineering)**：利用固定化技術（圖 3-2），將游離性的酵素或細胞固定於單體上，形成填充床或流體化床，例如：幾丁質之量產。
4. **醱酵工程(fermentation engineering)**：採用現代醱酵設備（圖 3-3），使經優選的細胞或重組菌株進行量產。在特定之操作條件下控制醱酵程序，以獲得預期量化之產品，例如：乳酸菌之生產（圖 3-4）。

• 圖 3-2　經褐藻膠固定化的細胞

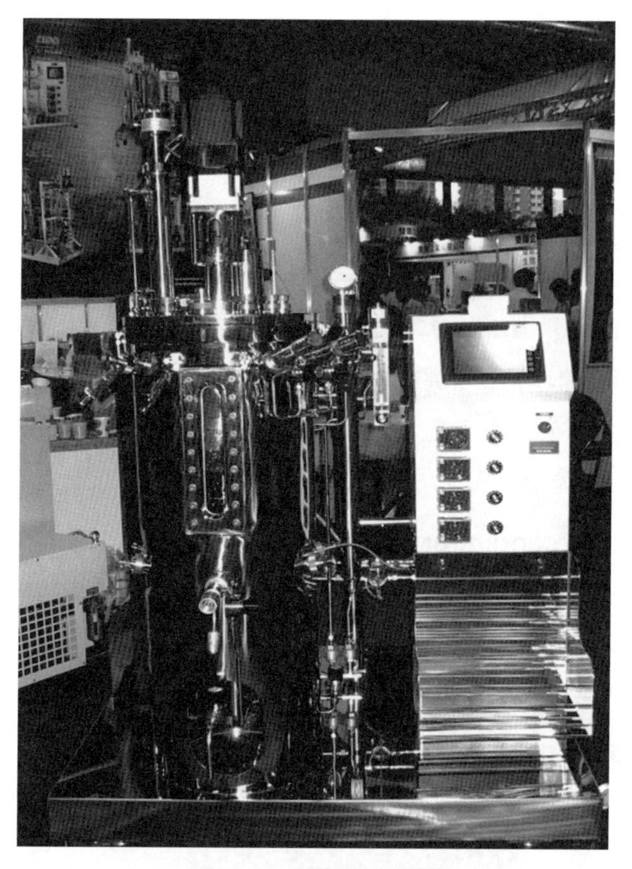

• 圖 3-3　醱酵槽設備圖

• 圖 3-4　乳酸菌產品

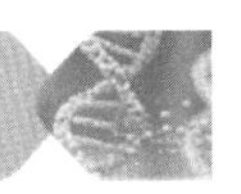

3-2 特用化學品及食品生物技術產業

依據 1999 年經濟部工業局十大新興產業所訂定之「特用化學品及食品生物技術產業」，可看出未來食品生物技術之發展方向（表 3-1）。特用化學品產業涵蓋生技化妝品、工業用酵素、胺基酸及生體高分子等領域。而具有藥效之保健食品於「食品和開發」月刊中，亦說明目前業者投入大量研發人力的狀況（表 3-2）。

其中牛樟芝(*Antrodia camphorata*)為台灣特有種，近年極深受重視。已有幾種產品受到健康認證。牛樟芝生長於枯死百年以上的牛樟樹樹幹腐朽之心材內壁，生長環境均屬於幽暗、潮濕且溫度稍低之中海拔地區，其生長速度緩慢，每年成長僅幾公分，不易培養。其「菌絲體」培育可採液態發酵與固態培養方式，「子實體」培育則可採太空包、非牛樟椴木培養及牛樟椴木培養等。其中野生牛樟椴木栽培的牛樟芝子實體雖然培養的時間較長，但是具有抗癌之「三萜類」的成分含量較多。其餘方式則以具有提升免疫力保健功能之「多醣體」較多。

表 3-1 經濟部工業局所分類的特用化學品及食品生物技術產業

分 類	主要產品
食品添加物	低熱量糖醇（木糖醇）、食用色素及香料、抗氧化劑
機能性保健食品	保健食品
醱酵食品	保健性菌種
胺基酸	味精、離胺酸
核酸	IMP、GMP
生物高分子（聚合物）	膠原蛋白、幾丁質、幾丁聚醣、透明質酸（玻尿酸）、β-1,3-聚葡萄糖、聚麩胺酸及其衍生物
酵素	食品用酵素、植酸酶、半纖維素酶

表 3-2　藥效型的健康食品種類

藥 效	健康食品
改善腦部機能	銀杏葉抽出液、二十二碳六烯酸(DHA)、植物凝集素
改善視力	藍莓抽出液
減緩骨質疏鬆	鈣、維生素 K、異黃酮素(Isoflavone)
改善血液凝結	銀杏葉、植物凝集素、DHA、次亞麻油酸、葡萄種子抽出物
保肝	含有麩胱甘蛋白之酵母、牡蠣肉之萃取物
抗癌	巴西洋菇、AHCC (Active Hemi Cellulose Compound)、舞菇
增強免疫力	巴西洋菇、靈芝、舞菇、菌絲抽出液、核酸、幾丁質
改善過敏	紫蘇葉抽出物、紫蘇油、DHA、植物多酚化合物
抑制血壓上升	高麗人參、杜仲、紅麴（紅糟）（圖 3-5）
抗壓	冬蟲夏草
改善月經	異黃酮素、石榴
減緩關節炎	葡萄糖胺、膠原蛋白
改善便祕、整腸	乳酸菌、食物纖維、啤酒酵母

• 圖 3-5　紅麴產品

3-3 基因改造食品的檢驗法

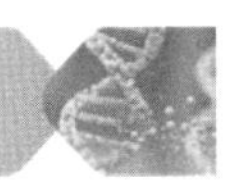

要檢測作物或食品中是否含有轉殖基因，可從偵測其轉殖入的特定基因、基因產物或其酵素活性進行，常使用的方法有三種：

1. **聚合酶鏈鎖反應法(polymerase chain reaction, PCR)**：此法為目前廣泛使用的方法，根據「可能轉殖」入食物之基因特定片段，設計可對應之引子，而定性地檢測出轉殖基因。若要進行定量，則須另外以螢光染劑或其他呈色方式進行標記。本法的靈敏度高，範圍約在 0.01~0.1%之間，但檢驗成本較高。
2. **酵素免疫分析法(enzyme-linked immunosorbent assay, ELISA)**：此法（圖3-6）乃利用專一性的抗體，可同時定性與定量檢測出轉殖基因的蛋白質產物，此法靈敏度稍低，範圍約在 0.5~1%之間，但檢驗成本低廉。
3. **測定酵素活性的生化反應法**：測定轉殖基因產品的酵素活性，以代表產品中的轉殖基因含量，也是常見之方式。

然而由於高度加工會分解產品中的 DNA，因此造成「聚合酶鏈鎖反應法」無法檢測出轉殖基因。而並非所有轉殖基因的蛋白質產物，都會有專一抗體存在，造成「酵素免疫分析法」無法檢測出轉殖基因的蛋白質產物，因此，以上三種方法用於生鮮食品檢測時較為準確。

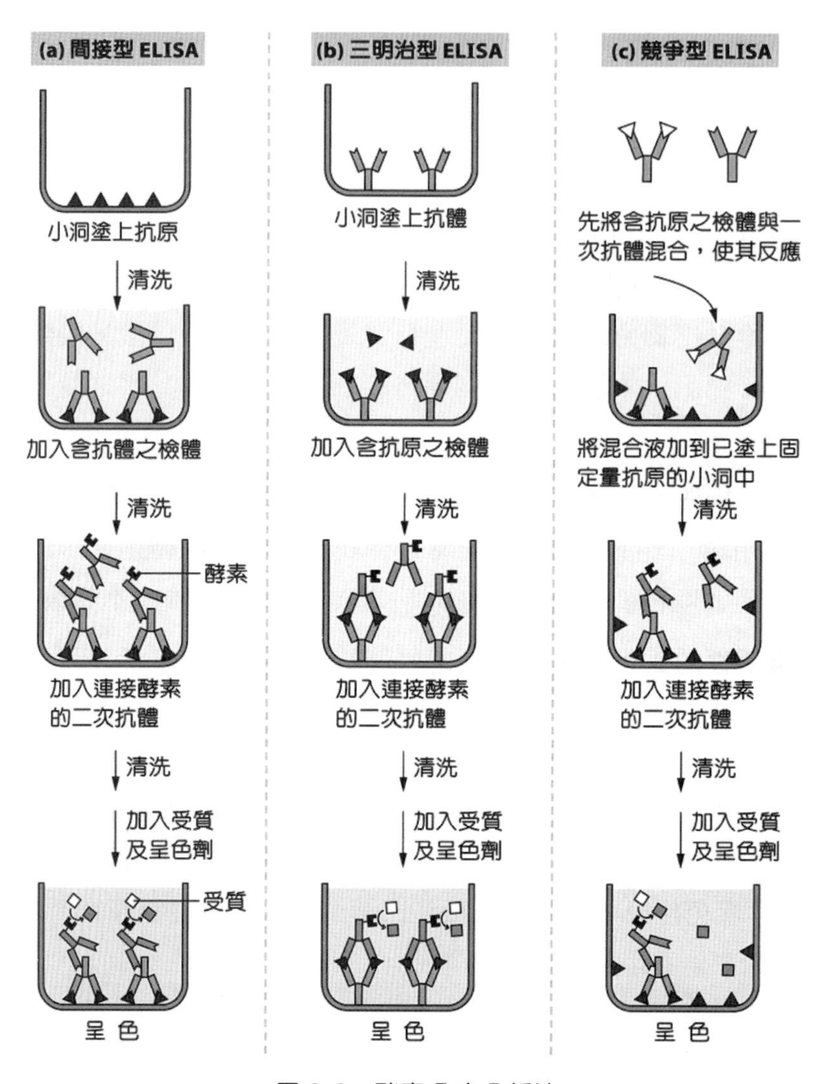
(a) 間接型 ELISA
小洞塗上抗原
清洗
加入含抗體之檢體
清洗
酵素
加入連接酵素
的二次抗體
清洗
加入受質
及呈色劑
受質
呈 色
(b) 三明治型 ELISA
小洞塗上抗體
清洗
加入含抗原之檢體
清洗
加入連接酵素
的二次抗體
清洗
加入受質
及呈色劑
呈 色
(c) 競爭型 ELISA
先將含抗原之檢體與一
次抗體混合，使其反應
將混合液加到已塗上固
定量抗原的小洞中
清洗
加入連接酵素
的二次抗體
清洗
加入受質
及呈色劑
呈 色

• 圖 3-6　酵素免疫分析法

3-4 幾丁質與幾丁聚醣

一、幾丁質的分布與化學結構

幾丁質(chitin)是由 N-acetyl-D-glucosamine 經由β-1, 4 醣苷鍵結合而成(圖 3-7），為類似纖維素的高分子聚合物，經常與蛋白質結合成黏多醣(mucopolysaccharide)的形式，並廣泛存在於自然界中，例如植物細胞壁的成分、動物的上皮角質層、海洋無脊椎動物、昆蟲外殼以及藻類、真菌和酵母菌之細胞壁中。由此可見幾丁質已成為廢棄物處理的問題，幾丁質若經由高濃度的熱鹼處理，進行去乙醯作用，除去部分或全部的乙醯基而露出游離胺基(-NH_2)後即得幾丁聚醣(chitosan)（圖 3-7），一般而言，總氮量占整個聚合物重量 7%(w/w)以上者，方可稱為幾丁聚醣。

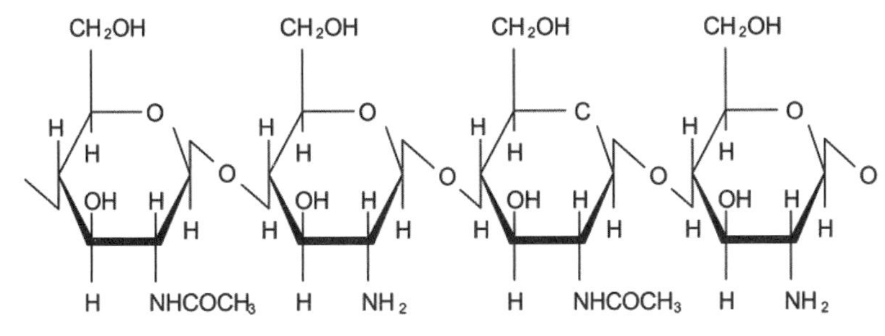

• 圖 3-7　幾丁質(chitin)與幾丁聚醣(chitosan)的化學結構

二、幾丁聚醣的基本理化性質

1. 具有生物分解。
2. 溶解度：未經修飾之幾丁聚醣為酸溶性，可溶於低濃度之有機酸與少數無機酸，無法溶於中性及鹼性環境。
3. 幾丁聚醣之構形類似α-chitin 為斜方晶系。
4. 無毒性：LD_{50} > 16g/kg（兔子經由口腔給予），LD_{50} > 350mg/kg（小老鼠經由腹腔注射）。

三、幾丁聚醣的溶解性

幾丁聚醣的溶解度主要取決於其去乙醯程度與溶液的 pH 值，去乙醯程度愈高，溶解度愈佳，而 pH 值在 5.5 以上時則幾乎不溶。目前已知幾丁聚醣可溶於稀釋的甲酸（是幾丁聚醣最佳溶劑）、乙酸（常被選為幾丁聚醣性質測定的標準溶劑）、丙酸、己二酸、乳酸、檸檬酸、蘋果酸、琥珀酸等有機酸，以及少數無機酸（但溶解度相當有限），如硝酸、稀鹽酸及磷酸。

四、幾丁聚醣的安全性與營養評估

關於幾丁聚醣的毒性研究很多，有學者發現，在老鼠飼料中添加 5%幾丁聚醣的實驗中，牠們在成長速率、內部器官及血液中血清組成均無任何變異；有些學者指出每天餵食量占老鼠每公斤體重 18 公克以上才會產生傷害。亦有學者發現，若將幾丁聚醣作為飼料中蛋白質的凝結促進劑，不僅不影響蛋白質的吸收率(PER)，也不會產生任何毒性，可見幾丁聚醣是幾乎不具毒性的。在營養機能方面，飼料中添加幾丁聚醣來餵雞，可增加雞腸 Bifido-bacteria 益菌的生長，減少人類及動物乳糖不耐症的發生。此外，幾丁聚醣能降低血清中膽固醇量，因此幾丁聚醣不但安全性高，尚兼具營養保健之功能。

五、幾丁聚醣的應用

幾丁聚醣的廣用非常廣泛，整理如表 3-3 所示，一般在食品界常將其當作殺菌劑、食品保鮮劑、減肥藥或增稠劑，圖 3-8 為各種幾丁質產品。幾丁聚醣處理不同色度原水的前後變化如圖 3-9 所示，可應用於廢水處理。

• 圖 3-8　各類幾丁質產品

表 3-3　幾丁質與幾丁聚醣的應用

應用型態	用 途
廢水處理（圖 3-9）	1. 降低廢水中 Hg, Pb, Zn, Cu, As, Ba, Pb, Cu, Cr, Co, Ni, Mn, Fe, Co, Ni, Cu 等重金屬 2. 處理蔬菜罐頭廠、家禽肉加工、蛋加工廠、電鍍廠混合廢水 3. 處理乳清加工廢液 4. 回收番茄加工廢水中蛋白質 5. 汙泥調理
生化方面	固定 lactase, glucose isomerase, invertase, amylase, trypsin, chymotrypsin, phosphodiesterase, α-chymotrypsin, phosphatase, lysozyme 等酵素
食品方面	1. 熱分解後產生 pyrazine，可加強食品香氣及預防血液凝結之功效 2. 可用於吸附紅色二號色素 3. 可當增稠劑等食品添加物 4. 可做為食品保鮮劑、減肥藥
醫藥方面	1. 可當作外科手術縫合線 2. 可當抗凝血劑、膠囊材料 3. 可做為療傷藥
其他	1. 可做為逆滲透膜、紙張之抗力增強劑、隱形眼鏡 2. 可成為膜之代用品 3. 可應用於人造纖維工業 4. 可改良香菸捲紙 5. 可製成各種抗菌產品

• 圖 3-9　幾丁聚醣處理不同色度原水前後圖

小試身手
EXERCISE

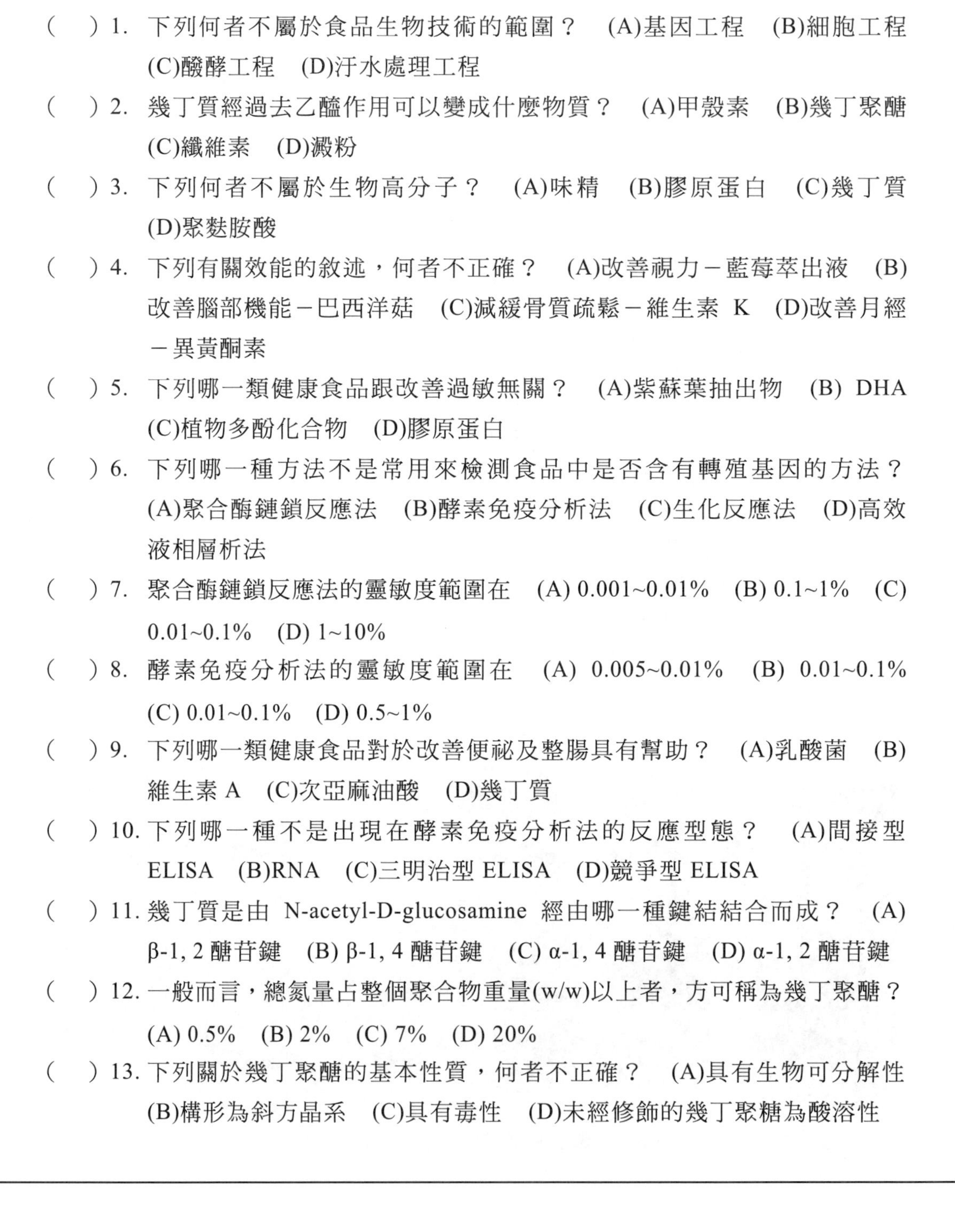

(　) 1. 下列何者不屬於食品生物技術的範圍？ (A)基因工程 (B)細胞工程 (C)醱酵工程 (D)汙水處理工程

(　) 2. 幾丁質經過去乙醯作用可以變成什麼物質？ (A)甲殼素 (B)幾丁聚醣 (C)纖維素 (D)澱粉

(　) 3. 下列何者不屬於生物高分子？ (A)味精 (B)膠原蛋白 (C)幾丁質 (D)聚麩胺酸

(　) 4. 下列有關效能的敘述，何者不正確？ (A)改善視力－藍莓萃出液 (B)改善腦部機能－巴西洋菇 (C)減緩骨質疏鬆－維生素 K (D)改善月經－異黃酮素

(　) 5. 下列哪一類健康食品跟改善過敏無關？ (A)紫蘇葉抽出物 (B) DHA (C)植物多酚化合物 (D)膠原蛋白

(　) 6. 下列哪一種方法不是常用來檢測食品中是否含有轉殖基因的方法？ (A)聚合酶鏈鎖反應法 (B)酵素免疫分析法 (C)生化反應法 (D)高效液相層析法

(　) 7. 聚合酶鏈鎖反應法的靈敏度範圍在 (A) 0.001~0.01% (B) 0.1~1% (C) 0.01~0.1% (D) 1~10%

(　) 8. 酵素免疫分析法的靈敏度範圍在 (A) 0.005~0.01% (B) 0.01~0.1% (C) 0.01~0.1% (D) 0.5~1%

(　) 9. 下列哪一類健康食品對於改善便祕及整腸具有幫助？ (A)乳酸菌 (B)維生素 A (C)次亞麻油酸 (D)幾丁質

(　) 10. 下列哪一種不是出現在酵素免疫分析法的反應型態？ (A)間接型 ELISA (B)RNA (C)三明治型 ELISA (D)競爭型 ELISA

(　) 11. 幾丁質是由 N-acetyl-D-glucosamine 經由哪一種鍵結結合而成？ (A) β-1, 2 醣苷鍵 (B) β-1, 4 醣苷鍵 (C) α-1, 4 醣苷鍵 (D) α-1, 2 醣苷鍵

(　) 12. 一般而言，總氮量占整個聚合物重量(w/w)以上者，方可稱為幾丁聚醣？ (A) 0.5% (B) 2% (C) 7% (D) 20%

(　) 13. 下列關於幾丁聚醣的基本性質，何者不正確？ (A)具有生物可分解性 (B)構形為斜方晶系 (C)具有毒性 (D)未經修飾的幾丁聚糖為酸溶性

( ) 14. 哪一種酸常被選來作為幾丁聚醣性質測定的標準溶劑？ (A)甲酸 (B)乙酸 (C)鹽酸 (D)硝酸

( ) 15. 下列關於幾丁聚醣在廢水處理的應用，何者不正確？ (A)可降低廢水當中的重金屬 (B)可處理蔬菜罐頭廠 (C)無法回收番茄加工廠廢水中蛋白質處理後 (D)可處理乳清加工廢液

( ) 16. 下列關於幾丁聚醣在醫藥方面的應用，何者不正確？ (A)可當作外科手術縫合線 (B)可讓病人口服治療疾病 (C)可當作抗凝血劑 (D)可作為療傷藥

( ) 17. 下列哪一項不含有幾丁質？ (A)昆蟲外殼 (B)木質素 (C)真菌細胞壁 (D)蝦蟹外骨骼

( ) 18. 下列敘述何者不正確？ (A)幾丁質與甲殼素在結構上是不相同的 (B)麩胺酸鈉俗稱味精 (C)靈芝屬於真菌類 (D)紅麴又名紅糟

( ) 19. ELISA 的中文名稱是下列哪一項？ (A)酵素鍵結分析法 (B)光化學分析法 (C)酵素免疫分析法 (D)光催化分析法

( ) 20. 幾丁質經過什麼作用後可以變成幾丁聚醣？ (A)乙醯作用 (B)去乙醯作用 (C)糖化作用 (D)磷酸化作用

解答 QR Code

MEMO
INTRODUCTION TO
BIOTECHNOLOGY

CHAPTER 4

動物與植物生物技術

4-1 動物生物技術

4-2 植物生物技術

4-3 生物防治在農業方面的應用

－前言－

在基因重組技術逐漸成熟後，將外來基因殖入植物或動物體內，利用植物或動物當作工廠，生產人類生活必需的物質，如食物、藥物等，已不再是遙不可及的夢想。另外，複製技術成功運用於哺乳類動物，這幾年來相關研究不斷進行，我們關心的是，複製人一旦出現，對於整個社會會造成怎樣的影響，值得深思。

4-1 動物生物技術

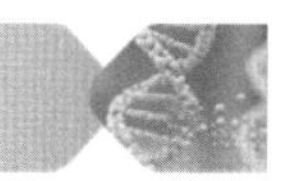

胚胎移植技術

胚胎移植技術指的是將一個動物的胚胎，轉移至另外一個同種動物的體內，接著胚胎著床後發育成為一完整個體。這項技術的目的是要擴大優良品種動物的個數，因為一隻品種優良的動物，若僅靠自己的力量繁殖下一代，則一生中所能產生的子代數目實在有限。如果能夠讓品種優良的雌性動物多排卵，然後再將受精後的胚胎殖入同種的雌性動物子宮內，則此優良品種動物的子代將因而擴增許多倍。目前胚胎移植技術都是在哺乳類動物施行，如一些優良品種的乳牛。

不過胚胎移植技術的施行仍然有其限制，例如：(1)必須在同種生物間進行，不同種生物的懷孕期及子宮內的生長條件會有所差異；(2)移植時供應胚胎的動物與接受胚胎的動物其年齡、個體大小、生殖生理狀態必須一致；(3)胚胎供應者應為健康狀況良好及對人工誘發排卵接受度高的動物。

基因轉殖動物

一、何謂基因轉殖動物

基因轉殖動物(transgenic animal)是利用人為的方式將重組 DNA 導入體內而改變基因型的動物。這些重組 DNA 可以導入宿主的體細胞或生殖細胞當中，而且可以將重組 DNA 傳遞至後續的每一世代。此外，為求基因轉殖順利成功，要正確選用啟動子、增強子及特殊基因，並將前述的構造順利嵌入動物細胞當中。

二、進行動物基因轉殖常用的方法

1. **微量注射法(microinjection)**：利用微量注射器將重組 DNA 直接注入動物受精卵當中，這是目前最常使用的方法，此法自 1985 年建立以來即沿用至今，但並沒有重大的改變。
2. **電穿孔法(electroporation)**：選用合適的電壓使動物細胞之細胞膜產生暫時性的孔洞，再將 DNA 送入細胞中。
3. **精子載體法(sperm-mediated gene transfer)**：利用精子攜帶外來 DNA，然後與卵子受精，就可以將外來 DNA 傳送到受精卵內。本技術進行方式至少有四種：(1)利用精子會與外來 DNA 結合的特性，將外來 DNA 先與精子混合再進行人工受精，而將外來 DNA 送入卵子中；(2)先利用電穿孔法將外來 DNA 先送入精子後再進行人工受精；(3)將與外來基因結合的精子直接以微量注射法送入未受精的卵子中；(4)將外來 DNA 以脂質粒方式送入睪丸組織以產生帶有外來基因的精細胞。
4. **反轉錄病毒載體法**：反轉錄病毒(retrovirus)的遺傳物質是一條單股的 RNA，在感染宿主細胞後可以利用宿主的酵素複製出雙股的 DNA，並進一步嵌進宿主的 DNA 中。使用反轉錄病毒的特點是重組 DNA 的感染效率很高，不過反轉錄病毒攜帶外來基因的大小有其限制(<10Kb)。
5. **酵母人工染色體載體法**：選用酵母人工染色體(yeast artificial chromosome, YAC)的好處是可以攜帶大片段（Mb 等級）的重組 DNA，這樣能夠保有基因的完整性。

三、基因表現產物的檢測

如果是要檢測 RNA 可以用北方墨點法(Northern blotting)，如果是要檢測蛋白質可以用西方墨點法(Western blotting)，若蛋白質的表現量很多，則可以用高效液相層析法(HPLC)加以定性與定量。

四、基因打靶技術

基因打靶技術(gene targeting)指的是運用 DNA 重組、基因轉殖、胚胎幹細胞及體細胞培養技術的綜合方法。其方法是將 DNA 插入到染色體上某特定的位置，進而使位於該染色體上的某段基因不活化，其目的是要瞭解該段基因所扮演的角色。目前常將含有目標基因的胚胎幹細胞注入囊胚，再將其植入母體內，並將此老鼠與普通老鼠交配，觀察其後代之差異，以瞭解被關掉基因之功能。基因剔除(gene knock-out)也是屬於基因打靶中的一種，指的是在一段可以合成蛋白質的基因當中，利用同源重組(homologous recombination)的方法插入一段外來基因，使得蛋白質的轉錄過程受阻，即為對該段基因的剔除。2008 年臺灣大學醫技系已發表小鼠基因剔除術研究成果，目前已產製出 72 種基因剔除鼠，未來可據以研發治療藥物。預估全球每年市場產值即高達四億三千萬美金，就算是單賣基因剔除鼠，一對也要價六萬美金。2010 年「國家實驗研究院實驗動物中心」開發出全球首創、可經由後天投藥調控基因的紅綠雙色螢光大鼠，未來可製造多種人類疾病的模式動物，有利於藥物的研發。

五、基因轉殖動物的種類

1. **陸生動物**：長久以來，老鼠就被當作研究人類疾病的模式生物，包括小鼠(mouse)及大鼠(rat)，此外兔子(rabbit)、豬(pig)、羊(goat)及牛(cow)也都被拿來當作基因轉殖動物。其中豬、牛、羊等哺乳類動物都是科學家研究的對象，其中以豬的胎數多、世代間距短、繁殖快等條件，最被看好。2009 年日本科學家獲得一項具有爭議性的成就，成功創造出世界首見的基因轉殖靈長類動物（皮膚發出綠色螢光的猴子，轉殖 GFP 基因至胚胎）。它可能導致未來在實驗用猴子身上複製人類的疾病，從而獲得這些疾病的致病原因與治療方法。這個突破性發展很重要，因為醫學研究者向來渴望獲得在生理構造上比囓齒目動物更接近人類的動物。因為許多疾病，尤其神經性疾病如巴金森氏症或老年失智症等，因成因太過複雜，無法在生物結構差異太大的老鼠身上得到有力之證實。

2. **水產動物**：基因轉殖應用於水產動物是近年來的新興科技。因為魚蝦貝類等水產生物是人類重要的蛋白質來源，基因轉殖可以用來改良品種。而水產動物當中僅魚類是脊椎動物，具有無脊椎動物所沒有的優點。例如像稻田魚(medaca)和斑馬魚(zebra fish)的魚種具有卵數眾多、卵徑大且透明（方便觀察各類器官的發生與形成）、操作簡單、成熟期短等優點。

位於台北市的邰港科技公司和台大漁業科學研究所合作，以基因轉殖技術培育出螢光魚－邰港 1 號與邰港 2 號。運用顯微注射技術將綠螢光 DNA 殖入斑馬魚胚胎中，育種出台灣第一條全身(肌肉)都發亮的螢光魚。其中邰港 1 號魚體可以發出綠光（圖 4-1），邰港 2 號則是可以發出綠光與紅光及同時具有綠色水母基因與紅色珊瑚基因的邰港 3 號雙基因螢光魚。而在中央研究院細胞與個體生物學研究所所發展之螢光魚，則是可讓魚的肝臟、腸道、胰臟發出螢光之多轉基因螢光斑馬魚，必須在特殊光源照射下才能看到螢光，可用來從事醫學研究，然而這種和肌肉會發光的觀賞用斑馬魚是不一樣的，牠並無生殖能力。

● 圖 4-1　螢光魚

六、基因轉殖動物的應用

1. **基礎醫學研究**：基因轉殖鼠（圖 4-2）是生物醫學研究的一種良好的模式生物。可以用來研究癌症的成因、遺傳基因如何造成疾病、化學藥品對動物體內某特定基因的影響等。

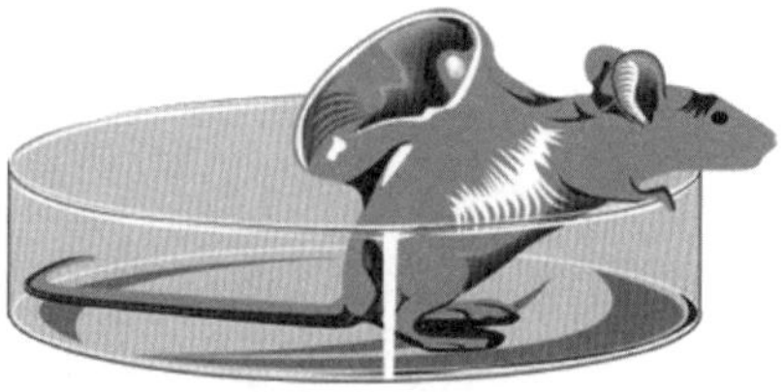

• 圖 4-2　基因轉殖鼠

2. **提高動物的產值**：這方面的研究包括提高飼料轉換率與生長速率（例如：生長激素基因轉殖鮭魚體型通常是一般鮭魚的 3~5 倍大）、減少脂肪、提高肉質、牛乳及皮毛的產質。

3. **增進動物的健康**：提升動物的免疫力及抗逆境能力（例如：抗凍蛋白質 AFPs 基因轉殖大西洋鮭魚可較原生魚種耐低溫）。例如：2011 年美國和英國的科學家在蚊子 DNA 插入名為 I-SCEL 的基因片段，干擾蚊子身上寄生蟲（瘧疾原蟲）發展，並進一步依此法改造雄蚊的精子基因，經過繁殖後，讓蚊子後代擁有修改過的基因。這些後代成為「抗瘧疾」的蚊子，降低瘧疾之發生，為全球防制瘧疾更跨進一步。

4. **提供人類器官移植的來源**：這類研究常以基因轉殖豬為模式生物，因為豬和人類的生物相似性頗高。

5. **成為醫療動物生產醫藥用品**：例如：轉殖羊可生產 α1-antitrypsin factor VIII 可幫助凝血，可用於中風及心臟病治療。轉殖纖維蛋白原(fibrinogen)基因之轉殖豬可生產「緊急凝血用」之手術繃帶。例如：GTC 公司將人類 DNA 和山羊 DNA 結合的方式，培育出二百隻乳腺能分泌含有人類抗凝血酶乳汁的山羊，再利用牠們的乳汁製造 ATryn（基因重組抗凝血劑），這種藥物，可治療罕見的血液疾病「抗凝血酶缺乏症」。每隻山羊一年生產上市的抗凝血酶，相當於九萬人次捐血的萃取量。

6. **改變乳汁成分**：例如提高乳鐵蛋白的含量以抑制腸道中的有害細菌、增加溶菌酶的含量以抑制細菌生長、減少乳糖含量以使某些乳糖酶較缺乏的人不再容易腹瀉。

7. **基因工程藥物**：由於乳腺是一個外分泌器官，乳汁不會進入動物體內的循環系統，所以可以從基因轉殖動物的乳汁中生產基因工程的藥物。比以往利用細菌基因工程需要龐大醱酵槽，成本上節省不少。例如：將血纖維酶基因注入山羊受精卵，再移至子宮中發育，轉殖成功山羊所分泌的乳汁中含有血纖維酶，萃取出後，此種酵素可溶解血管中硬塊，可用來治療心血管疾病。

七、基因轉殖動物的管理

基因轉殖動物可能產生的問題包括對環境生態的危害、動物在經過基因轉殖後是否影響健康、人們食用基因轉殖動物是否會影響自身健康等。2002 年行政院農委會對於基因轉殖動物的生物安全性也制定了一套辦法(基因轉殖種畜禽田間試驗及生物安全性評估管理辦法），其內容表列於下：

第一條　本辦法依畜牧法第十二條之一規定訂定之。

第二條　本辦法用詞定義如下：

一、基因轉殖：使用基因工程或分子生物技術將轉殖基因殖入種畜禽之個體、體細胞、胚胎細胞、胚幹細胞或生殖細胞中，產生基因重組或移置者。

二、轉殖基因：指重組基因或原本不屬於該種畜禽或種源之基因或去氧核糖核酸(DNA)或核糖核酸(RNA)片段。

三、基因轉殖種畜禽：指應用基因轉殖技術所獲得攜帶轉殖基因之種畜禽或種源，及其衍生之後代或複製體。

四、田間試驗：指在中央主管機關認可並具有防堵轉殖基因外流能力之機構，為評估生物安全性所進行之試驗。

五、生物安全性：係指基因轉殖種畜禽本體與其可能互動之動植物、人類及自然環境之安全。

第三條　凡由國外引進或國內培育之基因轉殖種畜禽，應依本辦法向中央主管機關申請辦理田間試驗，並經生物安全性評估後，始得推廣利用。前項種畜禽之利用如係供試驗研究機構作試驗研究使用者，不在此限。

第四條　生物安全性評估之內容包括下列事項：

一、基因轉殖種畜禽之研究應用目的及背景。

二、原始種畜禽或種源之中英文名稱。

三、原始種畜禽或種源來源及一般生物學特性。

四、轉殖基因之名稱、來源、特性及組成。

五、轉殖基因載體。

六、轉殖方法與學理依據、轉殖後標的基因之分子證據及國內外相關或類似事例與其生物安全性評估結果等。

七、轉殖基因在種畜禽細胞或組織之表現位置及基因遺傳與表現之穩定度。

八、基因轉殖種畜禽之特性，包括一般特性、繁殖方式、飼養管理方式及飼養管理應特別注意事項。

九、基因轉殖種畜禽演變成有害動物之可能性及其防堵措施。

十、田間試驗設計：包括觀察試驗期間應調查之性狀表現、田間試驗規則說明及轉殖基因外流防堵措施等。

十一、其他經基因轉殖種畜禽審議小組指定評估事項。

第五條　中央主管機關應設置基因轉殖種畜禽審議小組（以下簡稱審議小組），審議基因轉殖種畜禽田間試驗及生物安全性評估相關事宜。

第六條　申請人應檢附申請書（如附件）及相關書件，向中央主管機關申請基因轉殖種畜禽田間試驗，並應向中央主管機關認可之機構繳交委託試驗費用；委託試驗收費標準由中央主管機關定之。

第七條　經本辦法審核通過之基因轉殖種畜禽如供食用者，應經食品衛生主管機關審核同意後，始得供為食用。

第八條　經本辦法審核通過之基因轉殖種畜禽如非供食用者，應依使用目的，經有關主管機關審核同意後，始得應用於該特定用途，並不得作為食用。

第九條　經本辦法審核未通過之基因轉殖種畜禽，應予以符合人道方式進行安樂死與銷毀。

第十條　本辦法自發布日施行。

動物複製技術

所謂複製，指的是無性生殖(clone)。無性生殖是指來自於同一親代，具有完全相同遺傳物質的生殖方式。中國大陸把 clone 翻譯成「克隆」，clone 的原意是從一個繁殖者以無性生殖繁衍出來的一群生物，與依賴生殖細胞精卵結合的有性生殖不同，無性生殖的遺傳物質完全由提供細胞核的一方來負責。無性生殖並不像有性生殖會有基因重組的過程，所以無性生殖的子代與親代，不論是基因型或外在的表現型均完全相同。

一、複製動物的種類

1. **英國：**首隻複製成功的哺乳類動物－桃莉羊(Dolly)於 1996 年 7 月誕生。事實上，桃莉羊有三個母親，第一隻羊（白臉羊）提供乳房細胞的細胞核，第二隻羊（黑臉羊）提供未曾受精過且去除細胞核的卵細胞，在適當的電擊刺激下，來自於乳腺的細胞核與去除細胞核的卵細胞產生融合，等到融合細胞培養發育到桑椹期(morula)後，再將融合細胞放入第三隻羊（黑臉黑腳羊）的子宮內，也就是所謂的代理孕母（圖 4-3）。過了 148 天之後，第三隻羊分娩產下了桃莉。1998 年 4 月，她產下自己的子代－邦妮(Bonnie)。不幸的是，桃莉於 2003 年 2 月感染肺炎死亡，享年 6 歲。

2. **台灣：**

    (1) 複製牛：2001 年 9 月誕生第一頭複製牛－畜寶。不過只活了 5 天就因為不明的原因過世了，不過在 2003 年及 2004 年，以「如意」為名字的複製牛陸續誕生，且都成功的存活了下來。

    (2) 複製豬：2002 年年中誕生複製豬－酷比（圖 4-4）。酷比是雙基因轉殖複製豬，具有豬乳鐵蛋白與人類第九凝血因子這兩個外來基因。乳鐵蛋白具有抑菌效果及抑制癌細胞增生的能力。由於它可提高對腸胃感染的抵抗力及增強免疫力，故常添加於牛奶中供嬰兒食用。此外，乳鐵蛋白的氧化功能很強，可以清除體內自由基，是天然的抗氧化劑。至於人類第九凝血因子的功能則是治療血友病。

    (3) 複製羊：「寶吉」與「寶祥」也在 2002 年 7 月誕生。這是繼複製牛「畜寶」短暫存活 5 天後，以草食動物體細胞複製研究的另一項成就。

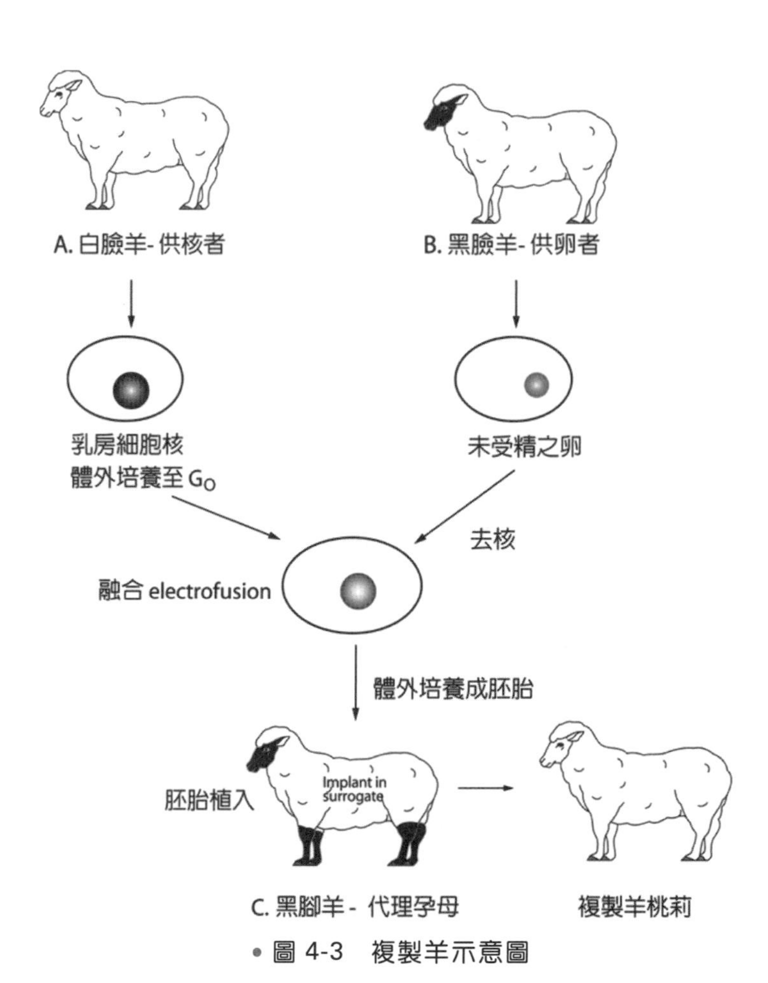

• 圖 4-3　複製羊示意圖

• 圖 4-4　台灣動物科技研究所的複製豬－酷比 1 號

3. 中國大陸：於 2005 年誕生第一頭複製牛，證明中國大陸在動物複製技術上亦相當重視。

4. 南韓：南韓科學家於 2006 年 6 月，成功由一隻成年的母阿富汗犬耳朵取下的體細胞，殖入去除細胞核的卵子，成功培育出複製狗－波娜(Bona)，之後又複製出另外兩隻－和平、希望。這三隻狗的 DNA 經過檢測證明完全相同，為全球第一次培育出母的複製狗，同時此次用 12 個卵子複製出三隻狗，成功率較過去大幅提高達 25%。

目前複製動物之目的，仍是以「醫療性複製」為主，但因應糧食短缺，「食用性複製」亦浮上檯面。2008 年，美國政府批准於市面銷售複製動物及其後代生產的肉與奶製品，日本與歐盟也作出類似決定，並宣稱此類產品和傳統產品比起來「看不出差別」。目前複製 1 頭牛要價 15,000 美元，1 頭豬 4,000 美元，因此，將複製動物的後代做為食用源較為可行。

二、複製人

在複製動物陸續誕生後，大家所關心的問題是，何時會出現「複製人」？事實上要做出複製人，在技術上並不是很困難，要克服的是如何提高成功率。不過複製人的研究不單只是科學問題而已，這其中還牽涉到倫理道德的問題。關於複製人的法律問題，目前全世界幾乎都反對生殖複製行為，而醫療複製行為則各國的看法不一。2002 年 4 月，全球英國《新科學家》雜誌網站報導，安迪諾禮先生在阿拉伯聯合大公國一場研討會當中宣布，他成功的讓一名婦女懷有八週大的人類複製胚胎，但該項實驗的進行地點並未說明，後續的相關報導也付之闕如。此外，也有法國科學家在 2002 年 12 月宣稱，全球真正的第一個複製人誕生了，但亦未經過證實。

三、複製技術所遭遇到的問題

自從 1996 年桃莉羊誕生後，陸續有複製牛、複製豬、複製鼠等複製動物的誕生，不過成功率仍然偏低，以複製羊來說，數百個融合細胞當中只有一隻存活，就是桃莉，成功率不到 1%。其次是複製動物的存活率，複製動物常會在子宮內快速成長，造成體重過重而導致難產。就算順利出生，也常出現畸形、免疫力低、未老先衰等問題。

複製動物的早衰現象與染色體端粒(telomere)有關，它位於染色體的 DNA 末端，複製時並不是完全複製，末端部分會隨著複製次數的增加而逐漸縮短，有科學家認為染色體上端粒的縮短與生物的老化有密切關係。結果發現桃莉羊的染色體端粒與同年齡的一般羊相比要來得短，而且有顯著差異。不過複製生物的實際年齡是否能用端粒的長度來衡量仍值得探討。

4-2 植物生物技術

生物技術在植物上的應用可分為組織培養(tissue culture)和基因轉移(gene transfer)兩大領域。組織培養的應用包括：健康種苗生產、種源保存、作物量產、二次代謝產物的生產、試管授精與胚胎培養、花藥培養誘引單倍體、原生質體融合等。

組織培養

所謂組織培養指的是將植物體的部分細胞、組織、器官等，在無菌狀態下以人工方式從植物母體分離，然後在特定培養基（含無機鹽類、有機物質和植物生長調節劑的無菌培養基）內培養，使之成為一株獨立的新植物。

目前組織培養已大量應用於花卉的大量快速繁殖、健康種苗生產、品種改良及種源保存上，例如：利用植物繁殖出數萬株的相同植株。所採行的方法包括無菌播種、無病毒健康植物苗的培養、原生質體（為不具細胞壁的植物細胞，protoplast）的培養、體細胞雜交及建立種源基因庫等。一般植物利用組織培養行大量繁殖的主要途徑或方法包括：(1)誘導莖頂或原已存在的腋芽來進行增殖；(2)誘導組織形成體胚，再由體胚發育成完整植株；(3)誘導組織形成癒合組織，再由癒合組織分化成具分化能力之芽體株。

基因轉殖植物

一、何謂基因轉殖植物

基因轉殖植物(genetically modified crops, GM crop)與基因轉殖動物類似，是指將外來基因殖入植物體內（圖 4-5），並在植物體內表現外來基因的功能。目前科學家已經能掌控某些農作物及園藝作物具有特殊功能的基因，這些基因可經由載體殖入需要改良的農作物或園藝作物的細胞當中，進而讓細胞再生。根據調查目前全世界至少有 50 個以上的國家，25,000 個轉殖植株的田間試驗已經完成或正在進行當中，這些試驗超過 60 種以上不同植物，並針對許多對生產有用的經濟性狀進行作物改良。

● 圖 4-5　基因改造的稻米（左）與彩色米（右）

二、進行植物基因轉殖常用的方法

1. **農桿菌法**：農桿菌是一種革蘭氏陰性菌，為植物之病原菌，平時存活於土壤當中。根瘤農桿菌(*Agrobacterium tumefaciens*)的特性是能夠感染大多數的雙子葉植物。

   雙子葉植物一旦被感染後，在植物莖部或傷口處會產生冠癭腫瘤(crown gall tumor)，原因是根瘤農桿菌體內存有 Ti 質體(tumor-inducing plasmid)（圖 4-6），其上有一段特殊的區域叫做 T-DNA，會穿過受傷的植物細胞壁，進入植物細胞核內，並且併入植物基因體，進而表現其所控制之性狀，例如：導致受感染的植物出現腫瘤(tumor)。而 T-DNA 上所含之冠癭鹼(opine)合成酶基因，正可以誘發冠癭腫瘤的產生。利用 Ti 質體上 T-DNA 移動之特性，若需進行植物性狀改變，則可先將 Ti 質體中導致腫瘤的基因切除，再置入擬轉殖的基因，便可使外來特定基因可以在植物細胞內表現（圖 4-7）。

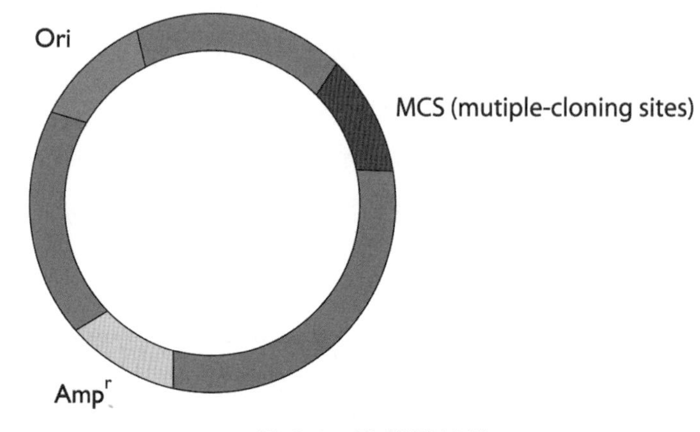

• 圖 4-6　Ti 質體結構

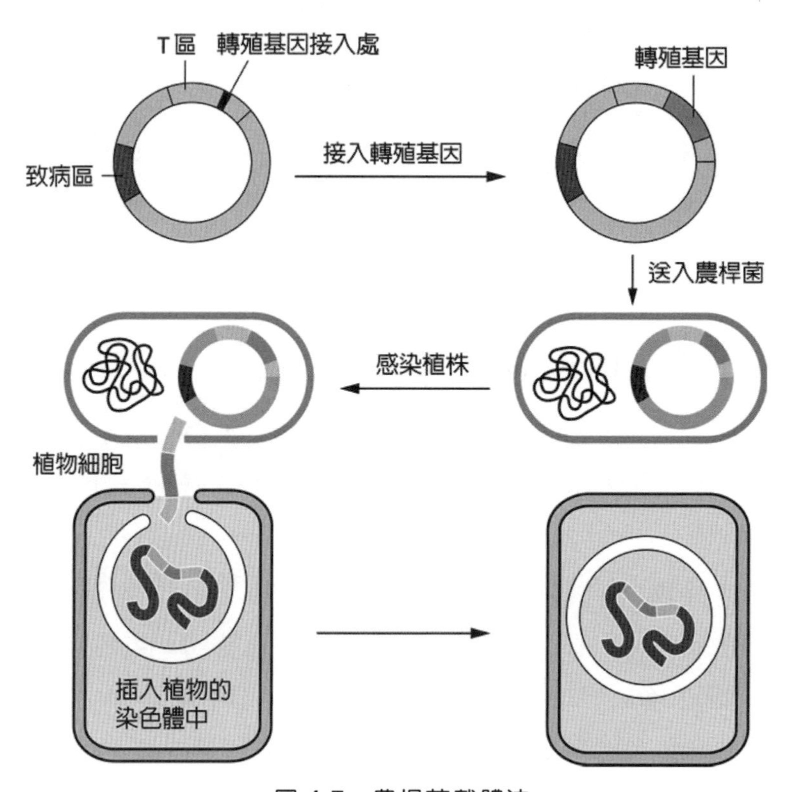

• 圖 4-7　農桿菌載體法

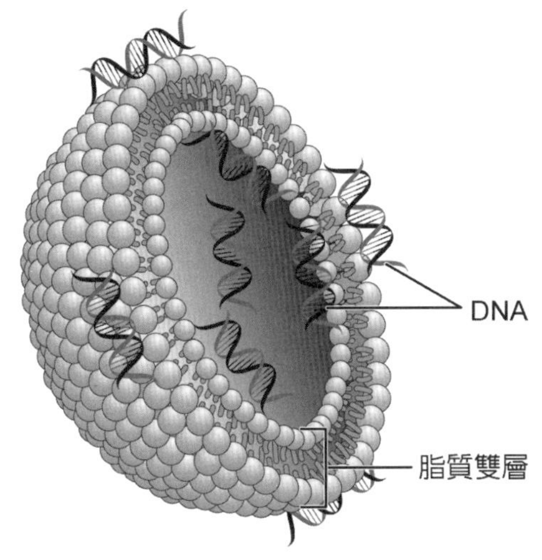

● 圖 4-8　微脂粒（內含 DNA）結構圖

● 圖 4-9　基因槍導入法

2. **微脂粒導入法**：微脂粒(liposome)是由脂質雙層所形成的球狀物，可將外來 DNA 包裹於內（圖 4-8），避免被細胞內的核酸酶分解。當微脂粒與原生質體一起培養時，兩者的膜可產生融合作用，因此可進入原生質體當中。
3. **基因槍導入法**：基因槍(gene gun)導入法（圖 4-9）是藉由高速運動的金屬微粒（直徑約 1~1.6μm），將附著於其上的 DNA 引入植物細胞。因為帶有外來 DNA 的金屬微粒在加速後可獲得足夠的動量，使之有能力穿透植物細胞的細胞壁，在進入目標細胞後釋放出外來 DNA，並隨機嵌入植物細胞的基因體內。此法對植物種類與組織細胞都沒有選擇性，適用範圍非常廣，但得到的轉基因拷貝數高，容易干擾基因的表現。
4. **電穿孔法(electroporation)**：選用合適的電壓使植物細胞的原生質體產生暫時性的孔洞，再將 DNA 送入細胞。
5. **聚乙二醇媒介基因移轉法**：聚乙二醇(polyethylene glycol, PEG)在二價陽離子作用下，能與 DNA 分子形成共沉澱作用。原生質體膜與 DNA 分子帶有負電，在高濃度聚乙二醇之下，能減低電荷相斥的現象。此外，聚乙二醇可以刺激原生質體產生胞飲作用(endocytosis)，使原生質體能吸入外來的 DNA。

然而，目前則幾乎都是使用基因槍導入法及農桿菌兩種方法。

三、基因轉殖植物的應用

基因轉殖技術的建立，在世界各地都極受重視，目前已有 50 個以上的國家在進行相關研究（24 個國家生產基因轉殖作物），2017 年約有 88.4%集中於美洲，基改前五強分別是美國(39.5%)、巴西(26.4%)、阿根廷(12.4%)、加拿大(6.9%)及印度(6.0%)，總栽種面積達 1,897 億公頃，全球超過 10%的農地種植著基因改造作物。田間試驗已超過 25,000 件以上，涉及到 60 種以上植物（其中 14 種已商業化），大部分是經濟栽培作物，例如：大豆(49.6%)、玉米(31.5%)、棉花(12.7%)、油菜(5.4%)、菸草、番茄、馬鈴薯及水稻等，大致可分為六大應用方向。

1. **抗蟲基因**：由於蟲害的發生常造成農作物減產，所以如何減少蟲害，是研究者非常關心的課題。他們發現從一種叫做蘇力菌(*Bacillus thyringiensis*)的微生物體內所分離出的殺蟲結晶蛋白(insecticidal crystal protein)基因，簡稱為 Bt 基因，對於抗蟲非常有效。其原理是蘇力菌所產生的孢子被昆蟲攝食後，孢子所含有的殺蟲結晶蛋白會在蟲體的腸道中，在高鹼性腸液和蛋白質分解酶的作用下，被分解成原毒素，再活化變成毒素，這些毒素和昆蟲中腸的腸壁上皮細胞結合，迫使細胞破孔，造成昆蟲腸道崩解，中毒的昆蟲迅速停止攝食而死亡。所以若將 Bt 基因殖入植物細胞內將可協助植物抗蟲（圖 4-10）。又因為蘇力菌對脊椎動物無毒，尤其是胃酸足以破壞其毒性，因此，不致造成病害，此為目前最環保之防止病蟲害方式，一般稱之為「生物農藥」，目前已推出商業化產品，例如：美國－科迪亞克(Kodiak™)製劑、俄羅斯－貝克芬(Bactophyt™)及台灣光華農藥公司之台灣寶等。

• 圖 4-10　抗蟲基因於植物量產的應用

● 圖 4-11　中興大學植病系所發展的基因轉殖木瓜

2. **抗病基因**：可分成抗病毒、抗真菌及抗細菌三種基因。以抗病毒基因來說，其方法類似於人類的主動免疫，即讓植物先感染較弱的病毒，當較強病毒侵入時，植物就不會受到感染。原因是較弱病毒的外殼蛋白(coat protein, CP)基因在植物內一旦表現後，較強病毒就無法表現。至於抗真菌基因及抗細菌基因的方法則是增強植物細胞的細胞壁結構或活化溶菌酶基因。

3. **抗逆境基因**：透過抗逆境基因殖入植物體後，可以使其抵抗乾旱、高鹽、極端溫度等的威脅。例如在植物細胞內殖入可以調節滲透壓的蛋白質製造基因，以抵抗乾旱跟高鹽。殖入製造抗凍蛋白的基因，因為抗凍蛋白能夠降低冰點及減緩冰晶生長的速度，這將是未來基因轉殖作物的主流。

4. **提高農作物產量與質量的基因**：以提高產量而言，主要是將光合作用效率高的 C4 植物（強光植物，例如：玉米、白菜）基因導入 C3 植物（弱光植物，例如：稻米、綠豆）的體內。當光合作用效率提高時，植物體內增加糖分的速率也會增快，產量亦隨之提升。

　　以提高品質而言，可利用基因轉殖技術培育出減少人體膽固醇含量，防止動脈血管硬化的農作物。現代人都希望吃得健康，一般植物油的不飽和脂肪酸較動物油為多，且較不容易引發心血管疾病，所以可以利用基因工程的方法，控制脂肪酸的不飽和鏈長度，使之更符合食用油的要求。

　　另外較成功之例子包括：「黃金米」－將黃水仙植物與細菌之胡蘿蔔素合成基因轉入水稻，使米飯富含維生素 A（圖 4-12）；而含高鐵水稻則是將菜豆之鐵蛋白基因轉入水稻，增加米飯中鐵的利用效率；「甜甜米」

則是利用基因轉殖技術製造澱粉含量與蛋白質含量比一般的稻米高之稻米，使落後地區的民眾，只要吃米食就可以得到足夠的營養成分，而甜甜米只要以高溫烹煮四小時，米中所含的澱粉就會自動分解成不含外加基因的糖漿和高蛋白渣，其運用在工業上的用途更加廣泛。

5. **讓植物生長速度變快的基因**：阿拉伯芥(*Arabidopsis thaliana*)（圖 4-13）是一種雙子葉油菜類植物，世代交替時間很短，很容易在實驗室內培養，而且基因體結構簡單，常被植物學家用來研究遺傳工程。英國劍橋大學的研究小組在阿拉伯芥體內找到一種可以促進細胞分裂的遺傳基因，將此基因轉殖到菸草上時，會在其內產生一種蛋白質，和菸草內的某些成分結合後，可促使菸草根莖末端的細胞加速分裂，使得這種基因轉殖菸草的成長速度比一般菸草快上一倍。

6. **抗殺草劑基因**：雜草會跟農作物競爭光線、水分、養分，使農作物減產。以往農民都是用殺草劑對抗雜草，不過衍生的問題是，有的農作物也一併被殺死、雜草產生抗藥性、殺草劑本身的化學毒性造成環境的汙染。由於殺草劑進入植物後會與植物體內某些蛋白質結合，進而影響植物的代謝。而抗殺草劑基因轉殖的作用原理是將細菌的抗殺草劑基因殖入植物體內，使得殺草劑無法抑制植物的代謝。例如：孟山都公司推出之 RoundupReady 大豆及 RoundupReady 玉米。

• 圖 4-12　黃金米

• 圖 4-13　阿拉伯芥

四、基因轉殖植物可能衍生的問題

1. 農作物品種單純化。
2. 基因轉殖植物因具有較強競爭力而威脅其他農作物的生長。
3. 基因轉殖植物藉著花粉而將其重組新基因傳給某地區的原生種植物，進而影響遺傳資源的多樣性。
4. 基因轉殖植物進入一般田野後可能會變成優勢種，進而改變原有的植物生態。
5. 抗藥基因若傳到一般野生植物上，這些野生植物將可能威脅一般經濟性農作物的生存。

例如：當插入之基因發生水平轉移(horizontal gene transfer)，轉移至原本目標作物以外的生物體上（細菌、其他植物、動物、人類），可能會造成微生物的抗藥性（抗生素基因）與超級雜草（抗除草劑基因）等。

行政院農委會就基因轉殖植物於田間階段生物安全管理之相關措施有四：

1. 已於 1998 年 5 月公告「基因轉移植物田間試驗管理規範」(目前已廢止)，明定凡由國外引進或國內培育之基因改造作物，應向農委會申請辦理隔離田間觀察試驗，未經審議核准者，不得於一般田間栽培或推廣。
2. 由於該規範係行政命令，農委會經研商已決定於「植物種苗法」中增列規範基因轉殖植物之相關條文，並明訂罰則。該修正案增列條文為第四條之一，明訂基因轉殖植物非經中央主管機關核准不得輸入或輸出，由國外引進或國內培育基因轉殖植物，應向中央主管機關申請田間試驗並獲審議通過後，始得在國內推廣及銷售。目前該法已於 2002 年 1 月完成修正。
3. 完成「基因轉殖植物委託田間試驗作業要點」之研擬，並於 2000 年 12 月 18 日公告，俾基因轉殖植物委託田間試驗之申請與審核程序有所依循。
4. 農委會業已參酌美、加、日、澳等國之基因改造作物生物安全評估指導原則，草擬完成「基因轉殖植物生物安全評估原則」，並已於 2001 年 1 月間函請各相關機關參照辦理。該原則列舉基因轉殖植物與野生近緣植物雜交之可能性、基因轉殖植物變成有害植物之可能性、基因轉殖植物與病害、蟲害或其他昆蟲、動物之關係及影響等生物安全之評估項目及評估方法，俾隔離田間試驗之生物性安全評估作業有所依循。

而行政院衛生福利部對基因改造食品規範之管制辦法主要內容包括：

1. 以基因改造之黃豆或玉米為原料，且該等原料占最終產品總重量 5%以上之食品（民國 104 年 7 月前），應標示「基因改造」或「含基因改造」字樣。
2. 以非基因改造之黃豆或玉米為原料之食品，得標示「非基因改造」或「不是基因改造」字樣。
3. 基因改造之黃豆或玉米，若因採收、儲運或其他因素雜有基因改造之黃豆或玉米未超過 5%，且此等雜非屬有意攙入者，得免標示「基因改造」或「含基因改造」字樣。

然而，為強化基因改造食品標示資訊之揭露，以提供消費者知的權利，衛生福利部於民國 104 年 5 月 29 日公告「包裝食品含基因改造食品原料標示應遵行事項」、「食品添加物含基因改造食品原料標示應遵行事項」及「散裝食品含基因改造食品原料標示應遵行事項」包裝食品、食品添加物自民國 104 年 12 月 31 日施行（以產品產製日期為準）；散裝食品依品項及對象自民國 104 年 7 月 1 日起分三階段施行（見表 4-1）。相較於現行的基因改造食品標示規範，本次增修訂重點包括：

1. 擴大實施範圍，將現行包裝食品擴大至食品添加物及散裝食品。
2. 非基因改造食品原料非有意攙入基因改造食品原料超過 3%，即視為基因改造食品原料，須標示「基因改造」等字樣，較現行 5%規定嚴格。
3. 直接使用基因改造食品原料，於終產品已不含轉殖基因片段或轉殖蛋白質之高層次加工品（如黃豆油、醬油、玉米糖漿等），由得免標示調整至應標示下列之一：
   (1) 「基因改造」、「含基因改造」或「使用基因改造○○」。
   (2) 「本產品為基因改造○○加工製成，但已不含基因改造成分」或「本產品加工原料中有基因改造○○，但已不含有基因改造成分」。

(3) 「本產品不含基因改造成分，但為基因改造○○加工製成」或「本產品不含基因改造成分，但加工原料中有基因改造○○」。

4. 規範欲標示「非基因改造」或「不是基因改造」字樣之食品原料，在國際上須有已審核通過可種植或作為食品原料使用之相對基因改造食品原料，始得標示；並得依非故意攙雜率標示「符合○○（國家）標準（或等同意義字樣）」或以實際之非故意攙雜率標示。

5. 標示字體長度及寬度維持不得小於 2 毫米，惟「基因改造」、「含基因改造」或「使用基因改造○○」字樣須與其他文字明顯區別。

表 4-1 基因改造食品標示實施期程

散裝食品	業者	實施期程	業者	包裝食品 食品添加物
農產品型態	公司商業登記業者	民國 104 年 7 月 1 日		
	未登記業者	民國 104 年 10 月 1 日		
初級加工品（豆漿豆腐豆花豆皮素肉製品）	公司商業登記業者（連鎖）			
	其他散裝業者	民國 104 年 12 月 31 日	所有業者	全面標示

資料來源：衛生福利部食藥署（2015，6 月 1 日）．*基因改造食品標示新制，7 月 1 日起上路*．2016 年 5 月 12 日取自 http://www.fda.gov.tw/TC/newsContent.aspx?id=13610&chk=ca648d77-7205-4cff-9627-a925c12f1f57#.VzPieoR961s

五、基因轉殖植物的安全性

基因轉殖作物的安全性一直受人質疑，1999 年英國科學家 Arpud Pusztai 曾將基因改造過的馬鈴薯餵食老鼠後，發現老鼠體內出現胃壁增厚、胃腺窩增長、免疫力降低及腦部萎縮等現象，這些跡象顯示老鼠體內可能發生「質」的變化，老鼠罹患癌症的機率將增加。但根據美國方面的報告，則發現食用 GM 作物產品並沒有明顯影響健康的證據。因此，有關這類物質的安全性有幾項值得深思之因素。

國際對於基因改造作物的法律規範

目前種植基因改造作物的國家以美國為主，事實上，許多國家對於接受基因改造作物與否仍持保留態度。尤其是環保團體認為基因改造作物對生態環境可能造成不利的影響，所以世界各主要基因改造作物進口國對於基因改造作物的上市標準與標示等都加以詳盡規範。不過到底基因改造作物對於環境或人體是否有害，以目前的實驗數據而言尚不足以下定論。目前世界貿易組織(WTO)及經濟合作暨發展組織(OECD)對於基因改造作物的做法是要求明白標示為主，並延長上市的核准時程。

4-3 生物防治在農業方面的應用

生物防治(biological control)之定義為「利用自然天敵來抑制或預防疫病蟲害之發生。」但在實際上，生物防治的種類與方法包羅萬象。生物防治並非新的觀念，過去老祖宗便懂得放置竹竿於螞蟻窩與果樹間，來誘導螞蟻捕食危害柑橘的害蟲，以增加柑橘產量。直至 19 世紀中，人類才正式利用科學技術來進行生物防治，當時所有之方式是自澳洲引進 *Cryptochaetum* 粗腳寄生蠅及澳洲瓢蟲(*Vedalia beetle*)兩種源生地天敵處理美國加州的柑橘病蟲害，其中澳洲瓢蟲特別有效，成功抑制吹綿介殼蟲(*Icerya parchasi*)對柑橘之危害。

生物防治技術

過去處理土壤傳播性病害常以灌注殺菌劑或使用燻蒸劑之方式，雖然成效不錯，但考慮農藥殘留、再汙染及成本問題，未能普遍使用。因此，學者開始尋求一種汙染少、有效、耗時少及花費少的生物防治技術。近年來由於遺傳工程技術的發展，已使得利用基因技術來應用生物防治之方法有更大之突破，並更可被廣泛利用。目前生物防治成功的方法或機制可分為下列幾類：

1. **抑制土壤病原菌的存活（營養競爭機制）**：例如加入鏈臭假單胞菌(*Pseudomonas putida*)於土壤中，藉由其所產生之鐵離子嵌合物(Sideropbore)，使病原性鐮胞菌(*Fusarium oxysporum*)無法利用鐵離子而遭受抑制。

2. **利用微生物產生抗生素或毒素抑制病原菌的存活（抗生作用）**：例如假單胞菌類(*Pseudomonas* spp.)可產生抗生素，已被證明可有效防止或降低小麥根腐病、棉花猝倒病及馬鈴薯軟腐病。
3. **促進作物的生長／誘導植物產生抗性**：例如接種假單胞菌類(*Pseudomonas* spp.)植物生長促進之根圈細菌於土中可提高大豆根系木質素含量、增進水稻及棉花產量及增加康乃馨植株鮮重，其他如菌根菌、溶磷菌與固氮菌亦有相似作用。而利用木黴菌可刺激寄主植物啟動防禦系統，產生抗性物質（植物抗禦素，phytoallexin），抵抗入侵之病原菌。
4. **拮抗生物防治**：例如以擔子菌 *Peniophora gigantea* 防止樹木腐生菌 *Heterobasidion annosum* 對松樹根部的感染、以農桿菌 *Agrobacterium radiobacter* K84 處理寄主植物根尖，防治腫瘤細菌 *Agrobacterium tumefasciens* 的感染、以木黴菌(*Trichoderma koningii*)防治根腐病（*Rhizoctonia solani* 引起）及目前台灣最常使用之枯草桿菌(*Bacillus subtilis*)粉劑處理種苗，減少莖腐病發生。
5. **細胞壁分解酵素防治技術**：把幾丁質分解酵素基因轉殖入原本無病害防治能力的大腸桿菌中，此基因轉殖菌株就可抑制病原性真菌之生長（因為大部分真菌細胞壁組成為幾丁質），進而減少腐生菌感染的發生，例如：大豆白絹病。同樣地若把幾丁質分解酵素基因轉殖入植物，植物的抗病原性真菌能力也會增加。
6. **微寄生(mycoparasitism)**：真菌寄生於另一真菌之現象稱之。例如木黴菌(*Trichoderma* spp.)被證實具有產生抗生物質的能力，可抑制其他真菌的生長，藉著分泌酵素，溶解寄主細胞壁，繼而使用寄主（例如：立枯絲核病菌 *Rhizoctonia solani*）的養分，使寄主最終衰殘、死亡，達到防治病害的目的。

小試身手
EXERCISE

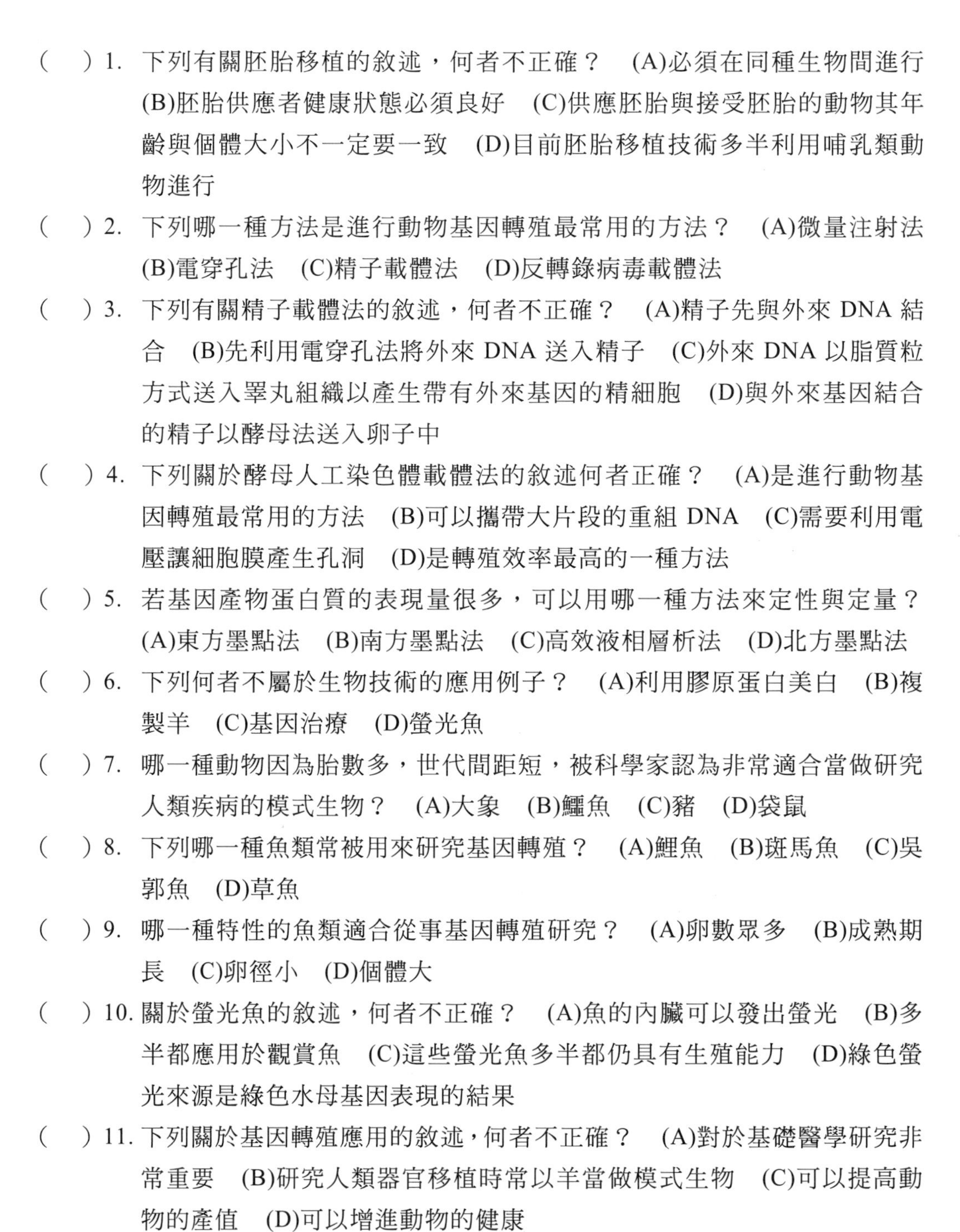

( ) 1. 下列有關胚胎移植的敘述，何者不正確？ (A)必須在同種生物間進行 (B)胚胎供應者健康狀態必須良好 (C)供應胚胎與接受胚胎的動物其年齡與個體大小不一定要一致 (D)目前胚胎移植技術多半利用哺乳類動物進行

( ) 2. 下列哪一種方法是進行動物基因轉殖最常用的方法？ (A)微量注射法 (B)電穿孔法 (C)精子載體法 (D)反轉錄病毒載體法

( ) 3. 下列有關精子載體法的敘述，何者不正確？ (A)精子先與外來 DNA 結合 (B)先利用電穿孔法將外來 DNA 送入精子 (C)外來 DNA 以脂質粒方式送入睪丸組織以產生帶有外來基因的精細胞 (D)與外來基因結合的精子以酵母法送入卵子中

( ) 4. 下列關於酵母人工染色體載體法的敘述何者正確？ (A)是進行動物基因轉殖最常用的方法 (B)可以攜帶大片段的重組 DNA (C)需要利用電壓讓細胞膜產生孔洞 (D)是轉殖效率最高的一種方法

( ) 5. 若基因產物蛋白質的表現量很多，可以用哪一種方法來定性與定量？ (A)東方墨點法 (B)南方墨點法 (C)高效液相層析法 (D)北方墨點法

( ) 6. 下列何者不屬於生物技術的應用例子？ (A)利用膠原蛋白美白 (B)複製羊 (C)基因治療 (D)螢光魚

( ) 7. 哪一種動物因為胎數多，世代間距短，被科學家認為非常適合當做研究人類疾病的模式生物？ (A)大象 (B)鱷魚 (C)豬 (D)袋鼠

( ) 8. 下列哪一種魚類常被用來研究基因轉殖？ (A)鯉魚 (B)斑馬魚 (C)吳郭魚 (D)草魚

( ) 9. 哪一種特性的魚類適合從事基因轉殖研究？ (A)卵數眾多 (B)成熟期長 (C)卵徑小 (D)個體大

( ) 10. 關於螢光魚的敘述，何者不正確？ (A)魚的內臟可以發出螢光 (B)多半都應用於觀賞魚 (C)這些螢光魚多半都仍具有生殖能力 (D)綠色螢光來源是綠色水母基因表現的結果

( ) 11. 下列關於基因轉殖應用的敘述，何者不正確？ (A)對於基礎醫學研究非常重要 (B)研究人類器官移植時常以羊當做模式生物 (C)可以提高動物的產值 (D)可以增進動物的健康

(　) 12. 首次複製成功的哺乳類動物是　(A)豬　(B)牛　(C)羊　(D)馬

(　) 13. 下列關於台灣複製動物的敘述，何者正確？　(A)最先成功的例子是羊　(B)目前台灣複製猴研究已有成功案例　(C)複製豬含有凝血因子　(D)複製牛叫做寶吉與寶祥

(　) 14. 1996 年誕生於英國的桃莉羊(Dolly)，事實上來自於幾隻羊的貢獻？　(A) 1　(B) 2　(C) 3　(D) 4

(　) 15. 下列關於複製生物的敘述，何者不正確？　(A)複製生物是生物技術的一種應用　(C)桃莉羊的誕生，是複製生物成功的表現　(B)複製技術的發展並不需要加以規範　(D)利用複製生物，將來有可能複製人體器官

(　) 16. 關於複製動物常會遭遇到的問題，何者不正確？　(A)常出現畸形　(B)未老先衰　(C)體重過輕　(D)免疫力低

(　) 17. 關於基因轉殖植物的敘述，何者不正確？　(A)具有較強競爭力容易威脅其他農作物的生長　(B)可以促成生物多樣性　(C)進入一般田野後可能變成優勢種　(D)抗藥基因若傳遞到一般野生植物上，會威脅一般農作物的生存

(　) 18. 下列關於基因轉殖植物的敘述何者正確？　(A)黃金米是讓米飯富含維生素 B　(B)阿拉伯芥是屬於單子葉油菜類植物　(C) C3 植物比 C4 植物的光合作用更有效率　(D)抗逆境基因植入植物體後，可以幫助植物抵抗乾旱、高鹽等環境

(　) 19. 基因轉殖植物常使用的方法，何者為非？　(A)微脂粒導入法　(B)基因槍導入法　(C)反轉錄病毒載體法　(D)電穿孔法

(　) 20. 關於抗蟲基因的敘述，何者不正確？　(A)蘇力菌對於脊椎動物具有毒性　(B)從蘇力菌當中分離出的結晶蛋白對於殺蟲非常有效　(C)可當做生物農藥　(D)蘇力菌產生的孢子被昆蟲攝食後，在昆蟲腸道產生作用

(　) 21. 下列關於生物防治的敘述，何者不正確？　(A)生物防治之定義為利用自然天敵來抑制或預防疫病蟲害之發生　(B)近年來由於遺傳工程技術的發展，已使得利用基因技術來應用生物防治之方法有更大之突破　(C)假單胞菌類(*Pseudomonas* spp.)可產生抗生素，已被證明可有效防止或降低小麥根腐病　(D)細菌寄生於另一細菌之現象稱之為微寄生(mycoparasitism)

(　　) 22. 下列關於組織培養的敘述，何者不正確？ (A)組織培養的培養基包含無機鹽類、有機物質和植物生長調節劑 (B)目前組織培養已大量應用於花卉的大量快速繁殖、健康種苗生產、品種改良及種源保存上 (C)原生質體為仍具細胞壁的植物細胞 (D)一般植物利用組織培養大量繁殖主要途徑包括誘導莖頂或原已存在的腋芽來進行增殖

(　　) 23. 下列有關於生物技術安全性評估的敘述何者不正確？ (A)確保實驗之安全先需以一般微生物實驗室之標準方法為基礎 (B)大量培養實驗之安全，必須使用包括大規模醱酵裝置在內之各種密閉型裝置，或同等級之設施來確保之 (C) 20公升以上之規模進行時需用P1級之物理性防護之實驗 (D)大量培養實驗所用之 DNA，將限於自細胞抽取之 DNA 及化學合成之 DNA 中，已知其機能、大小及構造之 DNA

(　　) 24. 下列有關於生物技術倫理與法律規範之敘述何者正確？ (A)從事複製人的研究是非常符合目前各國倫理規範的 (B)保護智慧財產權是推動生物技術發展非常重要的課題 (C)為了傳宗接代而利用生物技術的方法增加生男孩的機率並不至於會破壞性別平衡 (D)目前歐美日等國家對於基因改造生物(GMO)的規範已趨於一致

(　　) 25. 下列有關植物基因轉殖常用的農桿菌特性之敘述何者不正確？ (A)革蘭氏陰性菌 (B) Ti 質體上有一段特殊的區域叫做 T-DNA，一般無法穿過受傷的植物細胞壁 (C)能夠感染大多數的雙子葉植物 (D)農桿菌體內存有 Ti 質體常導致受感染的植物出現腫瘤

(　　) 26. 下列有關基因轉殖植物的應用何者不正確？ (A)相關研究以美國最多 (B)應用方向以作為抗殺草劑基因最高 (C)所謂「甜甜米」是利用基因轉殖技術製造澱粉含量與蛋白質含量比一般稻米高之稻米 (D)轉殖植物以玉米最多

(　　) 27. 目前政府對於以基因改造之黃豆或玉米為原料，且該等原料占最終產品總重量多少以上之食品，應標示「基因改造」或「含基因改造」字樣？ (A) 95% (B) 80% (C) 50% (D) 3%

(　　) 28. 下列何者非為生物防治成功的方法或機制？ (A)營養競爭機制 (B)抗生作用 (C)共生 (D)誘導植物產生抗性

解答 QR Code

CHAPTER 5

醫藥生物技術

5-1 人類基因體計畫
5-2 基因治療
5-3 免疫作用
5-4 幹細胞
5-5 組織工程
5-6 製藥與生物技術
5-7 藥物基因體學
5-8 中草藥
5-9 嚴重特殊傳染性肺炎(COVID-19)

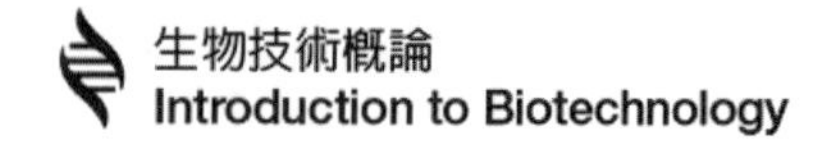

－前言－

由於地球的汙染問題持續嚴重，許多人跡罕至的原始地區也遭到開發利用，這使得許多跟人類沒有機會互動的細菌或是病毒進入人類世界。另外，人類濫用抗生素的結果使得具有抗藥性的細菌數目不斷增加，這些都使得人類不斷面臨新式疾病的威脅。2003 年上半年爆發的 SARS 造成全球的恐慌，而引發 SARS 的病毒是一種新的變種冠狀病毒。往後，各種前所未見的細菌或病毒將有可能陸續的威脅人類健康。所以，本章從人類基因體計畫談起，介紹人類的整體遺傳密碼、自身抵禦外來疾病的機制，以及新興的醫藥技術。

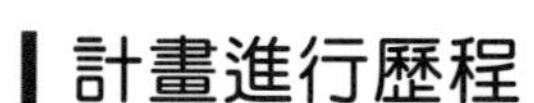

5-1 人類基因體計畫

計畫進行歷程

人類基因體計畫(human genome project, HGP)最早是在 1985 年被提出，歷經數年的討論，最後 DNA 雙股螺旋結構的發現者－華森博士(James Watson)的推動下於 1990 年 10 月正式開始執行，預計在 15 年內(1990~2005)投入美金 30 億，將人體 23 對染色體上面的 DNA 的確實序列加以定出（30 億鹼基對）。由於科技進步與世界性競爭，計畫完成速度比預期要快，2000 年 6 月，由 HGP 團隊與美國賽雷拉(Celera)基因科技公司共同宣布人類基因圖譜草圖完成，2003 年 4 月，完成人類全部基因體（指一個生物個體之所有遺傳物質）定序。預期完成人類全基因體定序之後，將有助於生物醫學研究者掌握人類基因體內的基因，進行醫學研究並且開發生物技術產品，也意味人類進入了「後基因體時代」。

重要發現

1. 人體有百兆個細胞，每個細胞的 DNA 密碼中有 30 億個鹼基對。
2. 人類基因的 DNA 當中，超過 97%其功能不明。

3. 不同個體的人類其 DNA 的差異只有 0.1%（相似度 99.9%）。
4. 人類與黑猩猩的 DNA 相似度高達 98.8%。
5. 人類的基因總數約 20,000~25,000 個，所以基因可能利用不同組合方式製造蛋白質，亦即一個基因可以產生多種蛋白質。

人類染色體基因圖譜的繪製

人類基因體計畫(HGP)的主要目標在於探討人類之基因體組成，包括改進既有之遺傳圖譜(genetic map)及建構實質（物理）圖譜(physical map)，也就是找出人類所有的基因並決定人類所有的基因體序列。遺傳圖譜主要是針對功能性基因定位與探討，而實質（物理）圖譜則是針對鹼基序列的建立與研究。

一、遺傳圖譜

遺傳圖譜(genetic map)又可稱為基因連鎖圖譜，是根據不同基因間發生基因重組交換的機會大小所定出的基因相對位置圖譜。真核細胞在進行「減數分裂」(meiosis)時，同源染色體間能經由重組步驟互相交換 DNA 片段。距離愈近的基因發生重組的機率愈小，反之，距離愈遠的基因發生重組的機率愈高。在相同染色體上，若兩個基因非常靠近，則這兩個基因發生重組的機會極低，所以稱此二基因為連鎖。基因與基因間發生重組與否的距離是以 centimorgan (cM)為測量單位，cM 的命名是為了紀念發現基因連鎖的學者 Thomas Hunt Morgan。通常 1 cM 乃指 1%之重組機率。

二、物理圖譜

物理圖譜(physical map)是將人類的 DNA 片段依照實際的物理位置加以排序，是表示 DNA 上限制酶的位置和染色體限制片段之順序。不過物理圖譜只能夠大略分辨基因的位置，但是不能精準的排列出染色體圖譜和遺傳連鎖圖譜。物理圖譜之距離是以 Mb (mega base pair)或是 Kb (kilo base pair)為單位。另外，cDNA 圖譜也是一種物理圖譜，其目的是用來表示特定基因在染色體上的位置。由物理圖譜可知道兩基因間之距離訊息。

5-2 基因治療

廣義來講，凡指應用基因或基因產品來預防或治療疾病的方法，都可納為基因治療(gene therapy)。但在科學上之定義，皆是將基因治療定義為取一段外來的 DNA，利用物理或生物方法植入細胞，藉以治療有基因缺陷或突變所引起的先天性代謝缺陷或某些特殊疾病的治療方式。1990 年，美國國家衛生研究院將製造腺苷脫氨酶(ADA)的基因利用反轉錄病毒嵌入患者自身的 T 淋巴細胞，然後將基因轉形(transformation)過的 T 淋巴細胞送回患者體內，結果治癒了一位因 ADA 基因缺陷而導致嚴重免疫異常的小女孩。從此，全球掀起了基因治療研究的熱潮。基因治療的內容也由單基因遺傳病擴大到多基因變異的癌症、愛滋病、心血管疾病、神經系統疾病、免疫疾病及內分泌疾病等。事實上，基因治療必須綜合基礎科學的知識及臨床經驗、診斷方能奏效。而好的基因轉殖及基因表現是成功的基因治療所需必備的兩大要件。目前基因治療雖無法治癒所有的遺傳性疾病，但對一些疾病是有所療效的。

以前例來說，是取出患者的細胞，導入外來基因後，再把細胞送回患者體內，謂為體外(*in vitro*)方法。至於活體(*in vivo*)內的基因治療，則是利用載體將基因送入人體內的特定細胞，目前常用的載體(vector)包括病毒載體與非病毒載體。

病毒載體

病毒載體的設計，首先是先決定哪些序列對病毒的「增殖」是有必要的，將這些序列保留在載體上，其餘序列將其剔除，取而代之的是欲用以治療用的基因序列。其優點是轉殖效率佳，但具潛在性的危險性。

1. **反轉錄病毒載體**：是目前使用最多的，它是一種 RNA 病毒，可經由反轉錄酶形成雙股 DNA，反轉錄病毒進入宿主細胞後會插入染色體中，達到基因轉殖與基因表現的目的。不過病毒插入宿主染色體是隨機的，我們無法預測插入的位置，所以可能會使原本有功能的基因失去活性或使染色體發生變異。

2. **腺病毒(adenovirus)載體**：為一種 DNA 病毒，將原有之基因結構加以修改，剔除 E1 使重組腺病毒在標的細胞內不具有複製能力，剔除 E3 以增加載體承受外來基因的空間。其利用同源基因重組的方法，將表現基因的質體與大部分的病毒基因同時送入細胞。目前發現，腺病毒載體容易誘發細胞產生發炎性免疫反應，這是一個急待解決的缺點。

3. **腺相關病毒(adeno-associated virus, AAV)載體**：是個非常小的單股 DNA 病毒，其安全性高，感染宿主範圍廣，被認為是最有希望的病毒載體。其最大的缺點是可攜帶的轉殖基因長度有限，適用的外來基因大小受到限制。2009 年英國倫敦大學學院與美國賓州費城兒童醫院之合作計畫證實以腺相關病毒(AAV)做為基因療法載體，藉外科手術將健全的 RPE65 基因（視網膜色素上皮細胞基因）注射到眼球視網膜部位。結果使三名罹患萊伯氏先天性黑矇症(Leber's congenital amaurosis, LCA)的年輕病患眼睛感光能力提升約三倍。這種遺傳疾病患者出生時就有視力缺損甚至全盲，除了第一期試驗結果證實可改善 LCA 疾病外，該試驗先前對狗的實驗，療效可持續至少 8 年。

4. **疱疹病毒載體**：其 DNA 容量為各載體之最且宿主廣泛，可用來治療一些與中樞神經有關的疾病。其最大的缺點是其基因體太大及太複雜，不易製造成一個完全失去複製能力之重組病毒。

非病毒載體

利用物理或化學方式把基因送入細胞。安全性較高，比較沒有副作用，但其轉殖效率則較差（最大瓶頸在於如何使質體 DNA 能更快地脫離胞內體(endosome)以減少 DNA 被分解）。

1. 物理方式

(1) 基因槍導入法：利用基因槍(gene gun)將 DNA 分子所塗布的金粉粒子以高壓加速方法，穿過細胞膜送至細胞內。此法所用的 DNA 量比微脂粒導入法來得少，並已成功將 DNA 送至肝、皮膚或肌肉等器官內。

(2) 電穿孔法(electroporation)：利用電擊的方式將細胞膜上的脂質結構造成極暫時性（1/1,000 秒）之重新排列，而產生細胞膜微孔，並順勢將 DNA 分子送入細胞。此法簡單且沒有副作用，但其表現多為短暫性。

(3) 直接將 DNA 打入肌肉（DNA 疫苗）：這種直接注射 DNA 於肌肉細胞的方法，雖然 DNA 並沒有嵌插到染色體上，但已被證實的確會針對所帶進去之基因所表現的產物產生免疫能力，然而這種機制目前仍不是非常清楚，包括針對「體液性免疫」及「細胞性免疫」皆非常有效，基於它的方便性及有效性，此法亦稱為 DNA 疫苗，然而，對於其他大部分組織則普遍是無效的。

2. 化學方式

(1) 微脂粒導入法：由於 DNA 帶有許多負電，不易通過細胞膜而進入細胞內，因此，可利用不同類型之微脂粒（liposome，具不同帶電性或極性）與核酸混合，將 DNA 包裹於其中，直接送入細胞內。然而經由此法進入細胞內之 DNA，其表現均屬短暫性的，因此，普遍性並不高。

(2) 磷酸鈣沉澱法：將 DNA 加入含有磷酸鈣與細胞的混合溶液中，此時 DNA 會與磷酸鈣產生沉澱而附著在細胞表面，接著利用細胞的胞飲作用(pinocytosis)使 DNA 進入細胞中，並與細胞原來的遺傳物質互相結合。不過此法的成功率並不高，成功率約為十萬分之一。

基因治療標的細胞的種類

1. **體細胞基因療法**：基因的修正僅作用於體細胞(somatic cell)，對生殖細胞沒有影響。
2. **生殖細胞基因療法**：除了作用於體細胞外，也會影響生殖細胞(genital cell)，親代的基因經過修復後可以遺傳至子代。

基因治療的應用範圍

1. **癌症治療**：目前基因治療應用最廣的為癌症治療。其方法包括：

(1) 使用免疫調控基因：將調控免疫機能的一些細胞激素(cytokine)基因送入癌細胞內，做成癌症疫苗使用，接著將疫苗打入動物體內，藉以「誘發」宿主的免疫系統重新認識癌細胞的存在而自動將癌細胞清除。

(2) 引入自殺基因：將自殺基因藉由載體送入癌細胞內，而不進入正常的細胞內，然後再施予特殊藥物，這些藥物經由自殺基因產物的作用而成為有毒的代謝物，故會將表現自殺基因產物的腫瘤細胞殺死。

(3) 引入抑癌或細胞凋亡基因：使用可抑制癌細胞的基因，使之變得較脆弱而易被放射療法或化學療法殺死。

(4) 使用抗血管生成因子：腫瘤的生長需要靠大量新生的血管來提供養分，故利用轉殖技術導入一些基因來抑制血管的新生或者破壞既有的血管，而達到抑制腫瘤生長的效果。例如：利用反義(anti-sense) RNA 分子來降低血管內皮細胞生長因子的表現。

2. **感染性疾病治療**：例如：愛滋病(AIDS)。對於細菌或病毒的感染，可以利用基因轉殖的方法在感染處帶入轉殖 DNA 以抑制病原之基因表現。例如：將患者體內之 T 細胞換成為具有抵抗愛滋病毒(HIV)感染能力之 T 細胞。

3. **遺傳性疾病治療**：例如：高雪氏症(Gaucher's disease)引起之醣脂類大分子的新陳代謝障礙；腺苷脫氨酶(adenosine deaminase, ADA)缺乏所引起之嚴重性免疫不全症(severe combined immunodeficiency, SCID)，造成 T 淋巴球會嚴重失去功能；SCID-γ_c cytokine receptor 缺乏，造成 T 細胞在早期分化過程中即受到阻礙；囊性纖維化症(cystic fibrosis, CF)造成肺部表皮細胞失去運送電解質的功能。如果已知各種基因缺陷會引發的遺傳性疾病，則理論上基因治療是可行的。不過以目前基因轉殖的技術能力而言，只能針對單一基因所引起的疾病加以處理。有些遺傳性疾病的發生是跟數個基因有關，要治療此類疾病就很困難。

4. **心臟血管疾病治療**：利用自殺基因，如 HSV-tk，來消除這些增生的血管細胞或利用 Rb 基因來控制使管徑變細之增生細胞分裂。

5. **其他相關醫學應用**：2012 年英國愛丁堡大學(University of Edinburgh)科學家發現製造精子的重要基因"Katnal1"，若未來可研究出擾亂此基因的藥物，那麼男性避孕藥就有可能會問世。科學家認為該基因對製造精子的最後階段極為重要，若能發明阻斷它的藥物，那就代表這具有避孕作用，且此避孕藥物僅會影響到精子最後階段，但不會破壞精子的整體能力，更不會對其持續造成傷害，因此是極為理想的一種男性避孕藥。

而在國內之基因研究或基因檢測方面，基龍米克斯公司於 2012 年導入基因分析儀器，可提供 5 個心血管健康基因檢測、全套 30 個關鍵基因檢測（包含抗氧化、解毒、心血管、心理抗壓、骨質健康、老人失智、肥胖、維生素代謝等）及所謂的愛美麗 5 個基因檢測（抗氧化、抗發炎、抗皺、美白），將基因分析快速應用於預防醫學及醫學美容。另外甲狀腺髓質癌有 1/4 的機率會遺傳，這種特殊基因稱之 RET 致癌基因，如果帶有此基因且未早期處理，未來發生甲狀腺髓質癌之機率就很高。因此如果我們早期發現此基因(如 5 歲前)，進而將甲狀腺切除，未來就不會發生甲狀腺髓質癌。

目前基因治療所遭遇到的問題

目前基因治療所遭遇到的問題主要包括：

1. 基因嵌入細胞的效率不佳，目前只有反轉錄病毒的嵌入效果較好，其他方式均不盡理想。
2. 若基因順利嵌入標的細胞後，是否能順利表現？研究者擔心外來基因一旦進入宿主細胞，有可能發生非預期的基因重組，而變成致癌基因。

5-3 免疫作用

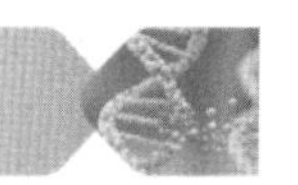

基礎免疫觀念

免疫反應(immune response)指的是生物體遭受外來異物（如細菌、病毒、毒素等）入侵時，排除異物的防衛機制。而可以引發身體產生抗體(antibody)的物質稱為抗原(antigen)，如常引起人類疾病的細菌或病毒。

1. 細胞免疫與體液免疫：免疫反應一般分為細胞免疫與體液免疫兩大類。

(1) 細胞免疫：是由 T 細胞(T cell)所主導，可以分為兩類：殺手細胞(killer cell)與輔助型細胞(helper cell)。前者能直接辨識入侵體內的病原並加以消滅；後者會幫忙 B 細胞產生抗體，以對抗外來的病原。

(2) 體液免疫：為抗體產生細胞（B 細胞）所主導。B 細胞產生的抗體可以辨認病原（細菌或病毒），並與病原結合使之無法產生作用。不過 B 細胞要能產生抗體對抗外來病原，必須依靠輔助型細胞的幫助。

2. 主動免疫與被動免疫：免疫反應又可分為主動免疫與被動免疫。

(1) 主動免疫：是身體在接觸抗原後自行產生的免疫反應，如小兒麻痺疫苗。主動免疫可產生記憶反應，個體在日後如果再次接觸到同樣的病原體或是抗原時，可產生增強效應以對抗病原。

(2) 被動免疫：是經由外在注射的抗體所誘發，如新生兒可以經由母乳而得到抗體。

有時身體內的免疫系統會受到損壞，而導致無法對抗外來的病原，如後天免疫缺乏症候群，即俗稱的愛滋病(AIDS)。此外，免疫系統也可能對於抗原產生過度反應，造成身體正常細胞與外來病毒兩敗俱傷的局面，如 2003 年席捲全球的嚴重急性呼吸道症候群(severe acute respiratory syndrome, SARS)。

此外，「類風溼性關節炎」也是一種免疫系統失調之疾病，除了使用非類固醇止痛藥(NSAIDs)和類固醇藥物緩解疼痛外，亦可使用生物製劑，包括 Etanercept（恩博）與 Adalimumab（復邁），此兩種都是腫瘤壞死因子（由巨噬細胞、NK 細胞及 T 淋巴細胞產生）的抗體，可抑制腫瘤壞死因子的表現。又如，Rituximab（莫須瘤）為一種單株抗體，可與 B 細胞上的抗原（例如：CD20）結合，達到調控免疫反應的目的。

免疫細胞療法

民國 107 年 9 月 6 日衛生福利部發布「特定醫療技術檢查檢驗醫療儀器施行或使用管理辦法」（簡稱特管辦法），開放 6 項細胞治療技術（利用自體周邊血幹細胞、自體免疫細胞、自體脂肪幹細胞、自體纖維母細胞、自體骨髓間質幹細胞、自體軟骨細胞），適用對象包括：自體免疫細胞治療、用於標準治療無效的癌症病人（1~3 期）與實體癌末期（4 期）病人、自體軟骨細胞移植用於膝關節軟骨缺損、自體脂肪幹細胞移植用於大面積燒傷及困難癒合傷口等方面。預期 2023 年醫療產值規模將達 400 億元。

目前細胞療法治療癌症方法，乃是先從人體中抽取血液或組織，取出所需細胞（如 T 細胞、NK 細胞或幹細胞等），在 GTP（人體細胞組織優良操作規範）實驗室中，大量培養足夠細胞，再注射回人體，以達到治療癌症的目的。

若將免疫療法再細分則可分為：

1. **免疫細胞治療**：如 NK（自然殺手細胞，具低辨識能力之攻擊癌細胞功能）、CIK（細胞激素活化殺手細胞）、DC（樹突細胞，具辨識功能免疫細胞）、DC-CIK 及 CAR-T（嵌合抗原受體 T 細胞，具高辨識能力之攻擊癌細胞功能）。其中 CAR-T 涉及基因改造，雖然治癒率達 80%，但副作用較大，目前特管法並未核准其使用。在癌症細胞療法費用部分，估計一個療程需 150~250 萬元，視治療方法而訂。
2. **免疫藥物**：如免疫檢查點／煞車抑制劑，包括 anti-PD-1 (Keytruda, Opdivol) 與 anti-PDL-1 (Tecentriq)。以目前臨床結果顯示，免疫療法可應用到 14 種癌症，其中免疫細胞治療副作用低，但免疫藥物副作用較大，因為免疫藥物改變體內免疫系統，對於過敏體質或自體免疫能力較高者，很容易攻擊自身的腦細胞、腸細胞、皮膚組織或心臟細胞。

嚴重急性呼吸道症候群(SARS)

引起 SARS 症狀的是一種攜帶 RNA 的變種冠狀病毒，屬於冠狀病毒科 (coronaviridae)（圖 5-1），並由 WHO 正式命名為 SARS 病毒(SARS-coV)。這一科的病毒直徑約 80~160 奈米(nanometer, nm)，大小約為 60 奈米，基因序列一般介於 29,000~31,000 個核苷酸之間。而在演化分析方面，目前將 SARS 病毒歸類為第四種的

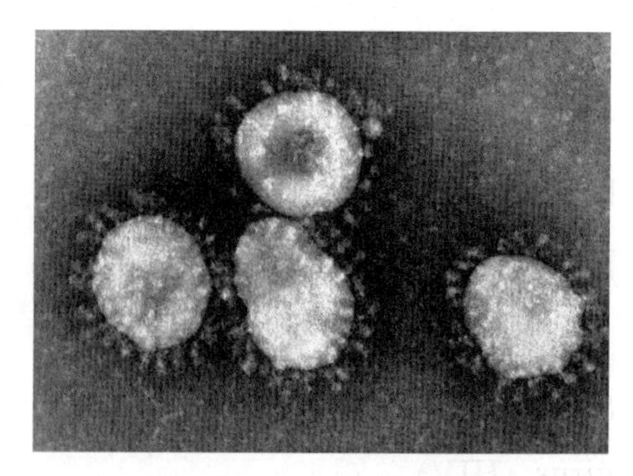

• 圖 5-1　SARS 冠狀病毒

冠狀病毒群組中。感染 SARS 後，病況嚴重的患者通常會發生肺部纖維化、呼吸衰竭，比過去所知病毒、細菌引起的肺炎嚴重，因此取名為嚴重急性呼吸道症候群。

由於目前對於 SARS 並無有效的治療方法，所以只能盡早診斷出患者，以進行隔離治療，避免病毒的擴散。目前的檢驗方法主要有三種：

1. **反轉錄聚合酶鏈鎖反應(reverse transcription-polymerase chain reaction, RT-PCR)**：由患者體內分離出 RNA 病毒，接著用反轉錄法找出互補的 DNA 序列，再與引發 SARS 的冠狀病毒之基因序列做比對。
2. **即時 PCR 檢測技術(real time PCR)**：由於 RT-PCR 只能對基因的偵檢作定性的分析，且敏感度較低，故發展出即時 PCR 檢測技術(real time PCR)。即時 PCR 檢測技術是在封閉的反應管內產生反應，螢光訊號在一開始就加入反應管中，再配合相關儀器加以檢測，在 DNA 複製完成便可直接定量，節省許多時間。此技術可以針對 SARS 冠狀病毒的某些特殊序列做比對，故靈敏度更高。而且可以進行 RNA 或 DNA 的基因表現之定量偵測。此外，亦可檢測基因改造生物(genetic modified organisms, GMOs)的外來改造基因片段或是冠狀病毒基因。
3. **免疫螢光抗體法(indirect fluorescent antibody test, IFA)**：檢測患者的血清體內是否有病毒抗體，若呈現陽性反應表示感染過 SARS。此法特異性很高，不過要感染數天後才知道結果，時效性較慢。

目前全球都在研究預防 SARS 的疫苗，但什麼是疫苗呢？由微生物或微生物表面抗原製造對抗病毒或細菌的物質，我們稱之為疫苗。而疫苗具專一性，當注入人體之後會促使免疫系統產生反應及記憶，如果相同的病原體再度侵犯時，可使之恢復記憶，發揮防禦功能，形成所謂的抵抗力，即為主動免疫的功能展現。

以愛滋病為例，發現至今已二十餘年，但仍無法製造出有效的疫苗。引起 SARS 的冠狀病毒跟引起愛滋病的人類免疫缺乏病毒(human immundeficency virus, HIV)均屬於 RNA 病毒，它們在宿主體內都要利用反轉錄酶去合成

DNA。由於 RNA 病毒為單股結構，比起雙股的 DNA 其突變機率要高得多，故子代病毒的基因序列常與親代有所差異。事實上，HIV 病毒的基因體每年正以 1%的速率突變，而人類與黑猩猩花了數百萬年才從共同祖先演化至今，其基因體僅有 1.2%的不同。正因為如此，針對 HIV 病毒親代所設計的疫苗，對於子代的效果就打了折扣，所以現在愛滋病的疫苗其治療效果並不是很好。目前亦有業者推出醫護用防護衣（圖 5-2），希望將來對於相同之疾病散布時，可提供多一層的保護。

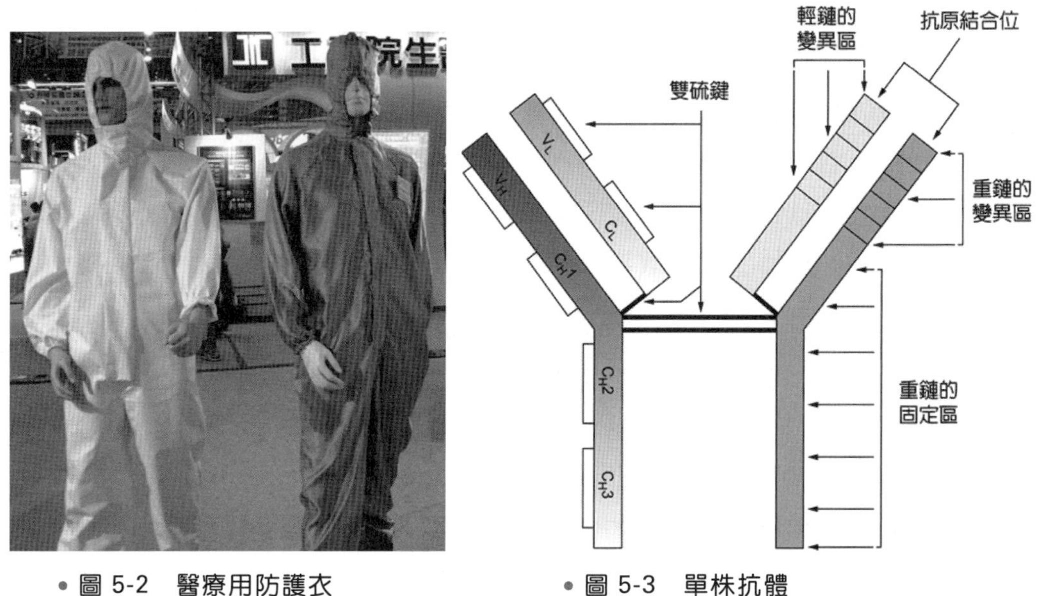

• 圖 5-2　醫療用防護衣

• 圖 5-3　單株抗體

單株抗體

一、單株抗體的產生

就抗原抗體反應而言，一個抗體通常只跟抗原上的一小段胺基酸結合，這一小段胺基酸稱為抗原決定部分(antigenic determinant; antigen binding site)。所以一個分子量較大的抗原分子可能有數個抗原決定部分，可以誘發產生數種不同的抗體分子，這類抗原稱為多價抗原(multivalent antigen)。如果我們把抗血清當中的每一種抗體都分離出來，以單一種抗體對抗原分子上的抗原決定部分，就可以提高免疫反應的效率。由抗體的專一性得知每一種 B 細胞都只能生產一種抗體，若能夠挑出所要的 B 細胞，大量培養後產生均質的抗體，就稱為單株抗體(monoclonal antibody)，見圖 5-3。大部分抗體是由動物身上取得，直接使用將對人體產生排斥問題，因此，需製造出「擬人化抗體」以降低排斥現象。多數醫藥蛋白都需要經過修飾作用才會具有活性，例如：有些蛋白質需「醣基化」後方有功能。但是植物細胞的蛋白質醣基化過程中，氮鍵結聚醣(N-glycans)方式與動物細胞不同，限制了植物製造醣蛋白藥物的可行性。因此，2009 年法國與加拿大的研究團隊將菸草的氮鍵結聚醣步驟進行擬人化，既是抑制植物的一些酵素，使植物製造出理想氮鍵結聚醣結構的抗體。

二、細胞融合技術

提到單株抗體，就必須知道與其關係密切的細胞融合技術。所謂細胞融合技術指的是將兩個不同生物細胞的染色體與細胞質互相融合，以成為一個雜交細胞(hybrid cell)之技術，例如融合瘤(hybridoma)就是一種雜交細胞。融合瘤的優點是同時能擁有兩個細胞原有的特性。若將正常細胞與能夠無限增殖的腫瘤細胞融合，則可形成具分化細胞的性質且能增殖的融合瘤。

同理可證，當我們需要製備某種抗體時，若將 B 細胞與腫瘤細胞融合成融合瘤，不僅 B 細胞製造抗體的性質，又能無限增殖，則可大量生成單一種抗體（單株抗體）。如果以人類癌細胞當做抗原，與 B 細胞所產生的融合瘤單株抗體若與藥物結合，便可針對癌細胞進行專一性的治療。

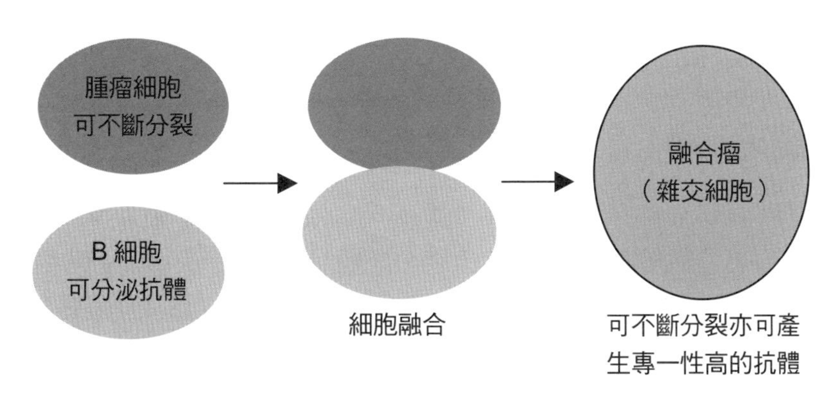

• 圖 5-4　細胞融合技術

5-4 幹細胞

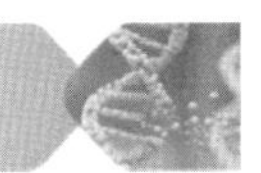

一、幹細胞的定義

幹細胞(stem cells)指的是一群尚未完全分化的細胞，具無限制的分裂能力，可以分化成特定組織細胞。依幹細胞可分化之能力限制，又可分為全能性幹細胞(totipotent stem cells)與多能性幹細胞(pluripotent stem cells)。

1. **全能性幹細胞**：每一個細胞均可發育成一個完整的生物個體。
2. **多能性幹細胞**：雖不能像全能性幹細胞一樣，但仍具有發育成為許多身體組織細胞的能力，如血液幹細胞(heamatopoitic stem cells)、神經幹細胞(neural stem cells)及皮膚幹細胞(skin stem cells)等。這些特定的幹細胞可發育成為特殊細胞與組織（圖 5-5）。

二、幹細胞的來源

目前人類幹細胞主要的來源有二：

1. 分離自囊胚期人類胚胎的內細胞質團，其來自於不孕症患者接受體外受精後所剩下的胚胎，故稱為人類胚胎幹細胞(human embryonic stem cells, HES)。
2. 取得捐贈者同意後，從妊娠中止的胎兒取出其卵巢或睪丸組織進一步培養而成。此種具有幹細胞特性的原始生殖細胞與前述的人類胚胎幹細胞特性非常相像。

三、幹細胞的應用

目前幹細胞研究的主要目的是治療疾病，而幹細胞最適合用來治療組織壞死性的病症，如心肌壞死、帕金森氏症、自體免疫疾病等。其優點是因為幹細胞不具毒性，且來自於體內自身的幹細胞，不至於產生排斥作用（參見表 5-1）。而在 2006 年 11 月，幹細胞研究再度取得突破，瑞士科學家利用女性懷孕時子宮羊水中取得的幹細胞（胚胎廢棄的細胞），成功培育出人類心臟瓣膜，可望用來修補受損心臟，尤其是罹患先天性心臟病的寶寶。2011 年，幹細胞研究

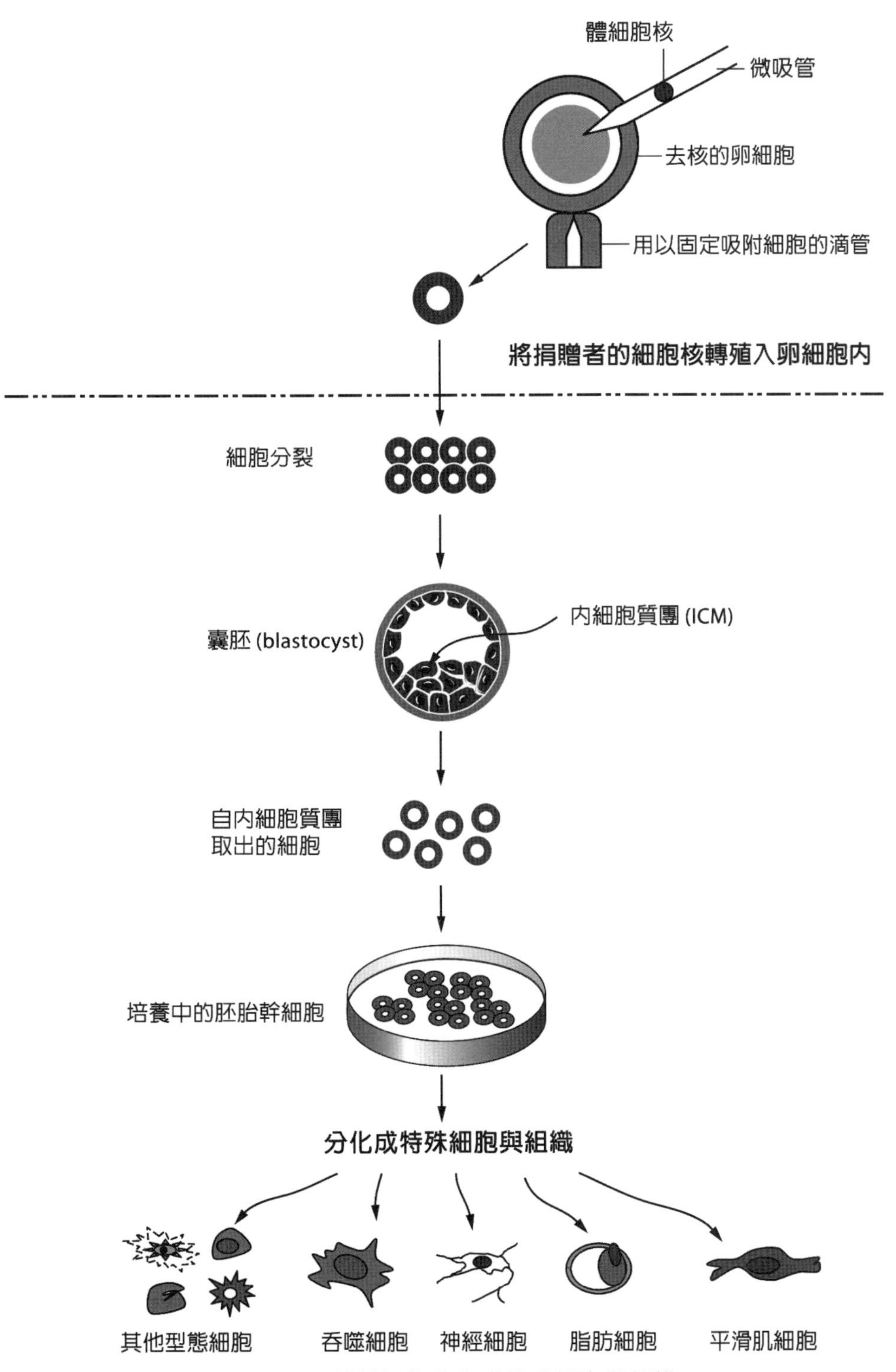

• 圖 5-5　體幹細胞分化成特殊細胞與組織

再度邁入新里程碑。美國科學家宣布，在人體肺部發現成體幹細胞(adult stem cells)，這些細胞可以進一步分化成各種肺部組織，未來可能成為治療肺氣腫、肺癌等疾病的利器。其在麻州波士頓市布里罕婦女醫院之研究中發現肺部幹細胞，將它們注射至肺部受傷小鼠體內，10~14 天後，就可重建支氣管、肺泡與血管，顯示其多功能性。同年，日本科學家則以老鼠實驗，利用老鼠胚胎幹細胞成功誘使其成為視網膜細胞，未來有機會治療失明與黃斑部病變等眼疾。2013 年荷蘭馬斯垂克大學教授波斯特(Mark Post)希望解決全球對牛肉需求龐大的問題，從牛肌肉組織取出的幹細胞，放進培養皿，培養成肌肉細胞，然後拉扯強化以擴大體積，製造出全世界第一個人造牛肉漢堡，此為幹細胞應用之另一種形式。

表 5-1 治療性細胞株的可能應用

疾 病	移植細胞
阿茲海默氏症	神經細胞
脊髓損傷	神經細胞
腦中風	神經細胞
糖尿病	胰島細胞
心臟疾病	心肌細胞
白血病	造血細胞
視網膜黃斑部病變	視網膜細胞
化學灼傷等眼睛輪狀細胞缺乏	眼睛輪狀幹細胞
骨關節炎	軟骨細胞
帕金森氏症	多巴胺性神經元

除了治療外，2007 年甚至有荷蘭科學家進行「細胞造肉」工程，他們從活體動物取出肌胚細胞後，在飽含葡萄糖、胺基酸、礦物質與生長元素等液體中增生該細胞，然後將細胞灌入特製網片中，並在此生物反應器中，利用電脈衝鋪展整個細胞網片，直至其形成肌肉纖維，此法所生產的肉將不含添加物、抗生素與生長激素，並能去除有害人體的脂肪及增加 omega 3 等有益成分，然而在尚未量產階段，生產一公斤肉的成本將高達一萬美元。

近年來引起社會大眾關心的臍帶血（是指懷孕時，於胎盤與臍帶中的血液），由於其含有豐富的原始幹細胞，可以發育成血液和免疫系統的細胞，所以能用來治療相關疾病，或是恢復癌症患者因放射治療而損傷的造血系統。

以往在胎兒出生後，醫師會將臍帶剪斷，將臍帶和胎盤當作醫療廢棄物處理。但在發現臍帶血中含有極為豐富的幹細胞，可取代骨髓作為移植所需，使這些從前被視為廢棄物的臍帶血，有了新的用途。

四、研究幹細胞所遭遇到的倫理問題

許多西方國家對於從胚胎取得幹細胞很不以為然，認為這是在殘殺生命，因為全能性幹細胞可以發育成一個完整的生命。但是贊成的人則認為以胚胎幹細胞來治療疾病是很充分的正當理由，畢竟胚胎不具有和人同等的價值，毀掉胚胎並不等於殺人。從另一方面來看，如果由臍帶血取得幹細胞，則爭議較小，不過臍帶血幹細胞的分化能力不如胚胎幹細胞。

以下列出 2002 年我國行政院衛生福利部所訂出的胚胎幹細胞研究的倫理規範：

1. 研究使用的胚胎幹細胞來源限於：
    (1) 自然流產的胚胎組織。
    (2) 符合優生保健法規定之人工流產的胚胎組織。
    (3) 施行人工生殖後，所剩餘得銷毀的胚胎，但以受精後未逾十四天的胚胎為限。
2. 不得以捐贈之精卵，透過人工受精方式製造胚胎供研究使用。
3. 以「細胞核轉殖術」製造胚胎供研究使用，因牽涉層面較廣，需再作進一步之審慎研議。
4. 供研究使用的胚胎幹細胞及其來源，應為無償提供，不得有商業營利行為，且應經當事人同意，並遵守「研究用人體檢體採集與使用注意事項」。
5. 胚胎幹細胞之研究，不得以複製人為研究目的。

6. 胚胎幹細胞若使用於人體試驗之研究，應以治療疾病和改善病情為目的，但應遵守醫療法規定，由教學醫院提出人體試驗計畫經核准後方可施行。

此外，人類幹細胞治療的相關事宜是由行政院衛生福利部主導，衛福部於 2014 年 9 月公布人類細胞治療產品臨床試驗申請作業及審查基準，算是幹細胞治療管理規範之基礎。

5-5 組織工程

一、組織工程的概述

組織工程研發最早在 1970 年的美國麻省理工學院開始萌芽，但組織工程一詞與基本原理的確立，則是源自於 1987 年，美國社會科學基金會(NSF)在其舉辦之生物工程會議，首次正式提出。因器官或組織受到傷害而造成功能障礙一直是長久以來威脅人類健康的問題。為了讓這類病人可以存活，器官移植的醫療技術就此誕生。不過器官的來源有限，所以許多亟待器官移植的患者都因等不到適當的捐贈者而過世。

組織工程(tissue engineering)的原理是將特殊細胞培植在天然或人工合成的骨架上，重建特定的組織或器官（圖 5-6）。醫學界則將其稱之「再生醫療」。組織工程的研發工作最早開始於皮膚研發，這種人造皮膚全部由活細胞與天然細胞間質構成，具有表皮層與真皮層，但它不含免疫成分，因此，不會造成移植後排斥的問題，是第一個供臨床使用的組織工程產品，並已通過 FDA 核准上市（1998 年），稱之為 Apligraf 的人造皮膚產品。因此，Time 雜誌於 2000 年，將組織工程師列為 21 世紀十大熱門行業的榜首。根據 2013 年專業機構(IEK)之研究報告顯示，目前組織工程及其衍生產品市場規模主要分布在整形外科、傷口療護及心血管疾病三大領域，全球產值已達 88.3 億美元，以美國最占優勢，市場占有率達 48%，其次為歐洲(38%)與亞洲(13%)，其他地區僅為 1%。近年則整合相關技術升級為再生醫學領域，2016 年全球再生醫療市場規模已高達 301 億美元，預估 2025 年將可達 1,855 億美元。

二、組織工程的優點

1. 組織工程可用少量的組織在體外培養增殖後，進而修復大面積組織受損。
2. 組織工程可以依照器官的受損情形任意去塑造形狀，以盡量符合原有的器官原貌。
3. 組織工程能夠形成具有生命的活組織，若組織來自於個體本身，甚至不用擔心排斥的問題。

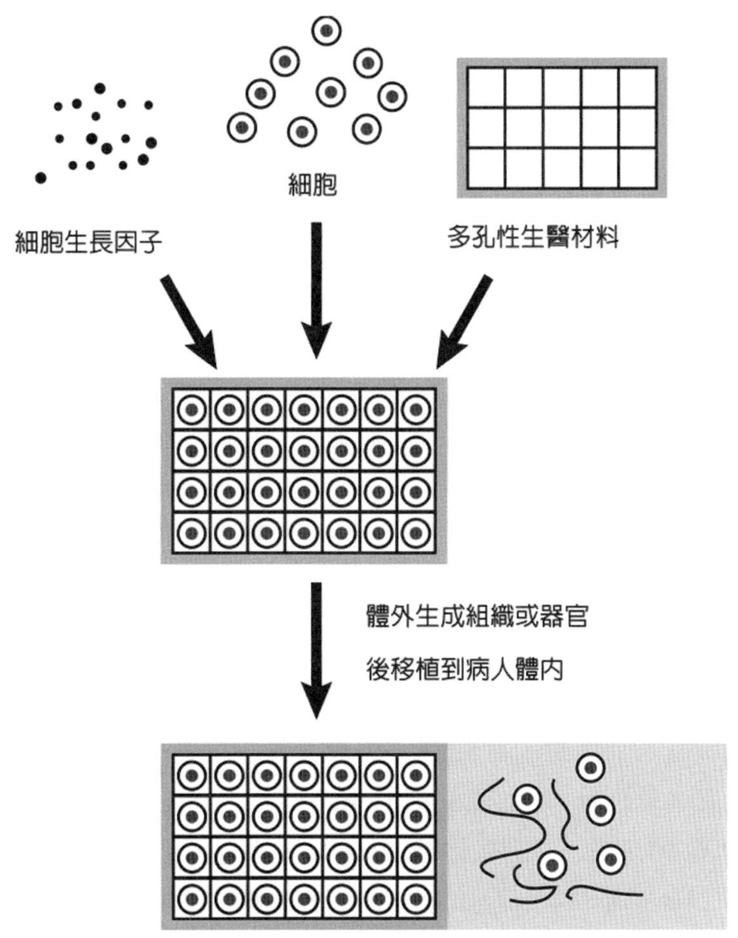

• 圖 5-6　組織工程示意圖

三、組織工程的要素

依仿生觀點來看，構成組織工程的三要素為：(1)細胞；(2)人工細胞外間質－支架；(3)生長信息。

1. 細胞：細胞來源包括自體細胞(autologous)、同種細胞(allogeneic)、異種細胞(xenogeneic)、幹細胞及基因改質細胞等。

(1) 自體細胞：乃指自己身上取下來的細胞，在體外加以大量培養後再植回體內，為最直接的細胞來源，而且不會引起免疫反應。2011 年美國發展「laViv」技術，利用自身耳背「纖維組織母細胞」，於實驗室大量培養，再注入所需位置。由於纖維組織母細胞可以製造膠原蛋白、彈力蛋白和透明質酸，因此可促進皮膚回復彈性和光滑，長期撫平皺紋與臉部笑紋，目前已獲美國食品與藥物管理局(FDA)認可。

(2) 同種細胞：乃指別人所提供的細胞，可發展成大型細胞庫，隨時提供品質穩定、可用率高且數量足夠的細胞來源，但可能會引起疾病感染問題。

(3) 異種細胞：乃指其他動物身上取下來的細胞。

(4) 幹細胞：乃指人體具有強烈分化與分裂能力之原始細胞。

(5) 基因改質細胞：利用基因工程技術改質後，具特殊功能的動物細胞。

2. 人工細胞外間質：人工細胞外間質主要是利用可分解的天然或合成高分子材料，通常具有多孔性結構，可模擬原本生物體內細胞外間質的環境，使得細胞容易遷入及增生。當細胞適應後，這些物質將逐漸自然地被生物體內的酵素或水分所分解，並讓受損的組織逐漸地再生與修復。其來源可為：(1)天然動植物來源－如膠原蛋白(collagen)、藻膠酸(alginate)、幾丁質(chitin)；(2)合成聚合物(polymers)－如聚乳酸；(3)結合生物分子與人造聚合物的半人造複合物。

3. 生長信息：滿足形成組織或器官兩項要素後，最後還需加入能傳達細胞貼附、增生、遷徙與分化信息的各種因子，以構成組織結構完整性或功能。

四、組織工程的研究現況與未來展望

目前軟骨、血管、皮膚及神經組織工程的研究正進行當中，美國也開始研究人造手。此外，組織工程的研究，已逐漸和基因工程及幹細胞的技術相結合。可預計未來組織或器官的再造技術將快速發展。許多可供臨床使用的細胞製品如血管、軟骨、膀胱、心肌、神經組織等將陸續出現。因此，人體器官如果可以像機器一樣任意更換壞掉的零件，更換罹患疾病的組織、器官，將可免除許多疾病，並進而量身訂製一個理想中的自己，追求青春永駐的夢想。目前已上市之組織工程產品包括：傷口療護、整形外科及心血管相關之產品三大領域(表5-2)。其中2011年瑞典完成世界首例人造器官移植，為組織工程之重大突破。瑞典醫師對氣管長了惡性腫瘤之病人，進行氣管三維掃描，然後將影像傳送到倫敦大學。依據這個立體構圖，科學家們製作了一個人造氣管支架。接著瑞典醫師把它浸泡在病人的骨髓幹細胞中，經過兩天幹細胞與支架結合，形成一個新氣管，移植後亦無排異現象。而在2013年英國醫療團隊從患者骨髓取出幹細胞，並在鼻型之玻璃模子上噴上蜂巢狀合成材料，以提供讓幹細胞附著，接著移除玻璃模子，再將已覆蓋幹細胞的蜂巢狀鼻型物，置入充滿營養液的瓶器中，讓鼻型物逐漸長成鼻軟骨。接著，醫療團隊在病患前臂皮下置入一個小氣球，灌入空氣使皮膚慢慢膚隆起，3個月後將氣球取出，以鼻軟骨取代之，待新鼻完成血管與神經組織，將其移出手臂，縫到患者臉部，讓因罹癌割鼻的病患回復原有容貌。

表5-2 已上市之重要組織工程產品

產品名	適應症	上市情形
・傷口療護應用		
Regeanex	糖尿病足潰傷	美國(1997)
Apligraf	皮膚取代物	美國(1998)
Puraply	傷口敷料	美國(2001)
OrCel	皮膚取代物	美國(2001)
EpiCel	燒燙傷	美國、加拿大、歐洲
EpiDex	皮膚取代物	德國、澳洲、瑞士
MelanoSeed	皮膚色素細胞取代物	德國

表 5-2 已上市之重要組織工程產品（續）

產品名	適應症	上市情形
・整形外科應用		
Carticel	軟骨修復	美國(1997)
INFUSE	脊椎修復	美國(2002)
Healos	硬骨修復	歐洲(2000)
CMI	軟骨修復	歐洲(2000)
OP-1 骨生長因子	骨折及骨缺陷	歐洲、澳洲(2001)
Chondrotransplant	自體軟骨修復	德國、澳洲、瑞士
艾欣瞳	生物工程角膜	中國大陸(2015)
・心血管應用		
Synergraft	心臟瓣膜修復	歐洲

5-6 製藥與生物技術

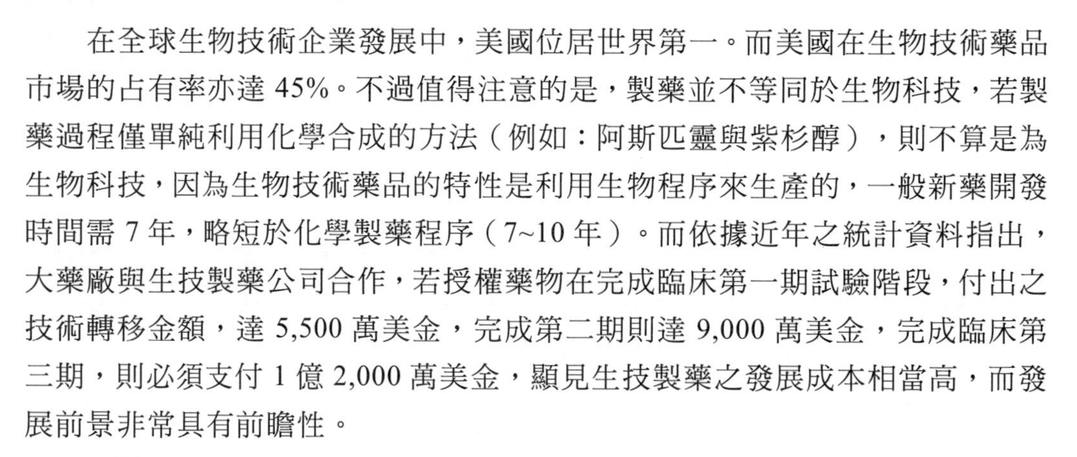
在全球生物技術企業發展中，美國位居世界第一。而美國在生物技術藥品市場的占有率亦達 45%。不過值得注意的是，製藥並不等同於生物科技，若製藥過程僅單純利用化學合成的方法（例如：阿斯匹靈與紫杉醇），則不算是為生物科技，因為生物技術藥品的特性是利用生物程序來生產的，一般新藥開發時間需 7 年，略短於化學製藥程序（7~10 年）。而依據近年之統計資料指出，大藥廠與生技製藥公司合作，若授權藥物在完成臨床第一期試驗階段，付出之技術轉移金額，達 5,500 萬美金，完成第二期則達 9,000 萬美金，完成臨床第三期，則必須支付 1 億 2,000 萬美金，顯見生技製藥之發展成本相當高，而發展前景非常具有前瞻性。

最早之生物製藥始於 1982 年美國基因科技公司(Genentech)所研發之胰島素，目前生產出的生物技術藥物(biotech medicine)已有數十種，年產值已達 160 億美金，已用於治療癌症、愛滋病、心臟病、糖尿病及一些罕見的遺傳疾病，目前銷售第一名者為治療貧血之紅血球生成素(Epogen®)，其次為干擾素(Intron®)、白血球生成素(Neupogen®)與人類胰島素(Humilin®)。而根據 EvaluatePharm 公司的研究報告，目前全球生物藥品市場已超過 2,000 億美元，預估至 2024 產值將達到 3,830 億美元。根據 2016 年全球十大暢銷處方藥排行榜，7 個為生物藥，化學藥僅 3 個，明顯可看出生物製藥之發展潛力。

生物技術藥物的原始材料是細胞及其組成分子。其生產方法是應用 DNA 重組技術生產的蛋白質、酵素、細胞生長因子及單株抗體等。今後生物技術的藥品研發將包括四大領域：

1. **惡性腫瘤**：俗稱癌症。癌症已經多年蟬連台灣十大死因的榜首，因此「治療癌症」將成為生物技術藥物的主要研發方向。例如 Avastin 就是利用單株抗體來切斷供給癌細胞氧氣與營養物質的血管，讓癌細胞因而死亡。
2. **神經退化性疾病**：包括老年失智症（阿茲海默氏症）、帕金森氏症、腦中風等慢性疾病。
3. **自體免疫疾病**：包括哮喘、風濕性關節炎、多發性硬化症、全身性紅斑性狼瘡等。例如：針對抗腫瘤壞死因子之 Etanercept（恩博）與 Adalimumab（復邁）生物製劑抗體藥物；又如 Rituximab（莫須瘤）為可與 B 細胞上抗原結合之單株抗體藥物。
4. **心血管疾病**：由於某些心血管疾病來自於異常基因之特殊表現，未來將嘗試建立藥物測試系統，並開發治療心血管疾病之新藥。

5-7 藥物基因體學

一、藥物基因體學的概述

在完成人類基因體計畫後，我們正式進入了後基因體時代，在新藥開發的模式上也產生變化。以前一種藥只能治療一種病，就好像去看感冒的患者拿到的感冒藥多大同小異，爾後卻有可能針對每一個人的基因差異（亦即俗稱的體質不同），而可以產生出多種藥治療一種病的情形。所以基因治療領域中藥物基因體學(pharmacogenomics)主要是探討人體對藥物反應過程中基因所產生的作用，人體許多疾病的感染都皆與基因變異有關，因此，若能將化學物質開發為藥物以及臨床治療是否成功皆與基因型態息息相關。這也是大型生物技術公司與醫學研究單位高度興趣所在。

二、藥物基因體學的重要性

1. 由於每個人在基因上的微小差異，造成不同患者對於相同藥物會產生藥效差異性，亦即同一種藥有人吃了有效，有人吃了反而會有嚴重的副作用產生。今後醫師不僅僅是對「症」下藥，更要針對患者的個人體質來對「人」下藥。
2. 進行藥物基因體學研究，可以讓一些原本只對 5%患者有效的藥物，有機會通過臨床試驗而被批准上市，讓許多原本無藥可醫的患者也因此而重獲生機。
3. 藥物基因體學可以提高初始治療方法的有效性、減少開立無效處方所造成的不必要支出，並降低或避免藥物之副作用。

在藥物基因體學的領域中，單一核苷酸多型性(SNP)研究（詳見第九章）由於可以用來探討基因型態與藥效及疾病罹患率之關係，已成為個體化醫療趨勢下最具發展潛力的應用工具，歸納 SNP 型態，建立基因與對藥物反應關聯性之資料庫，可運用於達成降低患者用藥風險性與個體化醫療的目標。

5-8 中草藥

一、中草藥的概述

中國使用傳統中藥已經有數千年的歷史，一些早期的著作也有描寫中國的醫藥史，如中國最早的醫典「黃帝內經」與中國最早的藥典「神農本草經」。中草藥的相關知識是數千年來人民在不斷的嘗試中所得到的經驗與智慧的累積。事實上，中草藥是屬於天然藥物，大部分中草藥的來源是植物，少部分是動物和一些礦物成分，所以中草藥不盡然單指「草藥」。另外，中草藥依照藥材份量的多寡可以分成單味藥或複方藥。單味藥指的是單一種藥，像人參、當歸、紅棗等，使用單味藥治病時必須要加上其他種類的藥以加強藥效；複方藥是用兩種以上的單味藥所調配好的藥方。

二、中草藥的優缺點

1. 優 點

(1) 中草藥的來源都是天然成分：許多中草藥原本就是食品，所以相較於西藥，其毒性較輕且副作用較少。

(2) 來源廣泛，取得容易。

(3) 強調人體的整體性：中草藥的作用原理是依據中醫的「陰陽五行」而運作的，強調人體的整體性，中醫認為藥物的作用是透過調理人體機能而產生療效。

(4) 常見的中草藥配方多半由數種草藥所組成，所以可以在藥效上相互截長補短，且藥量可以隨症狀的輕重程度和患者的個人體質調整，較西藥彈性更大。

2. 缺 點

(1) 中草藥當中的雜質多、有效成分複雜，其藥理作用不容易用現代醫學的觀點來解釋。

(2) 由於中草藥的成分不夠明確，一旦誤用導致中毒時，便難以分析是哪一種成分所引起的，所以中草藥引發的中毒反應常會比西藥危險。

(3) 中草藥的服用方法多半是口服，所以進入血液循環的速度比西藥慢，較不適合用來治療一些具有急性病症的患者。

三、中草藥的未來發展

今後中草藥的發展將結合西方醫藥與傳統中藥的特色，成為現代化中草藥。包括制定出有系統性的命名與分類方法、生產依照現行優良藥品製造規範(current good manufacturing practices, cGMP)、在製造流程中依照標準操作程序(standard operation procedure, SOP)來進行，包括精密分析檢測、完整的品管流程及現代化的分離與萃取技術。藥方方面，以科學方法一步步驗證，包括天然物成分的分離與純化、藥效評估、藥理與毒理的分析、結構修飾等，以確保藥品的安全性、有效性及穩定性。

5-9 嚴重特殊傳染性肺炎(COVID-19)

2019 年 12 月中國武漢市發現不明原因肺炎群聚感染，中國官方於 2020 年 1 月 9 日公布其病原體為新型冠狀病毒。此疫情隨即迅速擴散，並會人傳人。世界衛生組織(World Health Organization, WHO)將此新型冠狀病毒所造成的嚴重特殊傳染性肺炎稱為 COVID-19 (Coronavirus Disease-2019)，俗稱新冠肺炎。截至 2023 年 1 月 31 日，全世界已經超過六億七千萬名確診病例，並且超過 680 萬名患者過世。嚴重特殊傳染性肺炎常見的症狀包括發燒、咳嗽、呼吸急促、疲倦、味嗅覺喪失等。從感染到出現明顯症狀的時間通常為 1~14 天，但是超過 1/3 的感染者感染後毫無症狀。

COVID-19 的病毒為 SARS-CoV-2，在分類上屬於冠狀病毒科(Coronavirinae)之 beta 亞科(betacoronavirus)，是一種具有 3 萬個核苷酸之 RNA 病毒（圖 5-7）。單股 RNA 的結構並不穩定，因此，常在複製過程中出現錯誤，當這些錯誤多了就會產生變異，形成所謂變異株。從最早的武漢病毒株，進而出現 Alpha 病毒變異株，到 2021 年 7 月起出現遍布全球的 Delta 病毒變異株，接著到 2021 年 11 月入冬後爆發出突變能力強大的 Omicron 變異株，然後再產生各種 Omicron 亞型變異株。2022 年全球陸續爆發大規模的確診案例，都是跟 Omicron 變異株或 Omicron 亞型變異株有關。Omicron 亞型變異株主要包括 X.BB、BA.2.75、BQ.1、BF.7、BA.5、BA.4、BA.2 等。

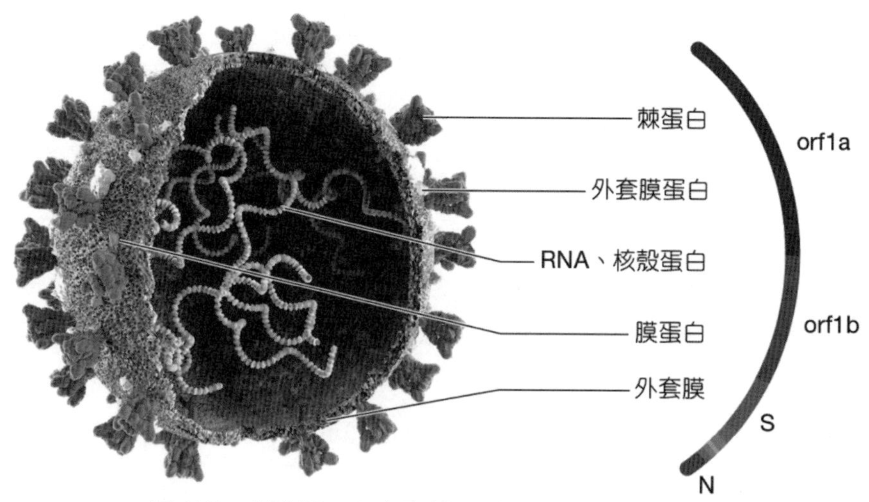

• 圖 5-7　COVID-19 病毒(SARS-CoV-2)結構示意圖

COVID-19 變異株中最關鍵致病的部位為皇冠狀的「棘蛋白(spike protein, S)」（由 1,273 個胺基酸組成），這個位置專一性的與人類細胞相結合（利用 ACE2 受體），進而進入人體引發免疫反應，簡單地說這就是 COVID-19 病毒株的「抗原」。COVID-19 病毒承載遺傳訊息的 RNA，有多種功能區段，包括 orf1a、orf1b、S 及 N 幾個區段，其中對應棘蛋白者為 S 基因區段，這個部分一發生突變，棘蛋白就會產生變異，進而產生「更強的傳播力」（更容易與 ACE2 受體結合），例如：Alpha、Beta、Gamma、Omicron 變異株就屬此類（重要變異位置為第 501、614 或 681 個胺基酸產生變異）；另一種影響則是透過逃避免疫攻擊，進而「降低抗體中和能力」，讓所施打疫苗的保護力下降，例如：Beta、Gamma、Omicron 變異株就屬此類（重要變異位置為第 417 或 484 個胺基酸產生變異）。其中 Alpha 變異株傳播最廣（擴及 180 國家／地區），Beta 變異株可使疫苗保護力下降，Gamma 變異株容易造成二次感染風險，Delta 變異株則傳播力最高。目前最受重視的為 Omicron 變異株，因為其突變最多，共出現 37 個突變點。

目前最標準診斷新型冠狀病毒的方法有兩大類，一個是檢測病毒核酸，另一個則是檢測病毒棘蛋白（抗原）。

1. 通過反轉錄聚合酶連鎖反應(reverse transcriptase PCR, RT-PCR)，將 RNA 病毒反轉 cDNA 後進行檢測，此法優點是準確度很高，缺點則是需要專業人員、較貴儀器及較長時間（約 4 小時）。目前亦有學者採用即時聚合酶連鎖反應(real-time PCR)直接進行定量分析。
2. 將抗原注射動物後產生抗體，再用此抗體製成快篩試劑來檢測鼻腔、咽喉或口水中之 COVID-19 病毒抗原（核殼蛋白或棘蛋白），可自行操作，且在 15~30 分鐘內就可以得出結果，但敏感度最差時可能只有核酸檢測的 1%。
3. 目前還在發展的則為檢測人體內（血清中）是否有對抗 COVID-19 病毒的抗體，通常用於感染中、後期檢測，因此時效性不佳，且只能獲得此人是否感染過，無法知道目前體內是否還有病毒。

COVID-19 的傳染方式主要是透過患者的飛沫傳染，此外，接觸到受飛沫汙染的物體表面，再觸碰臉部五官也是可能的傳染模式。若對患者施以胸腔斷層掃描檢查，可發現影像學上呈現異常，若干患者的肺部會呈現纖維化改變，嚴重的患者可觀察到肺部發生毛玻璃狀病變以及肺浸潤等現象。目前對於中症及重症的感染者，尚無非常有效的治療方式，而我國衛福部國家中醫藥研究所和中醫師研發團隊共同開發的中藥複方「清冠一號」，經過幾家醫學中心臨床試驗證實，能夠有效治療輕症新冠肺炎。

為有效預防新冠肺炎所導致的重症及降低住院的機會，2020~2023 年，許多 COVID-19 疫苗陸續被開發出來，並通過緊急授權上市，依據疫苗產生之原理，可分為下列幾種：

1. **核酸疫苗**：注射病毒片段遺傳物質，經轉譯後產生病毒蛋白質（例如：棘蛋白），來刺激人體免疫系統產生相對應抗體，例如：Pfizer-BioNTech COVID-19 Vaccine (BNT)以及 Moderna COVID-19 Vaccine（莫德納）屬於此類 mRNA 疫苗。
2. **腺病毒載體疫苗**：利用人類腺病毒載體將病毒遺傳物質（刺蛋白基因，以 DNA 方式表現）帶入細胞，經轉錄與轉譯後產生病毒蛋白質，來刺激人體免疫系統產生相對應抗體，例如：AstraZeneca Vaccine (AZ)及嬌生疫苗 (Johnson & Johnson COVID-19 Vaccine)屬於腺病毒載體疫苗。
3. **重組蛋白疫苗**：以基因重組方式製成重組棘蛋白疫苗，注入人體來刺激免疫系統產生相對應抗體，例如：Novavax 疫苗、高端疫苗及聯亞疫苗。
4. **不活化疫苗**：將整顆病毒殺死後製成疫苗，注入人體來刺激免疫系統產生相對應抗體，例如：科興疫苗及國藥疫苗。

此外，單價 COVID-19 疫苗（例如：AZ、莫德納、BNT、高端、Novavax 等）是針對原始武漢病毒株所研發出來的疫苗，而雙價 COVID-19 疫苗（又稱為次世代疫苗）則含有 2 種病毒抗原，是分別針對原始武漢病毒株及 Omicron 變異株所研發而成的疫苗。截至 2023 年，這一場病毒帶來的人類浩劫，雖然威脅已經減緩，但並未結束，人類只能設法提升自我的免疫力，學習與病毒共處。

小試身手 EXERCISE

(　　) 1. 下列哪一項不是生物技術藥品的研發領域？ (A)惡性腫瘤 (B)神經退化性疾病 (C)自體免疫疾病 (D)皮膚病

(　　) 2. 關於人類基因體計畫(HGP)的敘述，何者不正確？ (A)最早是在 1985 年被提出 (B) 2000 年 HGP 團隊與賽雷拉公司共同宣布草圖完成 (C)直到 2007 年才完成全部定序 (D)可以跟登月計畫媲美的一個大型計畫

(　　) 3. 關於人類基因的敘述，何者不正確？ (A)每個細胞當中約有 30 億個鹼基對 (B)超過 97%的 DNA 其功能不明 (C)不同人類其 DNA 差異為 1% (D)人類與黑猩猩的 DNA 相似度高達 98.8%

(　　) 4. 關於遺傳圖譜的敘述，何者不正確？ (A)是根據不同基因間發生基因重組交換機會大小所定出的相對位置 (B)又可以稱為基因連鎖圖譜 (C)若兩個基因非常靠近則可以稱之為連鎖 (D)距離越遠的基因發生重組的機率越低

(　　) 5. 關於物理圖譜的敘述，何者不正確？ (A)將人類 DNA 片段依實際物理位置加以排序 (B)物理圖譜是以 Mb 或 kb 為單位 (C)由物理圖譜可知兩基因間距離訊息 (D) cDNA 圖譜不算是一種物理圖譜

(　　) 6. 下列敘述何者正確？ (A)目前基因治療法已可以預防癌症 (B)病毒載體不具有潛在的危險性 (C)非病毒載體的轉殖效率比病毒載體差 (D)活體方法稱為 *in vitro*

(　　) 7. 下列關於病毒載體的敘述何者正確？ (A)反轉錄病毒是目前使用最多的載體 (B)腺病毒是一種 RNA 病毒 (C)腺病毒載體的容量是各載體之最 (D)疱疹病毒無法治療跟中樞神經有關的疾病

(　　) 8. 下列關於非病毒載體的敘述何者正確？ (A)基因槍法所用的 DNA 量比微脂粒多 (B)電穿孔法一般不具有副作用 (C)直接將 DNA 打入肌肉時 DNA 已經直接嵌入染色體內 (D)疫苗法僅適用於體液性免疫，不適用於細胞性免疫

(　　) 9. 有關基因治療之方法描述下列何者正確？ (A)微脂粒導入法的普遍性非常高 (B)磷酸鈣沉澱法的成功率約萬分之一 (C)體細胞基因療法對生殖細胞亦具有影響 (D)生殖細胞基因療法可以遺傳至子代

(　　) 10. 關於基因治療應用於治療癌症的敘述，何者不正確？ (A)使用免疫調控基因 (B)使用血管生成因子 (C)引入自殺基因 (D)引入抑癌或細胞凋亡基因

(　　) 11. 下列哪一種疾病與基因治療無關？　(A)癌症　(B)感染性疾病　(C)精神類疾病　(D)心血管疾病

(　　) 12. 下列關於免疫的敘述，何者正確？　(A)細胞免疫由 B 細胞所主導　(B)被動免疫是身體在接觸抗原後自行產生的免疫反應　(C)主動免疫可產生記憶反應　(D)B 細胞不需要輔助細胞的幫助就能產生抗體

(　　) 13. 下列關於 SARS 的敘述，何者不正確？　(A)引起 SARS 的病毒屬於冠狀病毒　(B)基因序列在 30,000 個核苷酸左右　(C)是屬於 DNA 病毒　(D)病況嚴重者會發生肺部纖維化

(　　) 14. 下列檢驗 SARS 的方法，何者不正確？　(A)反轉錄聚合酶鏈鎖反應　(B)即時 PCR 檢測技術　(C)細菌培養法　(D)免疫螢光抗體法

(　　) 15. 下列敘述何者正確？　(A) HIV 病毒屬於 DNA 病毒　(B) HIV 病毒的突變速率非常緩慢　(C)疫苗不具有專一性　(D)由微生物或微生物表面抗原製造對抗病毒或細菌的物質稱之為疫苗

(　　) 16. 下列關於單株抗體的敘述，何者不正確？　(A)一個抗體通常只跟抗原上的一小段胺基酸結合　(B)一種 B 細胞不只能產生一種抗體　(C)一個分子量大的抗原可能有數個抗原決定部分　(D)以單一抗體對抗抗原上的抗原決定部分，可以提高免疫反應的效率

(　　) 17. 下列敘述何者正確？　(A)融合瘤是一種雜交細胞　(B)一般而言，癌症細胞的分裂次數是有限制的　(C)融合瘤技術是腫瘤細胞與 T 細胞協同作用　(D)目前融合瘤技術已經能夠非常有效的治療癌症

(　　) 18. 下列關於基因治療所遭遇的問題，何者不正確？　(A)基因嵌入細胞效率不佳　(B)目前僅反轉錄病毒嵌入的效果較好　(C)基因順利嵌入細胞後不見得都能順利表現　(D)外來基因進入宿主細胞後不會發生基因重組

(　　) 19. 下列哪一種疾病不是遺傳性疾病？　(A)高雪氏症　(B)囊性纖維化症　(C)流行性感冒　(D)色盲

(　　) 20. 下列關於愛滋病的敘述何者不正確？　(A)目前尚無有效治療方式　(B)潛伏期可以長達十年　(C)僅同性戀者或吸毒共用針頭者才會得病　(D)會經由血液或體液感染

解答 QR Code

CHAPTER 6

環境生物技術

6-1 環境生物技術與五大演進期的關聯性

6-2 環境生物技術的應用領域

6-3 生物技術應用於環境監測

6-4 生物技術應用於廢汙水的處理

6-5 生物技術應用於廢氣的處理

6-6 生物技術應用於廢棄物產生與汙染防制

6-7 生物技術應用於生物復育

6-8 生物技術應用於能源產生

－前言－

何謂環境生物技術(environmental biotechnology)？根據 1919 年生物技術歐洲協會(European Federation of Biotechnology)之定義，「環境生物技術」是指生物化學、微生物學及工程技術相結合之整合性科學。主要目的是利用微生物、動物或植物應用於農業、環境、工業及健康照顧上，以發展永續事業。

這些學科間的關聯性及可應用於工業界的範圍，包括：醫藥、食品、化學及環境等領域，其研究架構可由分子層次拓展至微生物本體。然而近 20 年來，部分學者及業界將生物技術僅界定為「基因工程」(genetic engineering)。

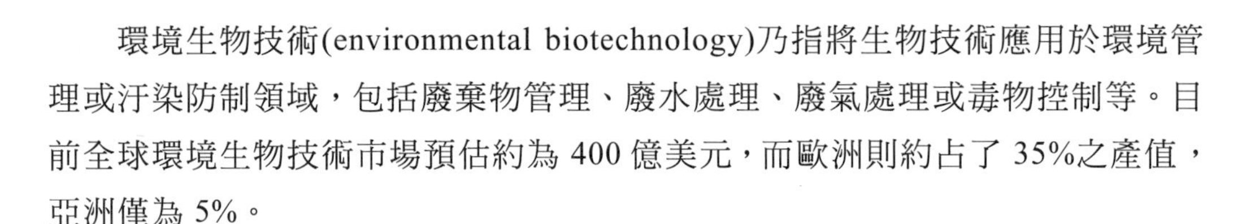

6-1 環境生物技術與五大演進期的關聯性

環境生物技術(environmental biotechnology)乃指將生物技術應用於環境管理或汙染防制領域，包括廢棄物管理、廢水處理、廢氣處理或毒物控制等。目前全球環境生物技術市場預估約為 400 億美元，而歐洲則約占了 35%之產值，亞洲僅為 5%。

生物技術最早是應用於食品和啤酒製造。但早期的生物技術多為依賴經驗法則，而無完整的基礎理論，因此，一旦理論基礎建立後，生物技術便蓬勃發展。生物技術的演進一般可分為五大時期(Houwink, 1984)：前巴斯特世代、巴斯特世代、抗生素世代、後抗生素世代及新生物技術世代。

1. **前巴斯特世代（西元 1865 年）**：內容包括酒精飲料、乳製品及其他醱酵食品之研發。
2. **巴斯特世代（西元 1865~1940 年）**：此時期發展相當緩慢，主要是利用特定微生物進行研究，包括：酒精、丁醇、丙醇、乙二醇及有機酸之生產與好氧廢水汙泥之處理，此時 *Clostridium acetobutylicum* 為極重要之微生物，因為其可生產酒精、丙酮及丁醇等工業上所需之物質。西元 1914 年在歐洲所建立「活性汙泥廠」，則為環境生物技術上最早之應用。

3. **抗生素世代（西元 1940~1960 年）**：其內容包括：多種抗生素、動物細胞培養技術、病毒疫苗及微生物類固醇之研發。雖然盤尼西林於西元 1928 年被發現，但在西元 1941 年才開始大量生產。而其他抗生素包括：streptomycin、tetracyclines 及 cephalosporins 亦被研發出來。同時動物細胞培養技術可應用於疫苗之生產，在此時期小兒麻痺疫苗(polio vaccine)為最大之貢獻。
4. **後抗生素世代（西元 1960~1975 年）**：其研究內容包括：胺基酸、維生素、單細胞蛋白質與酵素之生產；固定化酵素、固定化細胞及厭氧廢水處理（甲烷生產）技術之發展及細菌性多醣之量產等。
   (1) 胺基酸：離胺酸(lysine)與麩胺酸(glutamic acid)為最重要的胺基酸，每年年產約 35,000 噸。
   (2) 酵素：以做為生物清潔劑與以胞外酵素方式產生葡萄糖最有成果。
   (3) 固定化酵素：在固定化酵素之研發中，則以葡萄糖異構酶(glucose isomerase)生產高果糖糖漿效果最顯著。
   (4) 單細胞蛋白質之生產：利用微生物產生單細胞蛋白質的目的在取代大豆，以做為動物飼料，約可降低 60%之飼料成本。其中最有名之例子為 ICI 公司以 *Methylophilus* 及 *Methylotrophus* 利用甲醇生產單細胞蛋白質。
   (5) 替代油料找尋：常見的燃料包括酒精（利用糖蜜醱酵）與甲烷（厭氧消化生產）。
   (6) 細菌性多醣(xanthan)產生可增加食品黏稠度，使食品口感多元化。
5. **新生物技術世代（西元 1975 年之後）**：此期最重要的研究內容為遺傳工程的應用與單株抗體的發展。此期的研究依序為：基因工程(1974)、單株抗體(1980)、動物疫苗(1982)、胰島素研發(1982)、基因工程植物研究(1992)及基因工程食品之研發(1996)。

近年整個生物技術更以發展組織工程、生物資訊及複製生物種之研究最為熱烈。例如：幹細胞之發展、人體基因之解密、重組技術之研究(recombinant technology)及複製羊、豬之研究。這種基因技術可分成三類：

1. 插入單一基因，產生新的特性。例如：使棉花或黃豆作物具抗農藥耐性。
2. 改變既存基因之表現特性。例如：降低番茄的聚半乳糖醛酶(polygalacturonase)的活性，以改變番茄的熟度。
3. 插入特定基因，產生特定的產物。例如：利用 *E. coli* 產生胰島素或去除汞金屬。

這些產品一般稱為「基因改造生物」(GMOs)，顯然這些物質所造成的風險是需要進一步評估的。因此自西元 1997 年歐盟之食品法(EC Novel Foods Regulation)便規範這類食品需作清楚的標明。

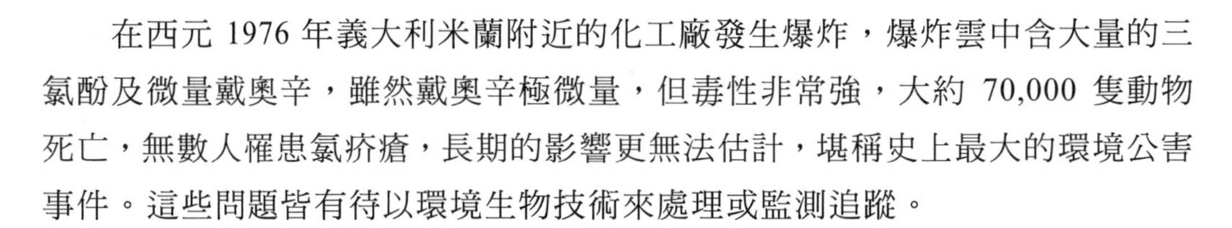

6-2 環境生物技術的應用領域

在西元 1976 年義大利米蘭附近的化工廠發生爆炸，爆炸雲中含大量的三氯酚及微量戴奧辛，雖然戴奧辛極微量，但毒性非常強，大約 70,000 隻動物死亡，無數人罹患氯痳瘡，長期的影響更無法估計，堪稱史上最大的環境公害事件。這些問題皆有待以環境生物技術來處理或監測追蹤。

雖然生物技術無法解決所有的環境汙染問題，但卻是一有效的方法，環境生物技術可應用於環境監測、汙染場址復育、廢棄物的去除或降解及汙染防制四大領域。在台灣則主要發展為環境生物製劑、生物可分解性材料、環保檢驗試劑與生質能源等產品。

一、環境監測

根據研究，環境生物技術可用於監測與追蹤汙染物，目前知道約有至少 65,000 種汙染物可利用生物技術進行偵測（例如：生物感應器），使用環境生物技術具有精確、敏感及即時之優點。

二、生物復育

生物復育乃指以生物處理去除環境中的汙染物，根據環保法規的規定，超過法定限值的汙染場址皆必須去除，因此在英國約有 100,000 個汙染場址須進行復育，所需花費高達 200 億元，而在美國則需 5 億元，因此生物復育的商機相當大。一般生物復育處理的對象以有機物為主，雖然生物復育無法降解重金屬，但可將其累積於胞內，達到淨化汙染的目的，常見技術例如：生物氣提法 (bioventing, BV)。

三、廢棄（氣）物的去除

生物技術為環境友善的解決方法，除可用於現地復育及環境監測外，亦可用於管末處置，即是在管路中或其末端去除汙染物，例如：將廢氣利用生物濾床、生物滴濾床或生物洗滌塔（詳見 6-5 節）由管末處理移除，利用堆肥去除固體廢棄物。

四、汙染防制

汙染防制是最近漸受重視的課題，目前趨向清潔生產或綠色技術的概念，如利用酵素或微生物的特點─省能、低汙染及降低衍生汙染物的產生，以取代傳統物化處理。而生物可分解性塑膠之發展，預計將可降低至少 20%的垃圾量。此外，利用微生物可由原料中去除含硫或氮之物質，則可降低酸雨或溫室效應氣體之發生，而利用微生物產生一些燃料，例如：酒精或氫氣，亦可減少石油之需求。

因此，整體而言，環境生物技術可應用於下列領域：

1. 環境汙染之監測與追蹤，例如：利用生物指標。
2. 現地生物復育，例如：添加生物製劑或生物氣提法。
3. 利用轉殖微生物，增加植物對病蟲害之抵抗力，而減低農藥的需求。
4. 發展生物燃料(biofuel)、生物塑膠及清潔技術。

6-3 生物技術應用於環境監測

汙染乃指物質或能量導入環境中，導致危及人類健康、降低生活品質、破壞生態及干擾環境的自然法則。根據歐盟對於毒性物質的分類，可分為最危險物質清單（黑名單）與次危險之物質（灰名單），而在美國則有優先列管之129種化學物質。由此可知，汙染的種類繁多，因此監測方式則必須視汙染物的型態而定，同時能精確測定現行的法定標準值，因此，環境生物技術的發展，可能是取代傳統化學法的可行方式與契機。

生物性分析的應用

一、傳統微生物檢測法

傳統微生物分析的方式，皆採用分離、培養與計數的檢測方法，由於需先經過培養的過程，因此，環境中的微生物僅有部分及特定可生長於所用培養基的微生物可存活，換句話說，在實驗室的條件下，所分離純化出來的微生物只占環境中實際微生物的少部分（表 6-1），若以此部分的菌種來代表生物系統中複雜的微生物菌相將導致極大的誤差，同時，這些方式比較容易檢測到群落中生長相對快速的物種(species)，但對於可能很重要卻生長較慢的物種，則可能檢測不到。

表 6-1 利用傳統方法培養環境中微生物的機率

分離源	培養率(%)
淡水及底泥	0.25%
缺氧水體	0.13~0.2%
海水	0.001~0.1%
活性汙泥中	1~15%
土壤	0.3%
湖泊	0.1~1%

最常見的例子為檢測受石油汙染的樣本，多次檢測的結果較無一致性，直至近年 DNA 技術之引入，才發現可能是石油本身具有揮發性，致使其培養基之成分非常難製備。第二個例子為生物膜系統內生物膜(biofilm)中菌之檢測，這也是使用平板計數方式無法檢測的，因為平板計數法所測的微生物乃以懸浮生長為主，對於會聚集(aggregate)生長的菌相檢測則有困難。

二、免疫法

細菌表面有許多抗原(antigen)，因此可依不同菌種的抗原發展特異性之抗體(antibody)，也就是一種抗體只會和一種抗原結合。通常抗體上，我們會另外連結「螢光染料」或「酵素」，作為抗原抗體結合時的記號，稱為酵素免疫分析法(enzyme linked immunoadsorbent assay, ELISA)，但其價格比平板計數法貴，因此較少應用於環境微生物的檢測。

三、脂肪酸測定法

細菌的鑑定亦可根據其細胞脂肪酸的種類，這類方式稱為磷脂脂肪酸分析(phospholipid fatty acid, PLFA)，對甲烷菌與硫酸還原菌特別有效。

四、重組 DNA 技術

重組 DNA 技術乃是利用細菌 DNA 序列的相異性，所發展出來的技術，目前這種技術已相當成熟，可廣泛應用於：

1. 生物復育過程菌相之調查(bioremediation)。
2. 好氧或厭氧消化槽菌相之調查。
3. 生物淋洗過程菌相之調查(bioleaching)。
4. 生物歧異度之評估(biodiversity)。
5. 重組微生物之追蹤(GEMs)。
6. 環境中微生物生態或生物相之調查。

重組 DNA 技術包括 DNA 萃取、純化、複製放大及鑑定等四大步驟。有關 DNA 之萃取(extraction)或分離(isolation)一般可用兩種方法：

1. 在現地(*in situ*)將微生物細胞打破後，再利用鹼、清潔劑或溶菌酶將 DNA 直接萃取出。
2. 先將微生物分離出來，接著打破微生物細胞並萃取 DNA，最後將 DNA 純化。

由於分離或萃取之 DNA 量非常少，因此使用聚合酶鏈鎖反應(polymerase chain reaction, PCR)，可將 DNA 複製放大許多倍，例如 2^{30}。

關於 DNA 序列之鑑定，可直接使用一些儀器或直接委外進行定序的工作（大約 400 萬元），定序後再與已知之 DNA 序列資料庫比對，而得到親緣樹或菌種名稱。

此外，針對 DNA 序列之應用，目前可依不同細菌特殊的 DNA 序列設計相對應的探針(probe)或寡核酸片段(oligonucleotide)，通常在細菌的 DNA 或 RNA 中，16S rRNA 因具有高度保守區(conserved region)及變異區(variable region)，因此極適合應用於探針之設計。目前約有 3,000~5,000 種細菌的基因序列在 GenBank 或 EMBL 基因資料庫中，可提供作為探針之設計。我們如何知道探針與目標基因片段結合？一般方法是可利用：(1)輻射標示(radioactive label)；(2)生物素標示(biotin label)；(3)酵素標示(enzyme label)。

這些方式都可充分顯示探針（特定微生物）之存在。而顯示或表現特定 DNA 存在的方式，則包括墨點法(blot technique)及南方墨點法(Southern blotting)，近年來發展出許多新的核酸檢測技術，較常用於分析環境中微生物族群變動的方式包括「限制片段長度多型性分析」(restriction fragment length polymorphism, RFLP)及「變性梯度明膠電泳法」(denaturing gradient gel electrophoresis, DGGE)。這兩種方法原理非常接近，RFLP 乃是利用「限制酶」將 DNA 切成各種片段，再利用電泳區分，DGGE 則是利用不同 DNA 有不同「熔點」之特性，將 DNA 分開，再利用梯度電泳區分（詳見 6-4 節）。

近年環境生物技術的大躍進

對於這些概念或技術的應用與發展，近年來螢光原位雜交法(fluorescence in situ hybridization, FISH)、聚合酶鏈鎖反應及變性梯度明膠電泳法(DGGE)之應用屬最大宗，同時這些技術，已經將生物處理的研究帶入一個革命性的新時代。利用遺傳物質如 DNA 及 RNA 來鑑定微生物的種類，不但避免了傳統上耗時的菌種分離，無須進行培養之過程，更可進一步鑑定出無法利用傳統方法分離出來的菌種，同時以分子生物技術分析出的微生物種類及數目，可使我們充分瞭解優勢菌種與其他菌種間的互動關係，及進流基質負荷與微生物菌相動態變化之關聯性。

微生物最常被利用的分子生物學特性，乃以細胞中的核糖體 RNA (ribosomal RNA, rRNA)來當作分析指標，在 rRNA 中包括三種 RNA－5S、16S 及 23S（圖 6-1），這是根據 RNA 在離心時，或在水溶液裡，RNA 比重的速度來命名的，5S 有 120bp，16S 有 1,500bp，而 23S 有 2,900bp，其中 16S rRNA 長短適中，同時它具有三大特性：

1. **統一性(universal distribution)**：無論真核或原核生物的生物體內皆具有 rRNA，同時其含量與生物體之成長速率成正比。
2. **高度保守性(high conservation)**：無論真核或原核生物之 rRNA，其結構或序列上均有極大之相似度（即不同生物間，核苷酸排列組合的變異性並不高）。
3. **演化速率慢（序列保留性高）**：16S rRNA 之演化速率慢，即生物間親緣關係愈接近者，其 rRNA 序列愈接近，故可作為細菌分類之依據，並設計出具特異性的 DNA 探針(probe)或引子(primer)，進一步對目標生物進行追蹤與定量。

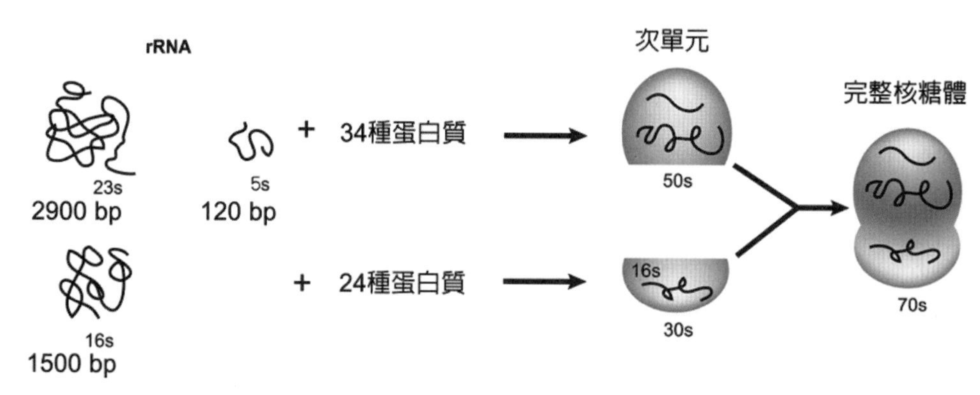

• 圖 6-1　原核生物的核糖體結構

分子生物技術應用於環境微生物檢測的步驟

1. **DNA 萃取(DNA extraction)**：將環境中菌體的 DNA 萃取出，得到 total DNA。
2. **聚合酶鏈鎖反應(PCR)**：利用引子將特定的 DNA 片段複製放大；若原先 DNA 片段濃度為 1，經過 PCR 反應 30 次後，濃度變為 1×2^{30}。接著可利用選殖或變性梯度明膠電泳法(DGGE)進行分離。
3. **進行分離**：
   (1) 選殖及定序(cloning and sequencing)：將 PCR 的產物選殖入大腸桿菌(*E. coli*)中，以進行定序。
   (2) 變性梯度明膠電泳法(DGGE)：將 PCR 的產物以變性梯度明膠電泳法進行分離，得到菌相變化。
4. **比對分析(comparative analysis)**：將 3.(1)的 DNA 序列與已知資料庫（例如：NCBI 網站）進行比對，或建立其親源樹(phylogenetic analysis)（圖 6-2）。
5. **螢光原位雜交法(FISH)**：將已分析的微生物之特定核酸序列設計可互補的核酸探針，並以螢光進行標定，利用螢光原位雜交的方法，回頭應用於檢測混合菌株中，此特定細菌的自然分布情形，同時進行定量分析（圖 6-3）。

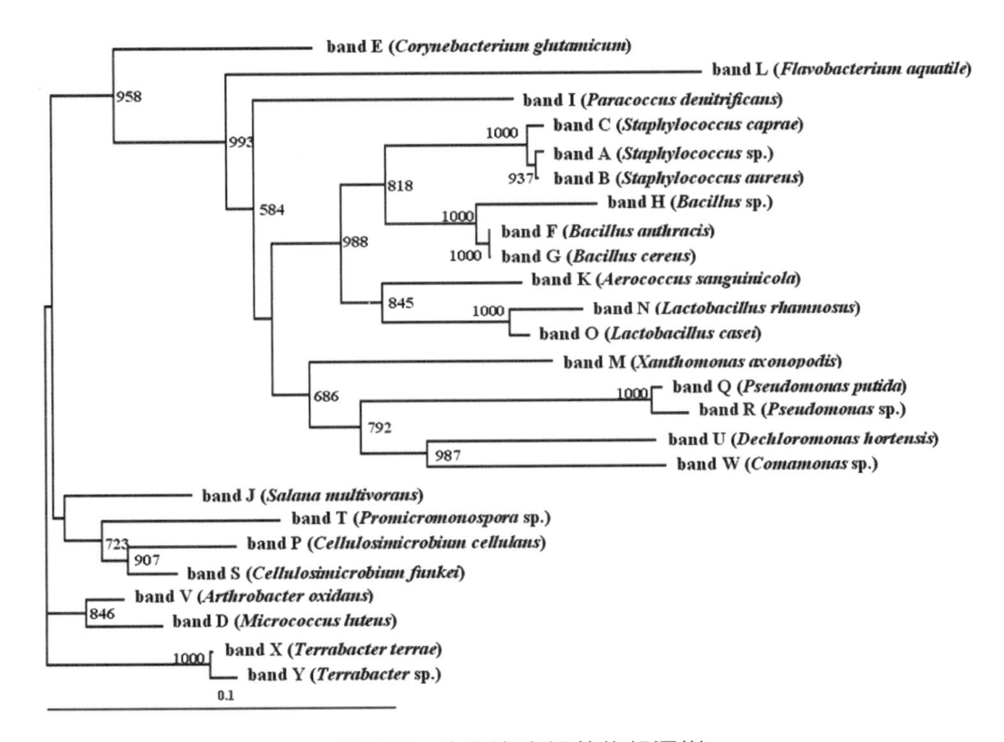

● 圖 6-2　生物濾床細菌的親源樹

● 圖 6-3　螢光原位雜交圖

汙染監測的應用

汙染監測亦可利用生物監測技術，常見的方法有：

1. 根據現地物種變動監測技術，即「生物記號」(biomaker)。常見形式包括：
   (1) 基因指標：利用 DNA 探針、RNA 探針或 lux 基因。例如：當受烷類或油汙染時具有 lux 基因之菌株將產生光，而易被外界偵測到。最有名之例子為將來自 *Vibrio harviyi*（弧菌）之 lux AB 基因及來自 *Pseudomonas oleovorans* 之 alkB 啟動子(promoter)，利用遺傳工程技術構築於 *E. coli* 中，由於 alkB 基因對烷類具有反應性，因此可引發（啟動）一連串的反應，並活化 lux AB 基因，導致光線釋出。
   (2) 生理指標：測定重金屬累積或 CO_2 產生量。
   (3) 生化指標：測定細胞色素 P450 之濃度。例如：細菌體內細胞色素 P450 在有機汙染下，數量將異常增加。
   (4) 行為的改變：觀察進食活動或移動習性的改變。
   (5) 生態性指標：觀察現地族群或核心物種數目的改變。
2. 利用生物評估汙染物之毒性。常見的「毒性測試」生物種則包括：
   (1) 生物毒性試驗(Microtox)：一般在 15 分鐘內測試生物發光菌 *Photobacterium* 之活性，若其釋出的光線微弱，表示樣品中有毒性。
   (2) 安姆氏試驗(Ames test)：利用需要組胺酸(his+)之 *Salmonella typhimurium* 之突變種進行測試化學物的致突變性，若此菌變為不需組胺酸(his-)的攝食模式，則表示樣品具有致突變性。
   (3) 藻毒試驗(algal test)。
   (4) 水蚤(*Daphnia*)：若其在 48 小時內喪失活動力，則表示此樣品有毒性。
   (5) 種子發芽試驗(seed germination test)：如測定堆肥品質。

生物感應器的應用

生物感應器(biosensors)乃指利用生物感應元件產生一些訊息，而這些訊息可輕易用一些物化方式所偵測到。其中「生物感應元件」須對特定物質具有高靈敏度與高特異性，通常包括：蛋白質、酵素、抗體、胞器、細胞、荷爾蒙受體或 DNA。而「物化方式」（一般稱為轉換器，transducer）則包括：光纖、氧電極、pH 電極、半導體、離子測定儀、導電儀、光電二極管、電熱調節器等。

目前生物感應器雖早已廣泛應用於醫學領域，但生物感應器最早則是應用於環境監測上，包括：BOD 之分析、農藥之檢測、酚之檢測、重金屬（鉛）之分析及氣體之分析等。

以下以「農藥」為例說明生物感應器的偵測原理（圖 6-4）。Acetylcholinesterase（乙醯膽鹼酯酶）可將 Acetocholine（乙酸膽鹼）轉換為 Choline（膽鹼），而 Choline oxidase（膽鹼氧化酶）可進一步將其轉換為 Betain 與 Hydrogen peroxide (H_2O_2)，而 Hydrogen peroxide（過氧化氫）之形成，可同時引起電流的改變（可利用安培計偵測），當環境中有農藥存在時，將會抑制乙醯膽鹼酯酶之活性，導致過氧化氫產量減少，電流亦相對減弱，由此可知，此環境暴露於含農藥之狀態中。

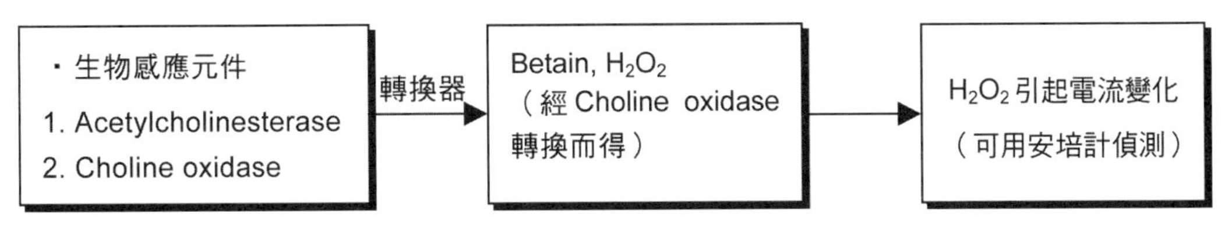

圖 6-4 生物感應器的偵測原理

6-4 生物技術應用於廢汙水的處理

過去汙水可直接排放至水體，利用水體的自淨能力將汙水處理乾淨，但自從工業革命後，大量含汙染物之排放水，已超出水體的自淨能力，因此許多歐美國家，特別是英國便將微生物應用於廢汙水的處理。一般有機物之廢汙水排入水體後，將會消耗水體中的氧氣，若有機物的含量超過環境負荷時，水中的溶氧將急速下降，進而產生厭氧情形，使水體變差，水生生物受創，因此汙水處理系統便因應而生，由於家庭廢水(domestic wastewater)成分較單純，因此汙水處理系統主要的處理對象僅為家庭廢水，典型的家庭廢水成分如表 6-2 所示。

表 6-2 典型的家庭汙水成分

種 類	濃度(mg/L)
生化需氧量(BOD)	100~400
化學需氧量(COD)	250~1,000
懸浮固體物(SS)	100~350
總氮	20~90
總磷	4~20

一、汙水處理系統的基本功能與排放標準

汙水處理系統主要功能是降低汙水中有機物的含量，懸浮性物質、致病菌、重金屬及硝酸鹽或磷酸鹽等。根據水汙染防治法水訂定的台灣之二級放流水標準，見表 6-3。

表 6-3 台灣的二級放流水標準

成 分	濃度(mg/L)
pH	6~9
生化需氧量(BOD)	30
化學需氧量(COD)	一般為 100
懸浮固體物(SS)	30
真色色度	550

二、典型汙水處理程序

典型汙水處理程序分為預處理(preliminary treatment)、一級處理(primary treatment)、二級處理(secondary treatment)及三級處理(tertiary treatment)。

1. **預處理**：包括篩除、調勻池、油脂分離槽及欄汙柵等程序，主要是將大型物及油脂去除，並調和水質水量，以利後續之處理。
2. **一級處理**：以初沉池、浮除槽為主，在 1.5~2.5 小時的停留時間，約 40~ 60% 之 BOD 可被移除。
3. **二級處理**：以生物處理為主，可去除溶解性有機物達 80%，根據氧氣之需求，可分為好氧處理與厭氧處理方式，而根據微生物的型態，又可分為懸浮生長(suspended growth)與附著生長(attached growth)。
4. **三級處理**：主要是提高出水水質或進一步再利用時施用。可去除難以分解的有機物、營養鹽（氮及磷）及致病菌與無機鹽類。

三、環境微生物的應用

常見的二級處理程序包括懸浮生長的活性汙泥法(activated sludge process)、氧化塘(oxidative pond; lagoon)及以固定膜生長的滴濾池(trickling filter)與旋轉生物接觸盤(rotating biological contactor, RBC)。

1. **活性汙泥法**：如圖 6-5 所示，乃是由曝氣槽與終沉池所組成，一般曝氣槽中之微生物，我們以混合液懸浮固體(mixed liquid suspended solid, MLSS)濃度表示之，正常的濃度約為 1,500~3,500mg/L，此濃度可藉由迴流汙泥的濃度來控制，而根據水的流向及考慮曝氣槽中氧氣和 BOD 濃度之分布，除傳統活性汙泥法外，尚包括階梯曝氣法、接觸穩定法、高率曝氣沉澱法、氧化渠法及分批式活性汙泥法(SBR)等。

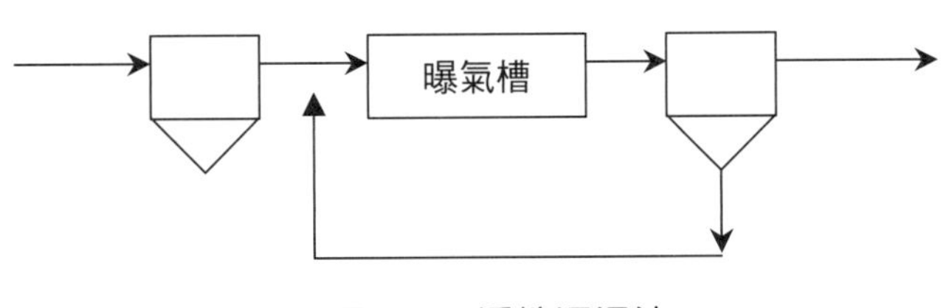

• 圖 6-5 活性汙泥法

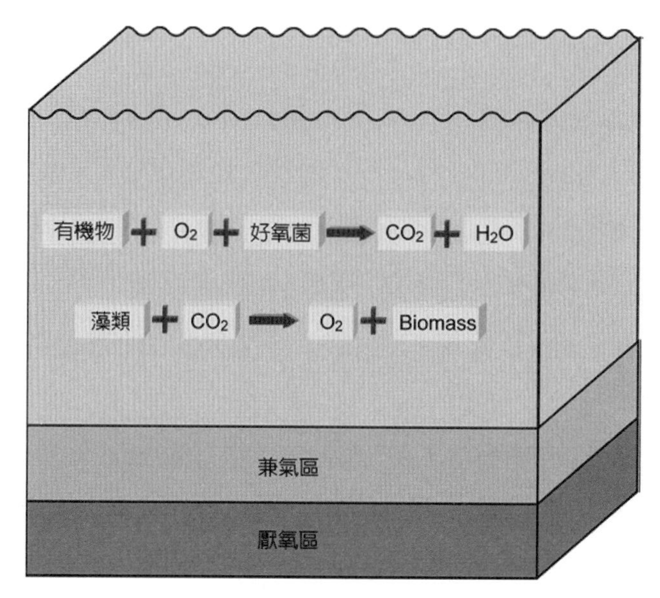

• 圖 6-6　氧化塘示意圖

2. **穩定塘**：在 20 世紀活性汙泥發展前，穩定塘(stabilization pond)為極受歡迎的生物處理方式，因為只要找到一個水塘，便可成為「廢水處理系統」。其主要的成分包括日光、藻類、細菌及氧氣。

   根據溶氧程度之不同，可分為好氧性(aerobic)、兼氧性(facultative)及厭氧性(anaerobic)三種穩定塘。通常好氧塘較淺約為 1.5m 以內，兼氧性穩定塘約為 1.5~3m，厭氧塘深度則超過 3m。兼氧性穩定塘可利用塘中好氧與兼氧性細菌分解有機物，產生 CO_2 及 H_2O 或小分子有機物，氧氣可由水面溶入或藻類光合作用產生，細菌所生之 CO_2 則可提供藻類生長使用，兩者呈現「互利共生」的特性，一般兼氧塘的表面為好氧區，底部為厭氧區，中段則為好氧或厭氧區，請見圖 6-6。

3. **滴濾池**：滴濾池(trickling filter)本質上為一具生物性反應的填充塔(packed tower)，主要是填充一些固體濾料，使微生物自然附著於濾料上並形成生物膜。1960 年代主要填充 40~60mm 的卵石，礦渣、無煙煤等大型顆粒，由於載重因素，因此池深約 1~3 公尺。近年隨著塑膠濾料的發展，大幅提高孔隙率與透氣度，又因為質輕，因此濾床高度可達 5 公尺以上，其構造如圖 6-7 所示，主要包括進水管、灑水裝置、濾料及放流裝置。

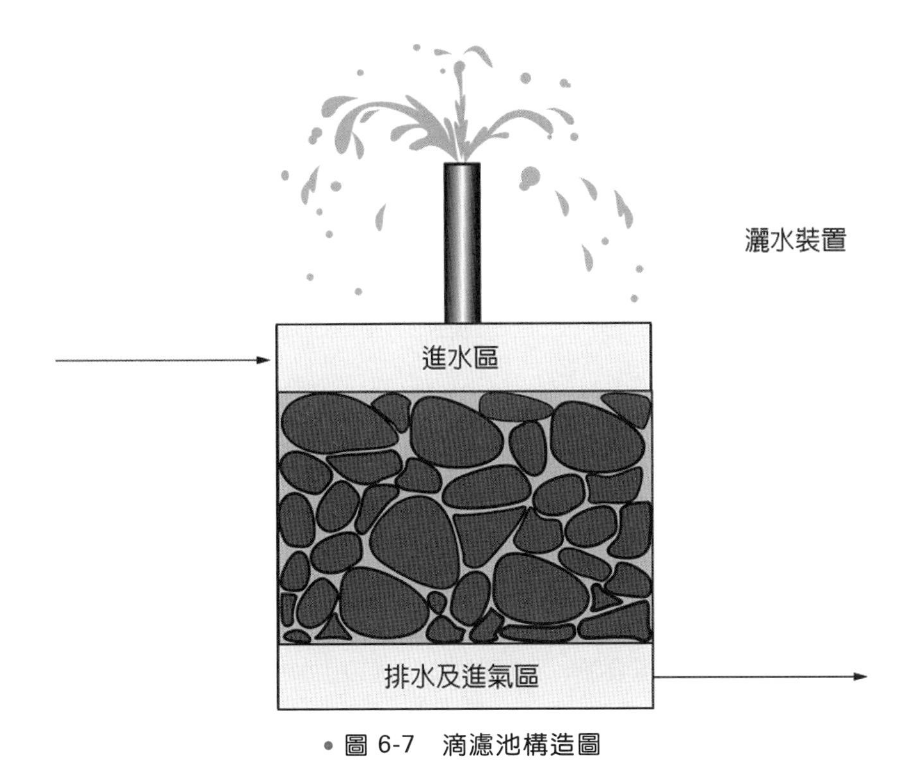

• 圖 6-7 滴濾池構造圖

汙水由進水管流入，經由灑水裝置將汙水均勻分布在濾料表面，而放流水則由放流裝置排出。由於其屬固定膜生物系統，因此生物相當複雜，包括：細菌、真菌、原生動物、藻類、昆蟲及蟲類(worm)，彼此形成動態平衡，且隨進流水成分與季節而變化。

由於此系統採自然進氣與維護需求甚低，因此相當經濟，同時由於食物鏈長及完整，因此汙泥產量甚少，同時可達到硝化的目的，在能源危機之時代相當受到重視。但此技術最大的缺點為易阻塞產生臭味及汙水蠅，而產生環境衛生上之疑慮。根據調查其生物膜中之微生物相，除部分和活性汙泥法相似外，另包括 *Beggiatoa*、*Thiothrix*、*Sphaerotilus*，光合作用菌及硝化菌，因此對於低速率的滴濾池($<4m^3/m^2\cdot d$)，BOD 去除率可超過 80%，對於中速率的滴濾池($4\sim10m^3/m^2\cdot d$)則可達 58~70%。至於滴濾池濾料之特性可見表 6-4。

表 6-4 滴濾池常用的濾料性質

濾 料	大小(mm)	比表面積(m^2/m^3)
礦渣(slag)	50	125
爐渣(clinker)	65	120
砂(gravel)	25~62	150~65
聚氯乙烯(PVC)	–	80~220
聚丙烯	–	100~200

4. **旋轉生物盤法**：利用附著於圓盤之微生物群來去除汙染物，為常見之固定膜生物處理法，處理效率與滴濾池相近，但無環境衛生上之疑慮，因此較受歡迎。其以成串之圓盤經轉軸串聯而成，圓盤約有 40~70%之部分浸入水中，圓盤間保持 10~40mm 之間距以提供微生物成長，形成生物膜，圓盤轉動時，進入水中可接觸食物（有機物），旋出水中暴露於空氣時，可獲得充分之氧氣，故可形成 2~4mm 之生物膜，此圓盤可同時組合為 3~4 組，並前後相連，後段可進行生物硝化脫氮除磷之功能。其處理流程見圖 6-8。
5. **厭氧消化法**：利用系統的兼氣菌與厭氣菌分解汙水中的有機物（圖 6-9），由於厭氧處理的分解速率很慢，因此應用於「高濃度」的有機廢水較為經濟，其厭氧消化的過程可分為：

   (1) 酸形成階段：兼氣菌（例如：水解菌、醱酵菌、氫還原菌及醋酸菌）將有機物分解為水溶性的物質與低分子量的有機酸（如乙酸）。

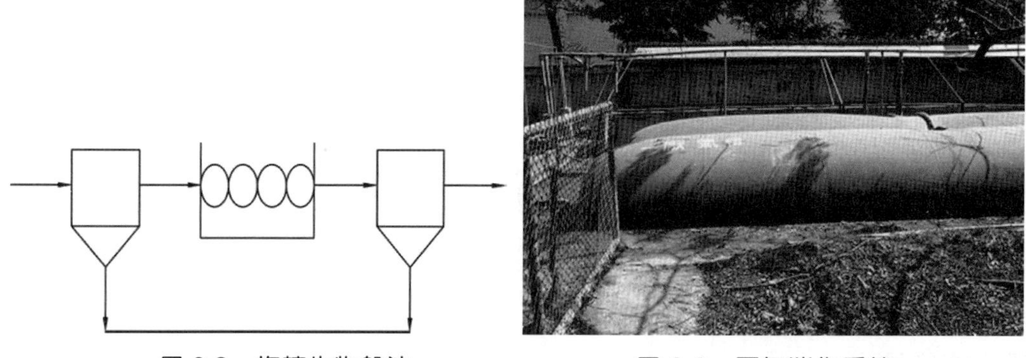

• 圖 6-8　旋轉生物盤法

• 圖 6-9　厭氧消化系統

(2) 甲烷形成階段：藉由厭氧的甲烷菌將有機酸或氫氣轉變為甲烷，若不考慮硫化物的生成，約有 65%的甲烷與 35%的二氧化碳會形成。

6-5 生物技術應用於廢氣的處理

生物濾床近年來有逐漸發展應用於空氣汙染防制的趨勢，其不僅具成本效益，並於常溫常壓下即能將汙染物分解，可節省能源，並能直接以汙染物做為生物生長所需的碳源或能量源，以增加去除效率。

雖然生物濾床技術應用於臭味控制的研究上已逾 50 年，但近 15~25 年來才逐漸集中於這些揮發性氣體的消除。傳統生物濾床在處理上較大的問題是無法處理高溫廢氣，同時必須有較長的停留時間與較大的反應空間。但若與傳統的物理化學處理技術相較，生物濾床法結合了擔體的吸附（如活性碳）、水的吸收及生物氧化的特性，將之應用於氣體汙染物的控制則有耗能少、低成本及不會造成二次汙染的優點，且視臭氣物質的化學特性與生物降解性的不同，將有 80~99%以上的去除效率。因此，對於處理中、低濃度的廢氣被視為最佳可行性技術(BACT)。

一、生物濾床去除氣體汙染物的機制

生物濾床是將欲處理的氣體汙染物通過填充菌體的濾床後，經由氣相傳遞至液相，再由液相傳遞至固相的生物膜上，經由這一連串的質傳(mass transfer)後，再藉由汙染物與微生物的接觸，而將汙染物轉變為其他物質，或微生物直接以汙染物為碳源或能量源而將其轉變生物質量(biomass)，而達到去除的目的。如圖 6-10 為氣體汙染物由氣相傳遞至微生物的過程。

二、生物濾床的發展

生物處理法的起源甚早，至今的研究已超過 60 年，早在西元 1920 年即有人將廢水處理場所產生的臭氣以風管導入由土壤所堆積的小丘底部，讓氣體通過土壤後排出，藉由土壤中微生物的作用來去除臭味，亦即所謂的土壤濾床(soil bed)。隨後開發出以其他材料（如堆肥等）替代土壤做成效果更佳的處理

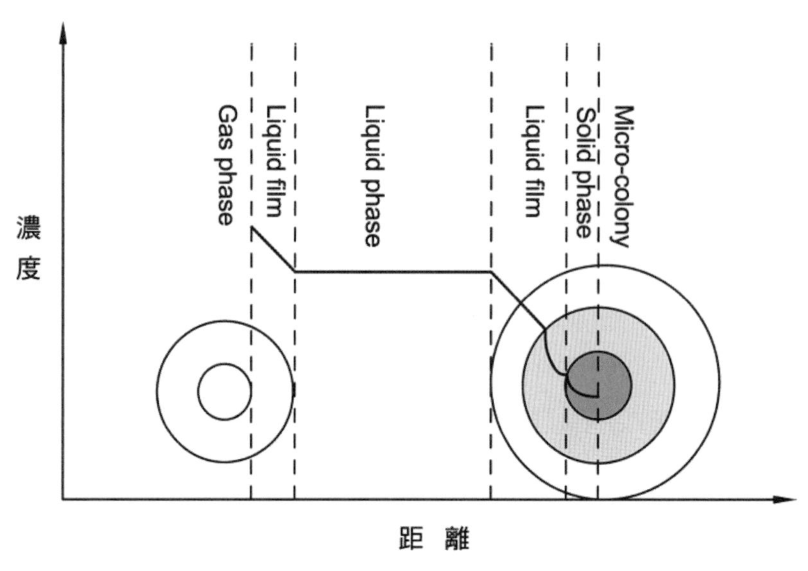

• 圖 6-10　氣體汙染物由氣相傳遞至微生物的過程

系統，生物濾床(biofilter)一詞也逐漸用來替代範圍較窄的土壤濾床，一直到了近 15~20 年，由荷蘭學者 Ottengraf 為首，展開一系列對生物處理法的基礎及應用研究，並大力推廣生物濾床，才使得生物處理法在歐洲蓬勃發展，並推展到其他地區。近年來，除了生物濾床外，又陸續開發出生物滴濾床(biotrickling filter)、生物洗滌塔(bioscrubber)等型式的處理槽。應用範圍也從最早期的廢水處理場除臭，擴展至工廠排氣中揮發性氣體的處理，甚至其他產業的廢氣處理。

三、生物濾床的種類

利用生物處理法處理氣體汙染物經由這些年來的發展和研究，至今發展出三種主要生物濾床，簡述如下：

1. **傳統生物濾床**(conventional biofilter)：如圖 6-11 所示，其所要處理氣體的進氣流必須經由預濕槽將氣體預濕後，再通入生物濾床中，以防止生物濾床乾燥現象的發生，之後讓氣流通過多孔隙的濾料，在氣流穿過濾料的期間，氣流中的汙染物質經歷了相的傳遞，由氣相傳至液相，再由液相傳到固相的微生物中，最後便利用附著在濾料表面的微生物去除氣流中的汙染物質。

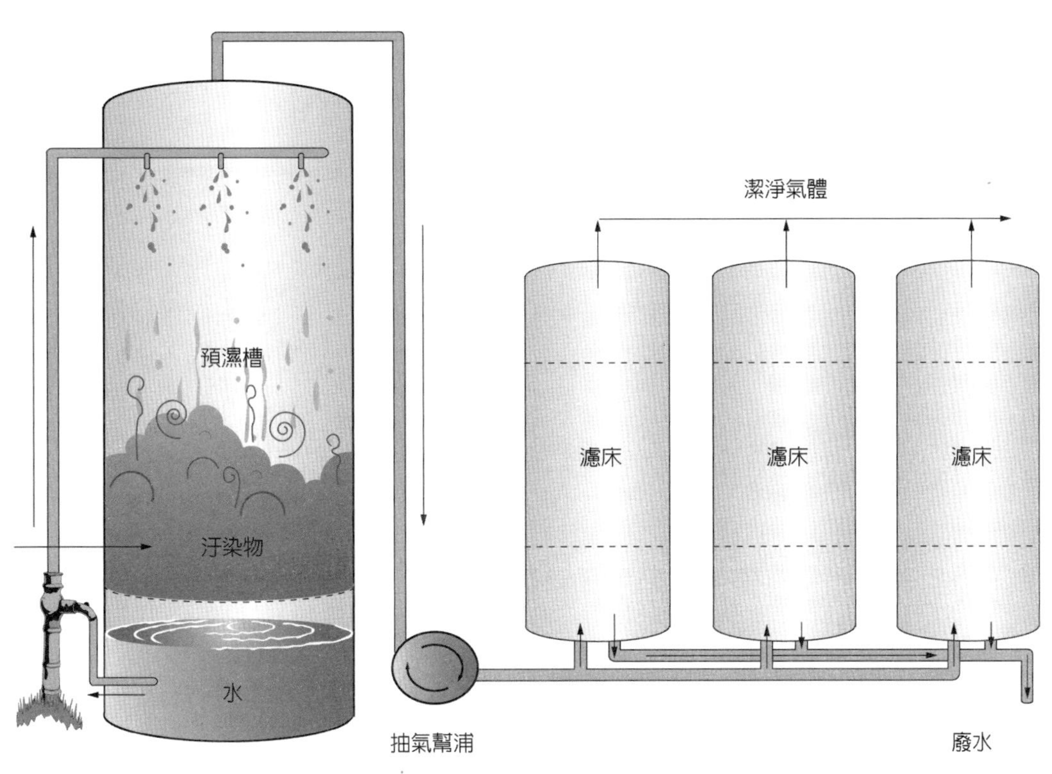

● 圖 6-11　傳統生物濾床設計圖

2. **生物滴濾床(biotrickling filter)**：如圖 6-12 所示，由於傳統生物濾床中沒有配有營養鹽的循環水在反應槽系統進行循環與調節，因此會造成整個反應槽系統中因微生物代謝而產生酸化的現象，以及營養被微生物所消耗而不足等問題，因而必須重新更換濾料和重新固定化菌體，增加了操作成本。

　　而在生物滴濾床中則架設了營養鹽循環系統，將營養鹽定時淋灑於濾料上，循環回收後再利用酸鹼值(pH)控制系統自動添加鹼液（如 NaOH 或 Na_2CO_3），來維持微生物生長所需的營養素，而生長太厚的生物膜從濾料表面剝離後，也可靠循環水沖刷下來。生物滴濾床改善了傳統生物濾床不易控制環境條件的缺點，使系統操作更加穩定，微生物量也可經由循環水沖刷來控制，具有保持低壓損的優點，操作上更方便且更節省成本。

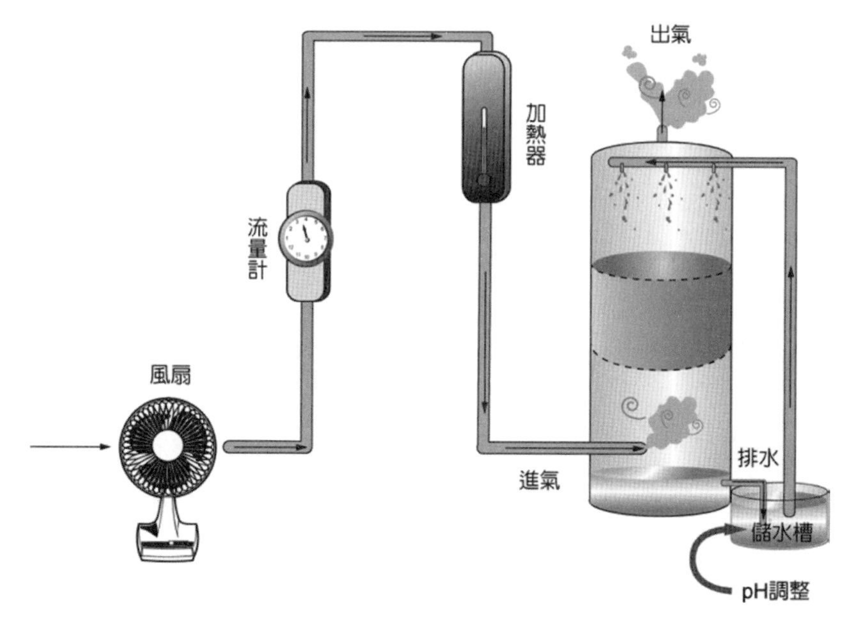

(a)設計圖

(b)實景圖

• 圖 6-12　生物滴濾床

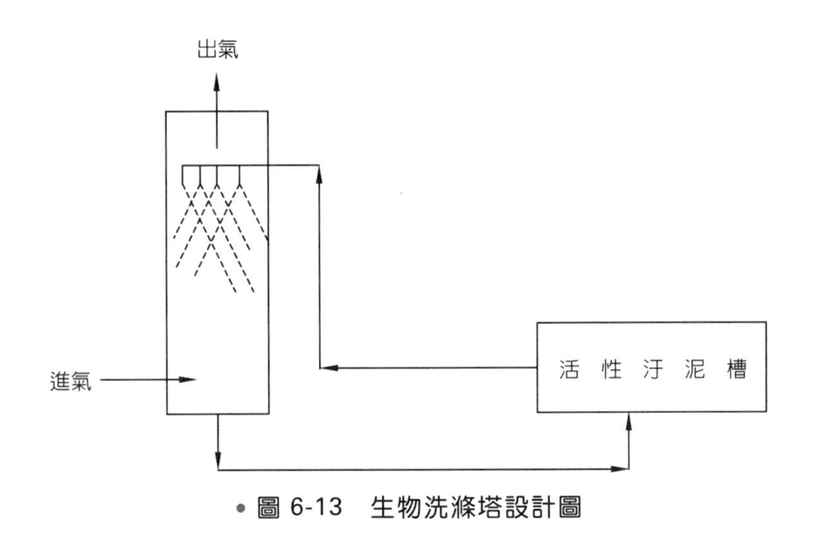

● 圖 6-13 生物洗滌塔設計圖

3. **生物洗滌塔(bioscrubber)**：如圖 6-13 所示，主要包含一個洗滌塔和一個生物反應槽，利用生物反應槽中含有菌體之液體，經由洗滌塔上曝氣或液體噴灑的方式，使氣體汙染物與微生物懸浮液充分接觸，汙染物質由空氣傳入水中，並由懸浮於水中的微生物分解，懸浮液沉降到底部後，收集至生物反應槽中攪拌進行分解氣體汙染物的反應。其優點是較無壓損上的問題，反應系統的酸鹼值及生物濃度生物活性容易控制，易於應付不同的操作條件變動，缺點是對於水溶性較差的氣體汙染物之處理效果較差。

四、各種生物濾床的優缺點比較

表 6-5 為各種氣體汙染物處理法比較，表 6-6 為三種生物濾床的優缺點，表 6-7 則為生物濾床與其他傳統物化處理費用比較。由表 6-7 可知以「生物濾床法」處理臭氣的方式最具經濟效益，約為熱處理法（焚化）之 1/16，化學法（氯或臭氧）之 1/8 及物理法（吸附）之 2/5。

目前在歐洲地區已將生物濾床法視為最佳可行控制技術(BATC)，而美國與日本最近十年對於惡臭的處理不僅繼續發展新生物反應器或生物濾床法，更利用基因操作技術進行菌種改良來提出去除效率。近年來這些國家已投注大量的研究經費，光是西元 1987 年美國環保署在發展環境生物技術的預算，就投注 400 萬美元，而日本更高達 150 億日圓，每年並以約 20%預算成長中，其發展的部分成果已達實用化階段。

表 6-5 各種氣體汙染物處理法的比較

處理技術	去除效果	缺 點
焚化法	99%	1. 耗費大量燃料，並產生硫化物(SOx)及氮氧化物(NOx)等酸性氣體 2. 設備費與操作維護成本高 3. 觸媒易被重金屬毒化
化學洗滌法	95%	1. 只限於處理水溶性高與高活性物質 2. 對於碳水化合物處理能力差，且這些化學氧化物質具有腐蝕性與危險性
物理吸附		
・水吸收法	50~70%	1. 只對於水溶性高的物質有處理效果，而硫化氫溶解性差，故處理效果差 2. 水的成本高，且有廢水處理問題
・活性碳吸附法	50~70%（硫化氫） 10~20%（氨氣）	1. 當活性碳達飽和即失去處理能力，必須經由再生或換新，成本高 2. 活性碳對於有些氣體的吸附性差
氣相電解氧化法	95~100%	1. 氣體組成會影響去除效果，如含氧量和濕度 2. 需要通高電壓才有去除效果造成電費成本高

表 6-6 三種生物濾床的處理特性及優缺點

	傳統生物濾床	生物滴濾床	生物洗滌塔
處理特性	1. 氣體汙染物先經由水預濕後處理，再通入有菌體的固定化濾床 2. 利用固定擔體的菌體來進行生物分解	1. 具有營養鹽迴流系統，將營養鹽循環再使用 2. 利用擔體上固定之菌體來進行生物分解過程	1. 由一個洗滌塔和生物反應槽所構成 2. 氣體汙染物於懸浮的空間下進行生物分解反應
優點	1. 低操作成本，所需進行的操作程序較少，且操作容易 2. 對於去除水溶性較差的氣體有較高的去除效率	1. 具有 pH 控制系統，防止系統的酸化現象產生 2. 營養鹽的迴流和循環系統可減少短流現象和降低壓損 3. 填充的擔體可維持生物濾床的結構完整	1. 可承受氣體突增負荷（此生物反應主要發生於液相） 2. 具有 pH 控制系統，可防止系統的酸化 3. 由於沒有菌體固定化於反應槽中，因此沒有短流或壓損的問題
缺點	1. 只能處理低濃度的氣體 2. 缺乏 pH 控制系統，易造成系統酸化而更換濾料 3. 無法控制生物膜質量的成長，而造成壓損增加造成反應槽壽命減短 4. 系統的穩定性較難維持	1. 只能處理低濃度的氣體 2. 因增加 pH 控制系統和營養鹽循環系統，而提高了操作和維持的成本 3. 生物濾床上下可能會出現 pH 梯度現象	1. 無法處理低水溶性氣體 2. 有較大量廢水產生仍需要處理

表 6-7 生物濾床與其他空氣汙染防制技術費用的比較

處理方法	處理每 10^6 立方英呎廢氣所需費用
焚化爐	130 元美金
氯	60 元美金
臭氧	60 元美金
活性碳（包括再生）	20 元美金
生物濾床	8 元美金

五、生物濾床系統適用的對象

生物處理一般僅適用於處理易分解的有機物質或無機汙染物，對於難分解的物質則需較長的馴養期，生物濾床系統適用的對象及其分解難易度請見表 6-8。

表 6-8 不同的揮發性氣體被微生物分解的能力

生物分解能力	揮發性氣體成分
非常高	Aromatic compounds : Toluene, Xylene. Oxygenated compounds：Alcohols, Ethers, Aldehydes, Carboxylic acid. Nitrogen-containing compounds : Amines. H_2S, SO_2, NO_x, NH_3.
高	Aliphatic compounds : Hexane. Aromatic compounds : Benzene, Styrene. Oxygenated compounds : Phenols, ketones. Sulfur-containing compounds : Sulfides, Mercaptans, Carbon disulfide, Thiocyanates. Nitrogen-containing compounds : Amines, Nitrile.
中	Aliphatic compounds : Methane, Pentane, Cyclohexane. Oxygenated compounds : Ethers. Chlorinated compounds：Chlorophenols, Methylene chloride.
非常低	Chlorinated compounds : Trichloroethylene, Perchloroethylene, 1,1,1-Trichloroethane.

6-6 生物技術應用於廢棄物產生與汙染防制

以物化處理法減除廢棄物的產生，一般僅為「相」之變化，實際上並未將汙染物真正去除，汙染物的去除常需藉著生物處理來進行，以達到汙染物減量、再生及處理的目的。同時常需配合工業製程改變與環境管理之施行，以達成廢棄物減量與汙染防制的雙重目的。目前將生物技術應用於廢棄物產生與汙染防制兩大方面，有下列三大方向：

一、利用微生物取代原有的化學製程

雖然微生物的處理速度可能不及化學處理，但無二次汙染的問題為其最大優勢，例如過去染整廢水的問題，黑液與白水常衝擊著環境，而將控制假單胞菌(*Pseudomonas* spp.)之 naphthalene dioxygenase (NDO)基因轉殖入大腸桿菌後，改質大腸桿菌可利用丁尼布染料(dye denim)大量生產靛藍染料(indigo)，減少傳統化學法二次汙染的廢液問題。此外，利用樹膠質酶(xylanase)取代液氯漂白製程，以將造紙製程所殘留的木質素進行分解，以達到將棕色紙漿變為白色原料的製程目的。

二、利用生物技術減少化學農藥的使用

許多化學性農藥具有生物難分解及持久性的特徵，因此易引起環保上的問題，過去 DDT 的使用即為一大警訊，除了殺死「目標物」外，易導致鳥類「軟蛋」的產生與許多哺乳類生育力降低的問題。因此發展生物性農藥或以遺傳工程技術來增加作物的抵抗力，將可減少化學性農藥所造成的問題。

目前最有名也是最成功的例子，是以蘇力菌(*Bacillus thuringiensis*)作為生物性農藥。由於蘇力菌在產孢時可形成晶體，此結晶可產生有毒的蛋白質，當害蟲吞食此結晶後，此結晶將釋出毒素，並附著於腸道上皮細胞，進而破壞細胞膜的通透性，導致害蟲死亡。雖然生物性農藥對環境的衝擊較小，但由於專一性高與價格不斐，因此在應用上仍受限制。另一種為真菌性藥劑，主要是利用真菌（例如白殭菌、黑殭菌、綠殭菌及多毛菌等）作為蟲害防治劑，但截至目前為止，只有少數菌類被用來或做商業化的生產，其特點為寄主範圍廣且致病力強，可同時防制多種昆蟲（如夜蛾、天牛、尺蠖蛾等）。

三、利用生物技術生產生物性塑膠

塑膠引起的問題，已使環保當局於 2002 年 7 月起，施行禁用購物塑膠袋之規定，以減少垃圾中 30%的塑膠量，此法為治標之道，治本之道應採全面禁用化學性塑膠袋或尋求替代產物。

目前已有利用微生物生產與塑膠特性相仿，但較易分解的生物聚合物(biopolymer)，如：澱粉、脂肪及聚羥基丁酸酯(polyhydroxybutyrate, PHB)。其中 PHB（圖 6-14）為最具潛力的聚合物，目前已發現近 50 種微生物，包括固氮菌屬(*Azotobacter*)、枯草桿菌屬(*Bacillus*)、甲基桿菌屬(*Methylo bacterium* & *Protomonas*)、光合成細菌(*Rhodospilhom*)。其中以 *Acaligenes eutrophus* 最受關注，微生物所生產的 PHB 生物性塑膠，分子量約為 10^5，熔點與強度皆與聚乙烯(polyethylene)相近，但尚可為生物性分解，同時還兼具抗紫外線的特性。但生物性塑膠最大的問題為成本問題，其成本約為現行塑膠的 5~15 倍。因此利用遺傳工程所生產的重組細菌，為目前希望，因為根據研究 *E. coli* 可累積 PHB 達其乾重之 85%以上。

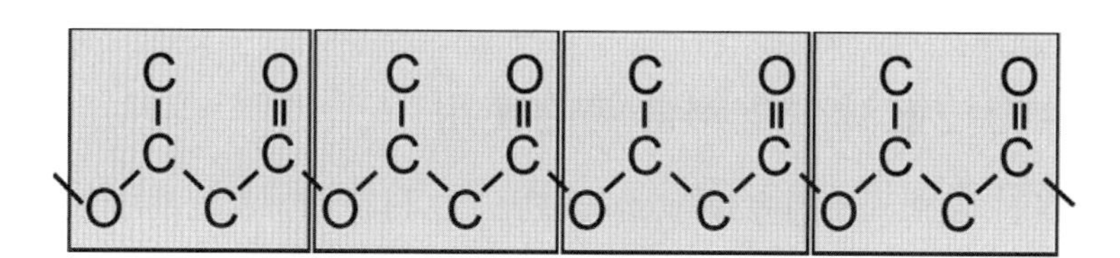

• 圖 6-14　聚羥基丁酸酯(PHB)結構圖

6-7 生物技術應用於生物復育

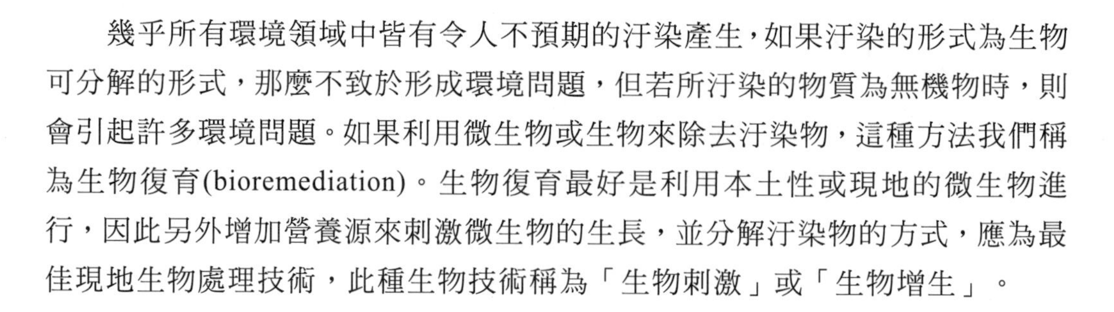

幾乎所有環境領域中皆有令人不預期的汙染產生，如果汙染的形式為生物可分解的形式，那麼不致於形成環境問題，但若所汙染的物質為無機物時，則會引起許多環境問題。如果利用微生物或生物來除去汙染物，這種方法我們稱為生物復育(bioremediation)。生物復育最好是利用本土性或現地的微生物進行，因此另外增加營養源來刺激微生物的生長，並分解汙染物的方式，應為最佳現地生物處理技術，此種生物技術稱為「生物刺激」或「生物增生」。

一、以生物技術去除重金屬

微量的重金屬為生物體所必須，但若過量則將引起生理病變，重金屬的汙染源來自工業汙染，但廣泛的農田汙染（例如：桃園之鎘米），已顯示現行環保法令並不完備或相關當局執行公權力不彰。不同無機物所引起之病變可見表 6-9，重金屬或其他無機汙染物最大的問題是具有生物累積性 (bioaccumulation)，經由食物鏈的放大，將重金屬的濃度放大的傷害生物的閾限值，因此一般以固化或再利用為較佳之處理方式。

表 6-9 無機物所引起的病變

無機汙染物	影響
鎘	引起腎臟病、痛痛病
鉛	傷害神經系統
汞	傷害中樞神經
石綿	肺癌
砷	烏腳病
硝酸鹽	引起藍嬰症
磷酸鹽	引起優養化

事實上已有學者利用下列兩種生物技術來處理重金屬。

1. 生物吸附法(biosorption)：此法又可分為被動攝取與主動攝取兩種。

(1) 被動攝取：乃是利用負電荷之細胞壁進行吸附，通常反應極快，約 10 分鐘即可達到平衡，同時不受細胞本身代謝的影響，但亦受環境因素（如 pH 值或離子強度）的影響，此種做法可同時利用活細胞或死細胞進行離子交換，而達到吸附重金屬的目的。

(2) 主動攝取：乃是利用活細胞上的特殊蛋白質進行之，反應速度較慢，兩者之差異請見表 6-10，此種方法吸附量約可達到細胞乾重的 30%。

通常採用生物吸附法的成本比化學法更具優勢，特別是利用廢棄汙泥來進行吸附。目前商業化的產品以微藻類的應用最常見，而重組大腸桿菌應用於重金屬的吸附亦證實可達原先效果的 10 倍。

表 6-10 被動攝取與主動攝取機制的比較

	被動攝取	主動攝取
細胞型態	活或死細胞	活細胞
平衡時間	快	慢
原理	利用靜電力吸附	利用特殊蛋白質
影響因子	pH 與離子強度	溫度與代謝抑制劑

2. **胞外沉澱法(extracellular precipitation)**：此法主要應用於酸礦排水的重金屬回收，因此有人將此程序稱為生物淋洗(bioleaching)，最常使用的微生物為厭氧、化學異營菌─硫酸還原菌中的脫硫弧菌(*desulfovibrio*)及脫硫腸狀菌(*desulfotomaculum*)，這些菌可將硫酸與重金屬廢水中的硫酸還原為硫化氫，硫化氫再與金屬作用，轉變為不可溶的型態回收，其反應如下：

$$SO_4^{2-} + CH_2O \rightarrow H_2S + HCO_3^-(CO_2)$$

$$H_2S + Cu^{2+}(Fe^{2+}) \rightarrow CuS(FeS) + H^+$$

二、以生物技術去除有機物

一般的有機物利用傳統生物處理技術，即可達到不錯的效果，然而對於芳香族、具有支鏈與高分子的有機物則不易處理。環境中經常暴露多樣與高濃度的芳香族物質，例如：苯、甲苯、乙基苯與二甲基苯(BTEX)，同時多環芳香族碳氫化合物(PAHs)亦常見於環境中，這些物質可見於地下水、土壤、河川及大氣中，因此已引起多方之注意。

目前對於芳香族的生物分解路徑，幾乎已完全瞭解，「苯」先被雙氧酶(dioxygenase)轉變為含雙羥基(OH)之 1,2-dihydroxybenzene，再形成兒茶酚(catechol)，接著經由鄰或間斷鍵，形成含雙羧基(COOH)之 muconate 或一個羥基與一個羧基之 2-hydroxymuconic semialdehyde，最後經由 TCA cycle 代謝。「甲苯」的代謝路徑，甚至包括其中的酵素與控制基因亦已被完全調查。*Pseudomonas putida* mt-2 為其中最具代表的菌株，其代謝路徑如下（XylA 等為控制基因）：

Benzene→(xylA)Benzyl alcohol→(xylB)Benzaldehyde→(xylC)Benzoic acid→(xylXYZ)1,2-Dihydroxycyclo-3,5-hexadiene carboxylate → (xylL)Catechol → (xylE)2-Hydroxymuconic semialdehyde→

→Ⓐ (xylG)2-Hydroxy-2,4-hexadiene-1,6-dioate→
(xylH)2-Oxo-3-hexene-1,6-dioate
↓
→Ⓑ (xylF)2-Oxo-4-pentenoate→(xylJ)2-Hydroxy-2-oxovalerate→
(xylK)Aaaacetaldehyde & Pyruvic acid

6-8 生物技術應用於能源產生

未來 20 年，能源需求的增加與溫室效應會嚴重影響世界經濟，要解決這些問題尋找替代能源或發展新的能源是必要的，其中生物科技被認為會在未來的能源世界中扮演舉足輕重之角色。

在生物技術應用於能源產生之研究中，史丹佛大學曾利用土壤中微生物吸收光能，進而分解水製造氫氣。另外亦有科技公司利用海中藻類吸收光、水與有機氣體後，將其進一步轉變為生質燃料。直到 2005 年方有人以基因工程為基礎進行生物產氫之研究，而國內目前仍以微生物為主體，進行一連串厭氧廢水生物產氫之研究。展望未來生物科技應用於能源產生之技術，可分為以下四方面。

生物產氫技術的發展

在能源短缺之時代，能源的有效利用為當前經濟發展的優先目標，許多產生新能源的方式應運而生，包括酒精醱酵、生質柴油與氫能源之生產，尤以氫能源之生產最受矚目，因為其為潔淨能源，燃燒利用後之產物為 H_2O，對環境之衝擊最低，目前以生物產氫之方式，特別是利用廢棄物轉換為氫氣。常見之生物產氫方式包括下列三種（表 6-11）：

1. **光誘導使藻類與藍綠藻產氫**：利用氫化酵素將 H_2O 分解為氫氣與氧氣。
2. **光合細菌分解有機物**：例如：球形紅細菌(*Rhodobacter sphaeroides*)可氧化有機物(CH_2O)將電子傳遞給鐵氧化還原蛋白(ferredoxin)，再利用氫化酵素中之固氮酶(nitrogenase)產生氫氣。
3. **利用厭氧醱酵產氫**：利用傳統厭氧消化過程，選擇適合菌株、控制 pH、溫度、營養鹽、基質種類、氧化還原電位與停留時間等技巧大量產生氫氣，其中抑制甲烷菌之優勢（數量）為大量產氫之重要關鍵。一般認定最合適產氫菌屬包括：梭狀芽孢桿菌屬(*Clostridium*)及腸桿菌屬(*Enterobacter*)。

表 6-11　生物產氫方式的特性比較

產氫微生物	產氫之電子提供者	參與產氫之酵素	例 子
綠色藻類	H_2O (light)或有機物（dark，以醣類為主）	Hydrogenase	*Chlorella, Chlamydomonas*
藍綠藻	H_2O 或有機物（以醣類為主）	Hydrogenase 或 Nitrogenase	*Microsystis aeruginosa*
光合菌	有機物（以醣類或有機酸為主）	Nitrogenase	*Rhodobacter spaeroides*
厭氧微生物	有機物	Hydrogenase	*Clostridium butyricum*

生物技術應用於生質乙醇的發展

美國與歐盟特別將以生物技術轉換纖維素（包括：半纖維素與木質素）為乙醇為重點研究項目，因為這些物質存在於植物組織當中，且數量眾多。目前特別希望以廢棄之植物為原料進行生產乙醇。然而對於此技術發展仍有許多瓶頸，包括：纖維素並非容易分解、纖維素酶種類繁多、醣類運輸系統問題與醱酵過程之控制問題。目前發展之短期目標，乃是希望能用廢纖維素為原料，而長期目標則是發展纖維素作物（台灣之甘藷則是不錯之考量），屆時將至少可達年產 300 億加侖的乙醇量，取代約 15%現有的化石燃料，並減少約 15%的二氧化碳排放量。目前常使用之菌株包括：大腸桿菌、克雷伯氏菌、運動醱酵單胞菌等基因改造微生物，不同微生物對乙醇製造有不同的優勢，目前歐盟對於木質纖維素的醱酵，希望未來可達經濟門檻（90%之轉換率）。

由於，纖維素為理想之產能原料，因此，由作物中有效獲得纖維素亦為生質乙醇發展之關鍵。2014 年，威斯康辛大學麥迪遜分校的生化學家拉斐爾團隊使用一種能使楊樹在製造木質素多聚體時混入人造物質的基因。這物質會使木質素架構間形成酯鍵，此酯鍵分解所需的溫度相對原先架構分解所需溫度低。因此，更利於未來有效獲得纖維素。

生物技術應用於生質柴油的發展

黃豆、葵花籽與油菜籽為全世界最熱門用於生產生質柴油之能源作物，然而最新之發展則是以藻類（特別是微藻類）與微生物來生產。通常利用植物來生產生質柴油需須考慮三項因素：生長速率、油脂質含量及對環境的忍耐度。部分藻類生長速率快（20 萬公頃的鹹水池，可產生近 3,000 萬公噸的生質柴油），同時藻類可減少大片能源作物所需之耕地面積，生存於惡劣環境，許多藻類進行光合作用後可產生高達其重量 1/2 之含油量，比目前陸域之能源作物產油更高，可大幅降低生質柴油之成本。

除了利用藻類以外，利用微生物來生產生質柴油，目前亦如火如荼在進行研究，幾乎各種微生物皆可達成此任務，只是產油率有高低之差別，而利用一些農產廢棄物作為微生物所需之基質轉換為生質柴油則是目前研究之重點，雖然利用微生物來生產生質柴油似乎成效較差，然而可完全在室內或反應器中進行生質柴油生產為其一大特色，特別是若能利用受油汙染之土壤進行生質柴油之生產，將可獲得產油與除汙之雙重優點。

微生物燃料電池：同時除汙與產能之技術

微生物燃料電池(Microbial Fuel Cells, MFC)最初是由英國學者 Potter (1911)所發明，其使用典型雙槽式的生物反應器，於厭氧之陽極槽植入微生物／汙泥，好氧之陰極槽則加入無菌之鹽類溶液，兩極間可產生電流，以此概念可用於處理廢水「產電」或做為「生物感應器」之用。其原理主要以厭氧或兼氣之微生物代謝有機物或還原性無機物，並放出氫離子(proton)及電子(electrons)，氫離子經液相透過質子交換膜(PEM)擴散至陰極，電子則由陽極經由外線路傳導至陰極，於陰極與氫離子及氧氣一起還原成水，完成整個微生物電池之運作，並將陽極基質中之化學能轉換成電能。

當陽極以葡萄糖作為燃料（電子供給者），陰極以氧氣做為電子接受者時，其兩槽的化學反應式如下：

陽極：$C_6H_{12}O_6+6H_2O \rightarrow 6CO_2+24H^++24e^-$

陰極：$O_2(g)+4H^++4e^- \rightarrow 2H_2O$

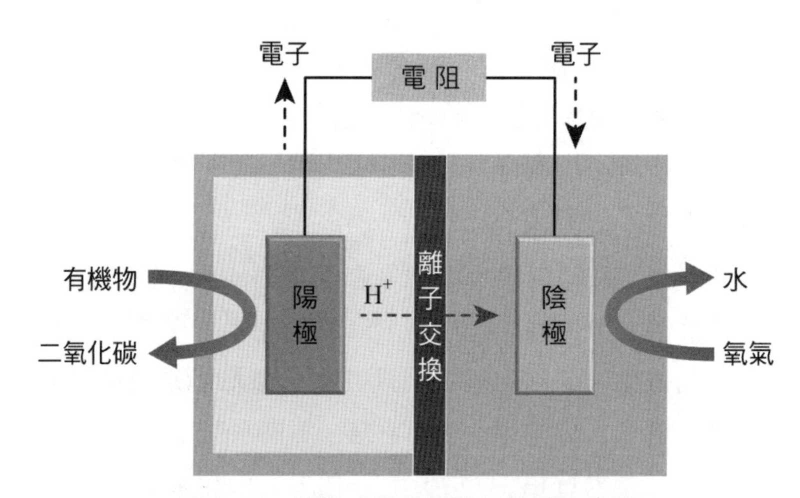

•圖 6-15　雙槽式微生物燃料電池示意圖

小試身手
EXERCISE

(　) 1. 關於前巴斯特世代及巴斯特世代的敘述，何者不正確？ (A)前巴斯特世代包括酒精及乳製品的研發 (B)巴斯特世代利用特定微生物進行研究 (C)西元 1914 年在歐洲建立的活性汙泥廠是環境生物技術最早的應用 (D)巴斯特世代主要研究厭氧廢水汙泥

(　) 2. 下列關於環境生物技術的敘述何者正確？ (A)一般生物復育處理的對象以無機物為主 (B)一般常利用堆肥處理液體廢棄物 (C)使用環境生物技術對環境進行監測具有精確及靈敏度高之優點 (D)目前生物復育法可以降解重金屬

(　) 3. 下列何者不是利用酵素或微生物處理環境汙染物的優點？ (A)省能源 (B)快速 (C)低汙染 (D)可降低生成衍生汙染物的可能性

(　) 4. 關於利用傳統方法培養環境中微生物的機率，下列何者為是？ (A)淡水及底泥－10% (B)缺氧水體－0.01% (C)海水－5% (D)土壤－0.3%

(　) 5. 關於生物性分析法的應用，何者不正確？ (A)利用磷脂脂肪酸分析法對於甲烷菌特別有效 (B)重組 DNA 技術無法應用在生物歧異度之評估 (C)免疫分析法的價格比平板技術法貴 (D)平板技術法所測得的微生物以懸浮生長為主

(　) 6. 下列關於重組 DNA 技術應用在環境上的敘述何者不正確？ (A)變性梯度電泳法(DGGE)是利用不同 DNA 有不同沸點的特性將 DNA 加以分開 (B)可依照不同細菌特殊的 DNA 序列設計相對應的探針 (C) 16S rRNA 極適合應用於探針之設計 (D)限制片段長度多型性分析(RFLP)是利用限制酶將 DNA 切成各種片段再加以區分

(　) 7. 下列關於 16S rRNA 的敘述何者不正確？ (A)其含量與生物體的成長速率成反比 (B)無論真核或原核生物之 rRNA 其序列結構有極大相似度 (C)親緣關係越接近者，其 rRNA 的序列相似度越高 (D) 16S 指的是 rRNA 離心時的比重

(　) 8. 利用分子生物技術檢測環境微生物的步驟包括：(1)進行分離 (2)螢光原位雜交法 (3)比對分析 (4)DNA 萃取 (5)聚合酶鏈鎖反應。請依照先後順序排列 (A) (4)(5)(1)(2)(3) (B) (4)(5)(1)(3)(2) (C) (4)(1)(5)(3)(2) (D) (4)(5)(3)(1)(2)

(　) 9. 下列敘述何者正確？ (A)生物毒性試驗(Microtox)一般是測定一小時內生物發光菌之活性變化 (B)進行水蚤測試時，若在三天之內喪失活動力，表示樣品具有毒性 (C)種子發芽試驗主要是測定堆肥品質 (D)安姆氏試驗(Ames test)是利用色胺酸進行研究

(　) 10. 關於生物感應器的敘述，何者不正確？ (A)生物感應元件須對特定物質具有靈敏度及特異性 (B)生物感應器最早是應用在醫學領域 (C)蛋白質及細胞都算是生物感應元件 (D) BOD 也可以利用生物感應器來完成

(　) 11. 下列關於一般典型家庭汙水成分的成分分析，何者正確？ (A) BOD 濃度為 1~10mg/L (B) COD 濃度為 50~100mg/L (C)懸浮固體物(SS)濃度為 100~350mg/L (D)總氮濃度為 200~300mg/L

(　) 12. 下列關於汙水處理程序的敘述，何者正確？ (A)一級處理以生物處理為主 (B)二級處理以初沉池及浮除槽為主 (C)預處理主要是去除大型物及油脂 (D)三級處無法去除難分解的有機物

(　) 13. 常見的二級處理程序不包括下列哪一項？ (A)活性汙泥法 (B)氧化塘 (C)滴濾池 (D)以上皆包括

(　) 14. 下列關於穩定塘的敘述，何者不正確？ (A)一般兼氧塘的表面為好氧區 (B)一般好氧塘的深度約在 1.5 公尺內 (C)一般好氧塘的深度約在 2~5 公尺 (D)一般厭氧塘的深度都超過 3 公尺

(　) 15. 下列關於滴濾池常用的濾料性質，何者正確？ (A)礦渣的大小為 50 mm，比表面積 150(m^2/m^3) (B)爐渣的大小為 20mm，比表面積 120 (m^2/m^3) (C)砂的大小為 20~40mm，比表面積 200(m^2/m^3) (D)聚丙烯的比表面積為 100~200(m^2/m^3)

(　) 16. 下列關於應用於廢氣處理之生物濾床系統敘述，何者不正確？ (A)傳統生物濾床的操作成本較低 (B)傳統生物濾床具有 pH 控制系統，可防止系統酸化 (C)生物滴濾床的缺點是只能處理低濃度的氣體 (D)生物洗滌塔無法處理低水溶性氣體

(　) 17. 關於生物技術法處理重金屬的敘述，何者不正確？ (A)生物吸附法分成被動攝取跟主動攝取兩種 (B)被動攝取是利用正電荷的細胞壁進行吸附 (C)主動攝取是利用活細胞上的特殊蛋白質來進行 (D)被動攝取的平衡時間較短

(　) 18. 下列關於無機物所引起的病變，何者不正確？ (A)鎘－痛痛病 (B)鉛－傷害神經系統 (C)硝酸鹽－藍嬰症 (D)汞－烏腳病

(　) 19. 下列哪一種真菌不適合用來作為蟲害防治劑？ (A)白殭菌 (B)黑殭菌 (C)赤座孢黴 (D)綠殭菌

(　) 20. 生物產氫技術的敘述，何者正確？ (A)光誘使藻類產氫是利用氫化酵素將 H_2O_2 分解為氫氣與氧氣 (B)光合細菌分解有機物是利用氫化酵素中的固氮酶產生氫氣 (C)厭氧微生物參與產氫的酵素為固氮酵素(nitrogenase) (D)利用厭氧醱酵產氫時，大量活化甲烷菌是大量產氫的關鍵

解答 QR Code

MEMO

INTRODUCTION TO BIOTECHNOLOGY

CHAPTER 7

海洋生物技術

7-1 水產養殖

7-2 海洋天然物

－前言－

現今地球人口已突破 75 億，預計在 2050 年將突破 100 億。這麼多的人口若僅靠陸地上的資源將無法因應人類所需，因此，海洋資源將是人類另一個希望。以食物而言，水產食品具有豐富的蛋白質及高度不飽和脂肪酸，且較陸上生物容易消化，若能善加利用，可望當作人類重要的蛋白質來源。此外，海洋藥物更是另一個人類寶庫，許多海洋生物如珊瑚、藻類等，都具有可以治療人類疾病的天然物質，未來潛力無限。

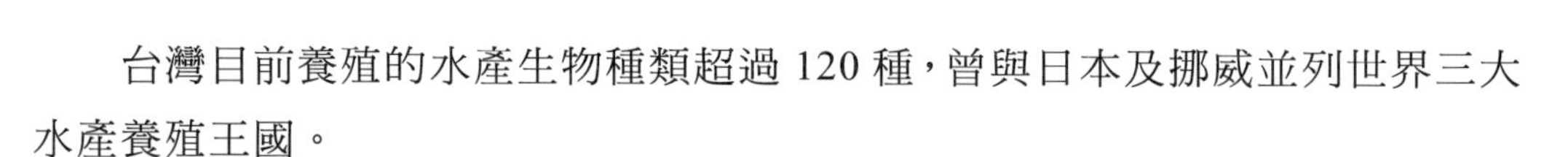

7-1 水產養殖

台灣目前養殖的水產生物種類超過 120 種，曾與日本及挪威並列世界三大水產養殖王國。

水產養殖(aquaculture)是指在水域中蓄養水產生物，包括魚、蝦、貝類、甲殼類、藻類等，以供人類食用。水產養殖的起源很早，從文獻中得知中國是世界上養魚最早的國家。遠在兩千多年前的春秋戰國時代，范蠡就曾經將養魚的心得寫成「養魚經」，這是全球最早關於水產養殖的著作。

水產養殖生物技術

水產養殖生物技術是利用分子生物與基因重組生物技術，作用在水產生物，以生產製造或修改產物，改良水產生物以作為特定的用途。其應用包括：

一、基因轉殖技術

將外來基因植入魚類胚胎中，讓基因轉殖魚帶有外來基因並可以表現。外來基因的表現特性包括：促進生長、抗凍、抗病、促進性成熟及耐鹽度等。所使用的方法有微量注射法、電穿孔法、精子載體法、反轉錄病毒載體法等。

二、三倍體水產生物

三倍體水產生物是利用抑制受精卵極體排放的方式，產生三倍體的水產生物。三倍體的水產生物由於不能形成生殖器官，故沒有繁殖力。由於不具有生殖器官，所以多餘的能量可以用來生長，因此三倍體水產生物的生長速度比一般的二倍體水產生物快，而且體型較大，肉質亦較美味。

三、單性養殖

由於某些種類的魚類，雌雄生長速率不同，若利用雜交、人工篩選性別或荷爾蒙控制等技術，使得養殖的魚類均為單一性別，即謂為單性養殖(monosex culture)。其目的是因為有的雌魚在性成熟階段生長會較遲緩，而雄魚則無此現象，運用單性養殖法將較符合經濟效益。

水產生物的疾病診斷與治療

台灣原有養蝦王國的美名，草蝦的人工繁殖最早是由中研院的廖一久院士所發明，此後帶動養蝦風潮，但是 1988 年爆發蝦病的流行，使得養蝦業由盛轉衰，至今養蝦產業仍無法回復當年榮景。有鑑於此，水產生物的疾病預防、診斷與治療受到大家的重視。在預防方面，以往養殖業者常在養殖飼料中添加抗生素，結果引起抗藥性細菌的生長，而且容易破壞養殖環境，故使用抗生素來預防疾病並不值得推廣。事實上，建立養殖專區，避免高密度養殖是從管理層面上預防疾病的方法。然而在面對疾病時，疫苗是對付水產生物疾病最有效的方法，可分成注射型、浸泡型及口服型三大類。

近來更有業者開發出微奈米包埋技術，即將各種疫苗與飼料混合後經過包埋的步驟，製成微米或奈米的大小，投放到養殖池內，因此魚體可以獲得免疫力。此種微米疫苗進入魚體後可以抵抗胃酸的破壞，到達具有免疫細胞的後腸，以誘發魚體的免疫反應。若為奈米等級的疫苗，則可利用浸泡的方式讓奈米疫苗經由鰓部或皮膚進入魚體，進而使魚體產生免疫。經過包埋的微奈米疫苗在水中穩定性佳，不易被分解。在診斷上，草蝦常發生的白點病桿狀病毒，現今已經可以利用聚合酶鏈鎖反應加以檢測。此種檢測法的靈敏度高，準確度也優於顯微鏡觀察法。

藻　類

一、藻類的經濟價值

藻類依型態可區分為大型藻(macroalgae)與微細藻(microalgae)。一般所謂的seaweed 指的是大型藻，大型藻主要由紅藻(*Rhodophyta*)、綠藻(*Chlorophyta*)及褐藻(*Phaeophyta*)三個族群組成（圖 7-1）。微細藻是單細胞所構成，肉眼無法看見，必須要在顯微鏡下才能見到。藻類可以進行光合作用放出氧氣，使海洋中和大氣中的氧氣得以補充並供給生長於海洋中的魚類等海洋動物的需要。此外，藻類也是人類的食物與藥物的來源之一。我們常喝的紫菜湯就是由紅藻類所製成，海帶則是褐藻類。在藥物方面，海藻中含有藻膠、蛋白質、胺基酸、脂肪酸、維生素、礦物質及許多天然物，具有抗癌、抗真菌及抗細菌的效果。

• 圖 7-1　大型藻：紅藻、綠藻及褐藻（由左至右）

二、藻類的特殊成分

1. **藻膠類的化合物**：如褐藻膠(algin)、洋菜（亦可稱為瓊脂）(agar)、鹿角藻膠(carrageenan)、這些多醣類具有特殊凝膠性、黏稠性及乳化性，可以用於各種工業，如食品、紡織、造紙、化粧品、醫藥等多種用途。

   (1) 褐藻酸(alginic acid)：是褐藻細胞壁和細胞間隙當中的成分，其所含的甘露糖醛酸與古羅糖醛酸成分具有抗癌活性。而褐藻酸鹽鈉(sodium alginate)是用弱鹼從褐藻中提煉出的多醣類，溶於水之後具有高黏性，可作為黏著劑、乳化劑、安定劑等用途。

(2) 洋菜：主要來源是石花菜(*Gelidium*)與龍鬚菜(*Gracilaria*)之類的紅藻，除了可以食用外，在化學層析(chromatography)上可以當作分離不同大小分子的凝膠(gel)。

(3) 鹿角藻膠：常見於麒麟菜(*Eucheuma*)，其用途是黏著劑或安定劑，如我們感冒時所吃的感冒膠囊上即含有此成分。

2. 藻膽蛋白(phycobiliprotein)：這是一種色素蛋白，常見於原始的原核生物藍綠藻(*Cyanobacteria*)及紅藻當中。藻膽蛋白含有藻紅素(phycoerythrin)、藻藍素(phycocyanin)及異藻藍素(allophycocyanin)三種水溶性螢光蛋白色素。藍綠藻呈現藍綠色的原因是體內含有葉綠素與藻藍素。藻紅素與藻藍素可幫助紅藻吸收光波，讓紅藻在海洋中進行光合作用。在藻膽蛋白中的藻紅素是天然物中螢光強度最高的一種，因此多作為螢光檢測方法的試劑，甚至有生技公司業者將天然的藻紅素加入蛋糕中，推出「螢光蛋糕」。

3. β-胡蘿蔔素：海藻的類胡蘿蔔素中以β-胡蘿蔔素最為重要，β-胡蘿蔔素除了能夠抗氧化與抑制癌細胞的活性外，也具有清除體內自由基的功能。清除自由基可避免不飽和脂肪酸、蛋白質及 DNA 遭受自由基的攻擊，以減少癌症的發生及延緩老化的速率。

4. 脂質：大型藻類當中的紅藻與若干種類的微細藻均含有高度不飽和脂肪酸(polyunsaturated fatty acid, PUFA)，能預防動脈血管硬化並降低血中的三酸甘油酯濃度。其中二十碳五烯酸(eicosapentaenoicacid, EPA)和二十二碳六烯酸(docasahexaenoic acid, DHA)為主要成分的ω-3 (omega-3)高度不飽和脂肪酸，對於幼兒的腦部發育更具有正面的影響。許多海水魚也含有 EPA 和 DHA，其來源事實上是藻類所合成的，透過食物鏈轉移到魚類和其他水產生物體內。

5. 天然毒素：

(1) 紅潮：海洋中的一些浮游藻類暴發性地大量繁殖，讓海水呈現紅色或深褐色的現象，稱為紅潮(red tide)或赤潮，主要是由於單細胞微細藻中的渦鞭毛藻(*Dinoflagellate*)所造成。紅潮本是一種自然現象，但近年來由於文明進步，人類不斷擴展活動範圍，使得紅潮發生次數與危害程度日益嚴重。由於紅潮發生時藻類會黏附在魚鰓上，使魚類呼吸困難，導致漁業遭受重大損失。此外，藻類會耗掉水中大量的氧氣，讓水中含氧量下降。另外，許多渦鞭毛藻含有毒素，當貝類濾食後毒素就會留存於體內。這些毒素雖對貝類不具影響，但透過食物鏈就會轉移給魚類，甚至人類，造成人類中毒。

(2) 藻毒的種類：一般而言，渦鞭毛藻的毒素以煮沸法僅能稍降其毒性，所以熟食水產生物並無法消除藻毒。臨床上救治的方法是以洗胃及其他支持性療法，必要時給予人工呼吸器或減輕患者痛苦的藥物。與渦鞭毛藻有關的藻毒主要可分為：

A. 麻痺性貝毒(paralytic shellfish poisoning/PSP toxins)：麻痺性貝毒最早是從一種雙殼貝類分離出來，稱為巨蚌貝毒(saxitoxin)。其中毒原因是細胞膜上的鈉離子通道受到毒素的抑制，致使神經傳導障礙，中毒症狀包括刺痛、口部周圍感到麻痺、嚴重者會呼吸困難甚至死亡。1986 年國內曾有民眾因誤食西施貝(purple clam)而死亡，其原因是西施貝體內的有毒渦鞭毛藻－微小亞歷山大藻(*Alexandrium minutum*)所造成，該種藻類含有麻痺性貝毒。

B. 下痢性貝毒(diarrhetic shellfish poisoning/DSP toxins)：其中毒症狀包括腹瀉、噁心、嘔吐、發冷等，腹部出現疼痛及痙攣，通常在 3 天內會完全康復，迄今尚無死亡個案。引起下痢性貝毒的藻種主要為原甲藻屬(*Prorocentrum*)的微細藻類。

C. 神經性貝毒(neurotoxic shellfish poisoning/NSP toxins)：主要由短裸甲藻(*Gymnodinium breve*)所引起。其中毒症狀為頭痛、下痢、噁心、肌肉無力，甚至冷熱感覺錯亂、瞳孔放大。

D. 失憶性貝毒(amnesic shellfish poisoning/ASP toxins)：由海洋中的矽藻所引起，主要毒素為多摩酸(domoic acid)。中毒症狀為嘔吐、下痢、腹痛等，嚴重時還會造成幻覺、記憶喪失、呼吸困難甚至死亡。

E. 熱帶珊瑚礁魚毒(ciguatera fish poisoning/CFP toxins)：ciguatera 為西班牙語，泛指因食用熱帶珊瑚礁魚類而中毒的現象，主要由甘必爾藻(*Gambierdiscus*)所引起。其中毒症狀為腹痛、頭暈、手腳麻痺，併有血壓下降、呼吸困難、平衡失調等症狀，嚴重者也會導致死亡。

常常在電視新聞或報章雜誌報導有民眾誤食不潔之海鮮而產生上吐下瀉之症狀，一般常把原因歸咎於食材本身不夠新鮮或烹調過程汙染等因素，進而導致細菌的孳生。事實上，若排除此原因，很有可能是上述的藻類毒素所引起的。因為這些藻毒在短時間的高溫處理下，其毒素含量的減低程度有限，故仍有可能導致民眾產生中毒症狀。

三、藻類生物技術

藻類生物技術始於葉狀體與假根組織的培養，後來演進到原生質體的分離與培養技術。90 年代至今，藻類生物技術的發展朝向從藻類中分離與純化各種活性物質，以應用於醫藥領域（圖 7-2）。由於遺傳工程的發展，基因轉殖動物與植物都已出現，若在應用上有其必要，基因轉殖藻類也有可能會出現。

• 圖 7-2　大量培養微細藻類以純化其中的活性物質

7-2 海洋天然物

何謂海洋天然物

廣義而言，生物體內所自行生產的生化物質即為天然物(natural products)。但是天然物學家投入心血研究的天然物質，其分子量通常都在10,000 道耳吞(dalton)以下。

植物體進行光合作用或動物體進行呼吸作用都會產生一些化學產物，若這些產物再進行若干生化反應，可生成許多二次代謝物(secondary metabolites)。科學家發現這些二次代謝物常具有特殊的生理活性，因此，本節所要介紹的是一些分子量只有數百或是數千，具有生理活性的海洋天然物質。

海洋天然物的相關研究

簡單的說，海洋天然物就是海洋生物所生產的二次代謝物。海洋天然物的相關研究，主要以利用海洋生物開發抗癌（抗腫瘤）、抗病毒診斷的醫藥品為主，並研究藻類、珊瑚、海綿等無脊椎動物及微生物具有的天然物。事實上，前述的藻類毒素也算是很典型的海洋天然物。

一、抗腫瘤活性物質的開發

目前已知從海洋生物分離出的抗腫瘤活性物質中，一種苔蘚蟲(*Bugula neritina*)體內所含有的 bryostatin（圖 7-3）對於治療白血病有非常顯著的效果。從海兔科(Dolabella auricularia)生物(*Nembrotha lineolata*)體內分離出的化合物－dolastatin（圖 7-4），具有強力抗腫瘤活性的天然胜肽，能夠有效抑制小鼠白血病細胞的生長。從藍綠藻分離出的 microcolins 經實驗證明能夠抑制癌細胞的增殖。此外，羽珊瑚體內的 dolabellanes，對癌細胞亦具有毒殺活性。

• 圖 7-3　苔蘚蟲與 bryostatin 結構

• 圖 7-4　海兔與 dolastatin 結構

二、抗病毒活性物質的開發

已知的抗病毒物質中，一種被囊類－鮑螺(*Eudistoma olivaceum*)動物體內分離出的 eudistomins 具有抗病毒活性。kelletinin 是從一種軟體動物峨螺(*Buccinulum corneum*)體內中分離得的一種天然化合物，能夠抑制病毒在細胞內的轉錄作用。事實上，從海綿、珊瑚、海鞘等海洋生物所分離純化的海洋天然物，有可能找到能夠對抗愛滋病病毒的藥物。

三、神經系統藥物

河豚毒(tetrodotoxin)最早是從河豚體內所分離出（圖 7-5），河豚毒可以抑制哺乳類動物神經細胞膜上鈉離子通道的開啟，進而使肌肉麻痺，其毒理作用類似於麻痺性貝毒。河豚毒主要存於河豚體內，但蠑螈、青蛙、腹足類動物、螃蟹、章魚、蝦虎魚等動物體內也曾被分離出河豚毒。目前認為河豚毒的來源是細菌搭配適當的宿主寄生環境而產生，而許多不同種類動物都含有河豚毒的原因應來自於食物鏈。

由於河豚毒是作用於神經系統的毒素，故常應用於治療神經系統的疾病，如神經痛與關節痛。然而其他種類的海洋毒素，如芋螺含有的 conotoxin、珊瑚的 lophotixin，也可以當作止痛劑和肌肉鬆弛劑。

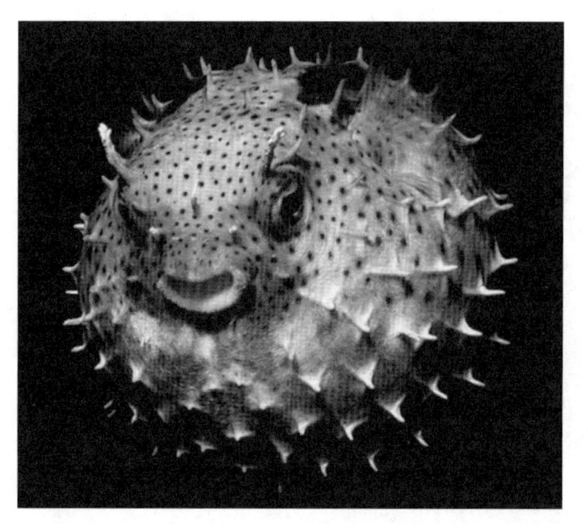

• 圖 7-5　河豚與河豚毒結構

小試身手
EXERCISE

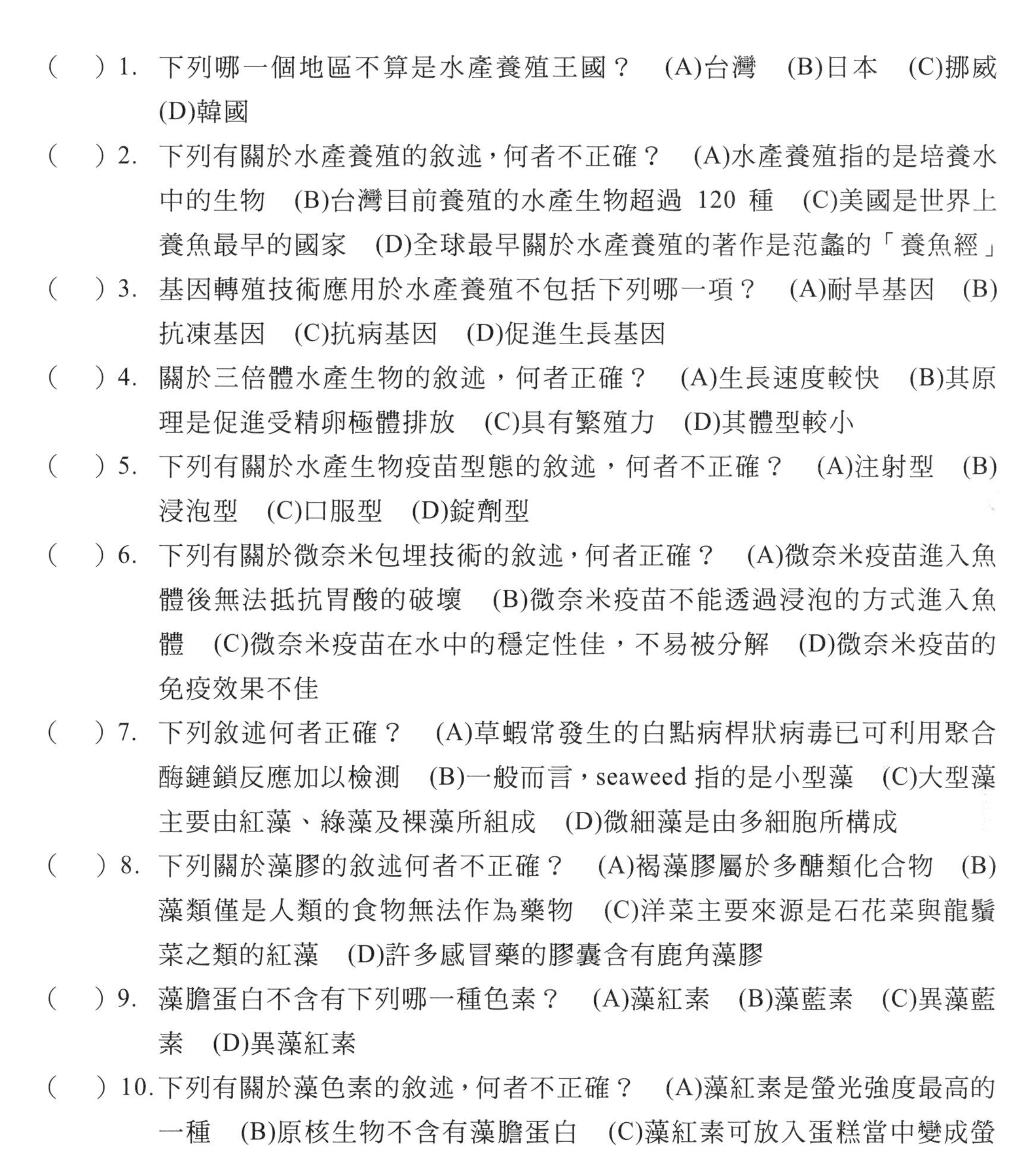

(　) 1. 下列哪一個地區不算是水產養殖王國？ (A)台灣 (B)日本 (C)挪威 (D)韓國

(　) 2. 下列有關於水產養殖的敘述，何者不正確？ (A)水產養殖指的是培養水中的生物 (B)台灣目前養殖的水產生物超過 120 種 (C)美國是世界上養魚最早的國家 (D)全球最早關於水產養殖的著作是范蠡的「養魚經」

(　) 3. 基因轉殖技術應用於水產養殖不包括下列哪一項？ (A)耐旱基因 (B)抗凍基因 (C)抗病基因 (D)促進生長基因

(　) 4. 關於三倍體水產生物的敘述，何者正確？ (A)生長速度較快 (B)其原理是促進受精卵極體排放 (C)具有繁殖力 (D)其體型較小

(　) 5. 下列有關於水產生物疫苗型態的敘述，何者不正確？ (A)注射型 (B)浸泡型 (C)口服型 (D)錠劑型

(　) 6. 下列有關於微奈米包埋技術的敘述，何者正確？ (A)微奈米疫苗進入魚體後無法抵抗胃酸的破壞 (B)微奈米疫苗不能透過浸泡的方式進入魚體 (C)微奈米疫苗在水中的穩定性佳，不易被分解 (D)微奈米疫苗的免疫效果不佳

(　) 7. 下列敘述何者正確？ (A)草蝦常發生的白點病桿狀病毒已可利用聚合酶鏈鎖反應加以檢測 (B)一般而言，seaweed 指的是小型藻 (C)大型藻主要由紅藻、綠藻及裸藻所組成 (D)微細藻是由多細胞所構成

(　) 8. 下列關於藻膠的敘述何者不正確？ (A)褐藻膠屬於多醣類化合物 (B)藻類僅是人類的食物無法作為藥物 (C)洋菜主要來源是石花菜與龍鬚菜之類的紅藻 (D)許多感冒藥的膠囊含有鹿角藻膠

(　) 9. 藻膽蛋白不含有下列哪一種色素？ (A)藻紅素 (B)藻藍素 (C)異藻藍素 (D)異藻紅素

(　) 10. 下列有關於藻色素的敘述，何者不正確？ (A)藻紅素是螢光強度最高的一種 (B)原核生物不含有藻膽蛋白 (C)藻紅素可放入蛋糕當中變成螢光蛋糕 (D)藻紅素及藻藍素可以幫助紅藻吸收光波

(　) 11. 關於胡蘿蔔素及脂質的敘述何者不正確？ (A) β-胡蘿蔔素具有清除人體內自由基的功能 (B)海藻的類胡蘿蔔素中以 β-胡蘿蔔素最為重要 (C) EPA 及 DHA 對於幼兒的腦部發育有不利的影響 (D) EPA 及 DHA 均可以預防血管硬化

(　) 12. 下列關於紅潮(red tide)的敘述何者正確？ (A)紅潮的產生與優養化無關 (B)紅潮又稱為赤潮 (C)紅潮的發生主要與綠藻有關 (D)紅潮的發生是人為所造成，大自然不會產生此種現象

(　) 13. 下列關於藻毒的敘述何者正確？ (A)麻痺性貝毒(PSP)一般加熱到 100°C 就可以分解 (B)失憶性貝毒(ASP)是由渦鞭毛藻所造成 (C)下痢性貝毒(DSP)是由原甲藻屬的微細藻所造成 (D)神經性貝毒(NSP)是由矽藻所造成

(　) 14. 下列關於麻痺性貝毒(PSP)的敘述何者不正確？ (A)麻痺性貝毒最早是從一種雙殼貝類分離出來 (B)麻痺性貝毒中毒後目前已有有效治療方法 (C) 1986 年曾有民眾誤食西施貝而死亡，其原因是貝類中含有麻痺性貝毒 (D)台灣的麻痺性貝毒中毒事件之毒源為微小亞歷山大藻

(　) 15. 下列關於藻類生物技術的敘述何者不正確？ (A)藻類生物技術始於葉狀體及假根組織的培養 (B)藻類當中的活性物質透過分離與純化技術可以應用於醫藥領域 (C)目前已有基因轉殖藻類出現 (D)許多微細藻類都含有生理活性物質

(　) 16. 下列關於海洋天然物的敘述，何者正確？ (A)海洋天然物的分子量通常都超過 10,000 道耳吞 (B)許多海洋天然物都來自於海洋生物的一次代謝物 (C)許多海洋天然物都具有抑制腫瘤的功效 (D)藻類毒素不算是海洋天然物

(　) 17. 下列關於抗腫瘤活性物質的敘述，何者正確？ (A)一種苔蘚蟲體內所含有的 bryostatin 對於治療乳癌很有效 (B)羽珊瑚體內的 dolabellanes 對於癌細胞具有毒殺作用 (C)從海兔體內分離出的 dolastatin 是一種脂肪酸 (D)從紅藻分離出的 microcolin 能夠抑制癌細胞增殖

(　) 18. 下列關於抗病毒活性物質的敘述，何者正確？　(A) kelletinin 的作用機制是抑制病毒在細胞內的轉譯作用　(B) kelletinin 是從節肢動物體內分離出　(C) eudistomins 是從被囊類動物分離出　(D)從海綿或珊瑚體內已分離出可有效對抗愛滋病毒的物質

(　) 19. 下列關於河豚毒的敘述，何者不正確？　(A)河豚毒最早從河豚體內分離出　(B)河豚毒可以抑制哺乳動物神經細胞膜鈉離子通道的開啟　(C)目前發現具有河豚毒的生物除了河豚外都是陸生動物　(D)河豚毒的來源是細菌搭配適當宿主寄生環境而產生

(　) 20. 下列有關於藻類的敘述，何者不正確？　(A)紫菜湯－紅藻所製成　(B)藻類具有完整的根莖葉組織　(C)藻類可以行光合作用放出氧氣　(D)海帶屬於褐藻類

解答 QR Code

MEMO

INTRODUCTION TO
BIOTECHNOLOGY

CHAPTER 8

奈米生物技術

8-1 奈米生物技術概述

8-2 生命科學領域

8-3 生物醫學領域

8-4 國外的產業化奈米生物技術

8-5 全球奈米生物技術的發展現況

8-6 奈米生物技術的未來發展趨勢

－前言－

奈米技術是近年來的熱門話題，主要是探討物質在奈米尺度大小時所產生的變化。當奈米結合生物技術後，可從微觀的角度探討生命現象。根據 Lux Research 公司的市場研究調查，預估 10 年內與奈米技術相關之各種商業化產品，總收益可能成長至超過 2 兆 6,000 億美元。本章將介紹奈米技術應用於生命科學與生物醫學的現況，以及各國奈米生物技術的現況與未來發展。

8-1 奈米生物技術概述

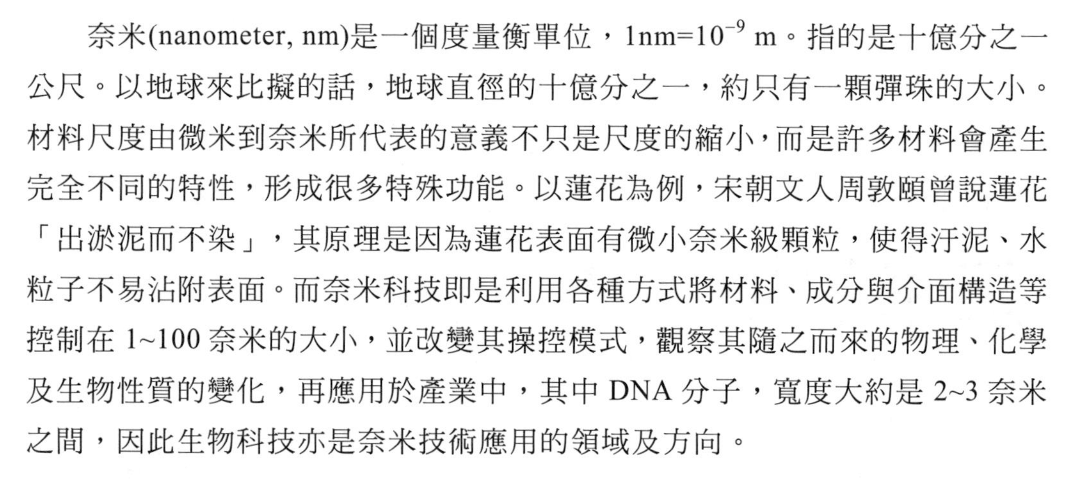

奈米(nanometer, nm)是一個度量衡單位，$1nm=10^{-9}$ m。指的是十億分之一公尺。以地球來比擬的話，地球直徑的十億分之一，約只有一顆彈珠的大小。材料尺度由微米到奈米所代表的意義不只是尺度的縮小，而是許多材料會產生完全不同的特性，形成很多特殊功能。以蓮花為例，宋朝文人周敦頤曾說蓮花「出淤泥而不染」，其原理是因為蓮花表面有微小奈米級顆粒，使得汙泥、水粒子不易沾附表面。而奈米科技即是利用各種方式將材料、成分與介面構造等控制在 1~100 奈米的大小，並改變其操控模式，觀察其隨之而來的物理、化學及生物性質的變化，再應用於產業中，其中 DNA 分子，寬度大約是 2~3 奈米之間，因此生物科技亦是奈米技術應用的領域及方向。

奈米生物技術(nanobiotechnology)，亦稱為生物分子奈米技術(biomolecular nanotechnology)，是奈米技術當中一門跨領域的新興科學，主要利用分子層次的有機或無機物的操控技術來解決生命科學的問題。其研究方向包括了 DNA 的結構探討、生物感測器、癌細胞與病毒分子作用機制及奈米藥物研發等。由此可知，奈米生物技術是結合電子、材料、化工、生物醫學與遺傳工程新關鍵技術的跨領域科技。奈米醫藥技術(nanomedicine)則是指在分子層次掌控、修復、建構生物體的技術，使用的方式則是經特殊設計研發成的奈米裝置與奈米結構。

8-2 生命科學領域

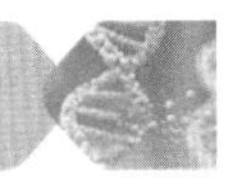

1. **利用新興的奈米技術來解決和研究生物學的問題**：包括 DNA 分子自體組合系統、電子傳遞、奈米級感測陣列晶片、蛋白質分子自體組合系統、脂質分子自體組合系統等。事實上，病毒(virus)的大小就是位於奈米等級，而且病毒可以利用宿主的酵素進行自我複製與自我組合，所以病毒是自然界中最精緻的奈米元件。
2. **利用生物本身組織來製造或模仿分類似生物大分子的分子儀器**：利用本身組織不同特性分子建構成一個新的結構，而新結構的性質，將有別於原來分子的性質，此即為仿生(biomimetic)組織。因為生物體的本身組織如頭髮、骨頭、牙齒等，都具有比一般人造材料優越的特性。例如應用於細胞內各種胞器的結構與功能的研究、能量與訊息傳導的研究、生物反應機制的研究、製造人工視網膜、人工嗅覺、人工味蕾等人工器官。

分子馬達

生命科學的發展，離不開生化儀器的現代化，建立在奈米尺度上的生化儀器，將會開創奈米新世界。目前研究較多的是分子馬達(molecular motor)。分子馬達為一種分子機械，是指分子尺度（奈米尺度）的一種複合體，能夠作為機械零件的最小實體。其驅動方式是透過外部的刺激（如化學、電化學、光化學等方法）使分子結構或模型發生較大變化，並且必須保證這種變化是可以控制與調整的，進而使整個體系在理論上具有對外機械作功的可能性。這樣分子機器的概念與設計，並榮獲 2016 年諾貝爾化學獎。

事實上，細菌的鞭毛運動方式即為一種分子馬達，鞭毛可讓細菌前進，進而靠近食物。鞭毛轉動的原理是利用蛋白質所構成的微管進行滑動，期間會消耗生物能量腺嘌呤核苷三磷酸(adenosine triphosphate, ATP)，此種生物分子馬達的效率為 100%，而電子馬達則只有 30%。

美國康乃爾大學(Cornell university)的科學家利用 ATP 作為能量來源，製造出一種可以進入人體細胞的奈米機電設備，謂為人造分子馬達。這種技術雖仍處於研製初期，但將來有可能完成在人體細胞內施放藥物的醫療任務。其構造是利用旋轉式 F1 ATPase 馬達驅動奈米機器，以鎳為螺旋槳，F1 ATPase 為馬達並提供能量。螺旋槳長 750~1,400 奈米，直徑 150 奈米，鎳的表面鍍膜後可促使螺旋槳與馬達本體結合，接著浸到 ATP 和其他化學品的混合溶液中，則分子馬達便開始轉動，螺旋槳轉速可達每秒 8 次，續航力 150 分鐘。在溶液中旋轉運動時有如一架奈米直升機，這種裝置未來可應用於修補人體細胞。由於馬達是機器運轉的核心，若在分子馬達上再接上其他東西，將可製造出奈米機器人。

分子計算機

分子計算機(molecular calculator)的操作原理是因為分子晶體可吸收以電荷方式存在的資訊，並可以更為有效的方式進行排列。分子計算機當中的 DNA 電腦則是因為 DNA 分子中的密碼相當於數據的儲存，DNA 分子間可以在酵素作用下瞬間完成生化反應，從一種基因代碼變成另一種基因代碼。如果將反應前的基因代碼作為輸入數據，而反應後的基因代碼即為運算結果，其特點是運算速度快且儲存容量大，未來發展值得期待。

8-3 生物醫學領域

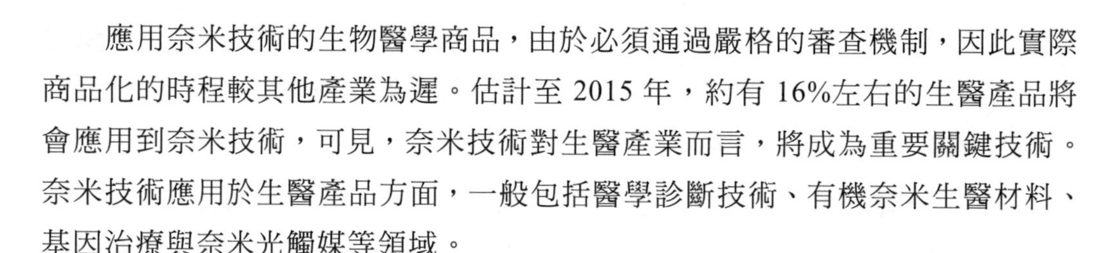

應用奈米技術的生物醫學商品，由於必須通過嚴格的審查機制，因此實際商品化的時程較其他產業為遲。估計至 2015 年，約有 16%左右的生醫產品將會應用到奈米技術，可見，奈米技術對生醫產業而言，將成為重要關鍵技術。奈米技術應用於生醫產品方面，一般包括醫學診斷技術、有機奈米生醫材料、基因治療與奈米光觸媒等領域。

醫學診斷技術

以醫學診斷而言，光學相位差層析技術(optical coherence tomography, OCT)（圖 8-1）較電腦斷層掃描(computed tomography, CT)（圖 8-2）與核磁共振的精密度高出上千倍。OCT 技術能以每秒 2,000 次完成生物體內活細胞的動

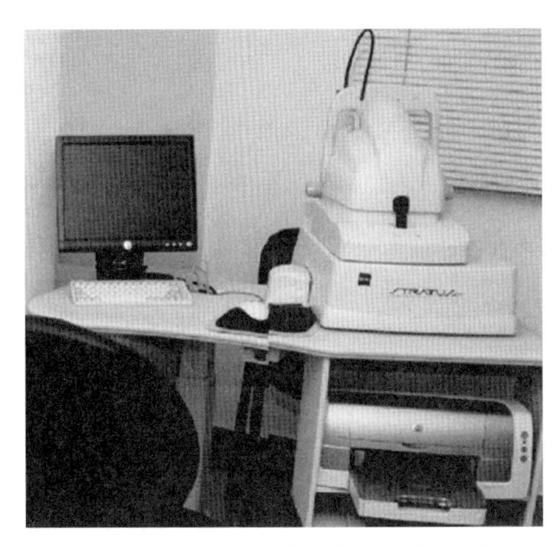

• 圖 8-1　光學相位差層析技術(OCT)

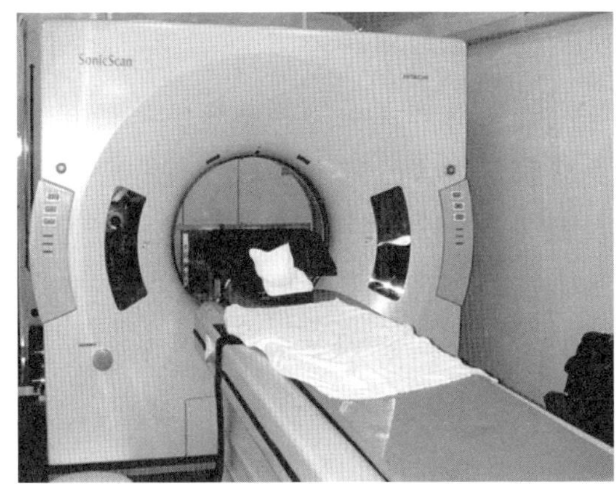

• 圖 8-2　電腦斷層掃描(CT)

態影像、觀察「活細胞」的動態、發覺單一病變細胞，又不會像 CT、X 光、核磁共振一樣會殺死活細胞，且精密度高可以更早診斷出癌組織病變。微小探針(probe)技術與奈米監測器可以植入人體，隨血液在體內運行或依不同診斷和監測目的而定位，隨時傳達生物訊息給體外記錄裝置。此外，心律調節器、人造心臟瓣膜、探針、生化感測器(biosensor)、各種導管、助聽器、大腦內視鏡、奈米內服藥物等，皆是造成革命性醫療的新方法。

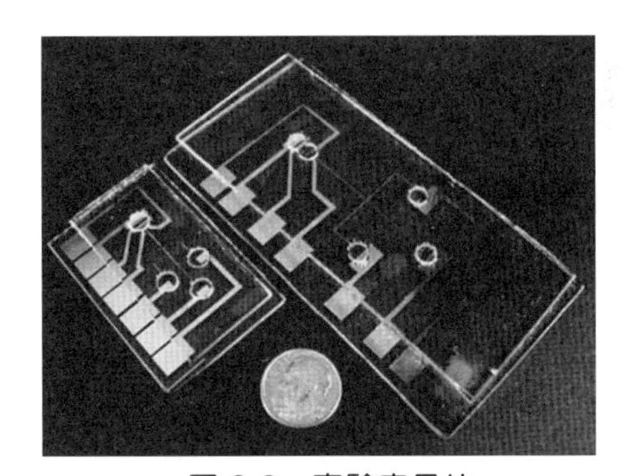

• 圖 8-3　實驗室晶片

如德國 IMM (Institute fur Mikrotechnik Mainz)研究所目前在生物晶片的研發上頗有斬獲，目前已開發出毛細膠體電泳 (capillary-gel electrophoresis)用於分離蛋白質，而實驗室晶片(lab-on-a-chip)（圖 8-3）的研究更是下一步的發展方向（即是將樣品分離、抽取 DNA、PCR、跑電泳及感測等程序縮小為一台極小型機器）。而瑞典的斯德哥爾摩皇家科技研究所(Royal Institute of Technology in Stockholm)研發出一種超微小血壓計(ultra-miniaturized pressure sensor)，可直接進入心臟血管中測量血壓，其晶片大小只有 0.1mm x 0.14mm x 1.3mm（長×寬×高）。

有機奈米生醫材料

有機奈米生醫材料方面，奈米生醫材料的微小及易滲透的特性，無論是作為標的藥材或釋放控制藥劑的高分子微粒，其直徑大小與分布對於施行的藥方及療效有很大的影響。若所有的藥品可朝向奈米化發展，如癌症用藥、心血管疾病、愛滋病及糖尿病用藥等，特別是會改變遺傳因子的基因藥研究，使得醫藥學家未來有可能真正改變細胞內的基因。

此外，奈米生醫材料在醫藥領域中同時亦可應用於人造皮膚、人工移植動物器官等，也可以直接用於治療各種細胞等級疾病的奈米生物導彈，對於病變組織有特異性的親和力與殺傷力，能殺死腫瘤細胞，而不會損害正常細胞。此外，奈米生物導彈還可在人體內來回送藥、清潔動脈、修復心臟、大腦及其他器官，可取代傳統的外科手術。以下簡述目前研發中的實例。

一、癌症治療

在癌症的早期診斷上，經由動物實驗證明，利用超順磁性氧化鐵超微顆粒微脂粒，可以早期診斷出直徑 3 mm 以下的肝腫瘤。80 年代末期，國外研究人員開始著手超順磁性氧化鐵超微顆粒的研究，到了 90 年代，這種造影劑被應用於臨床上，但因價格昂貴，無法廣泛使用。1996 年，中國醫科大學第二臨床學院放射線科陳麗英教授與一些科學研究院所合作，將奈米技術應用於超順磁性氧化鐵超微顆微脂粒體研究中，使肝腫瘤的早期診斷之成本降低，而且操作簡便，一般民眾皆可在定期體檢時進行肝腫瘤的檢測。

奈米生化材料在抗癌研究上也有不少斬獲，例如可以靠近或進入癌細胞內，誘發 T 細胞釋出殺死癌細胞的酵素，或是催化噬菌體(bacteriophage)搜尋並殺死癌細胞，甚至讓癌細胞「自我毀滅」。德國柏林卡里特．洪堡(Charite Humboldt)大學教學醫院的研究者發現一定大小的奈米氧化鐵(Fe_2O_3)粒子配合外加磁場加熱誘導可殺死癌細胞。用糖衣包裹氧化鐵粒子偽裝，可以成功逃過人體免疫細胞的攻擊而安然進入腫瘤組織內，加上交換磁場，在維持治療部位於 45~47℃的溫度下，氧化鐵粒子便可殺死腫瘤細胞。如果之後改變磁場方向，它們便會順著磁場方向到下一個腫瘤區去，繼續殺死癌細胞。

2001 年英國醫學科學家研究出可以定向摧毀血癌細胞的免疫細胞。他們發現有一種叫作 WT1 (Wilms tumor gene product)的基因在引起血癌的細胞中十分活躍，他們研發出一種相對應的免疫細胞，可以自動尋找攜帶 WT1 基因的細胞並將以摧毀，且不會對健康組織造成傷害。

二、奈米機器人

利用特製的超細奈米材料製成的機器人，進入人體內的血管和心臟中，完成醫師所不能完成的血管修補、激活細胞能量等工作，這些機器人能力強，但體積小，甚至連肉眼都看不到，使人體不僅可以維持健康，並能延長壽命。應用層面包括：(1)人體組織的修復；(2)動脈粥狀硬化的治療與血栓的暢通；(3)清除人體內的寄生蟲或癌細胞；(4)定位給藥與顯微注射；(5)體內健康檢查與活化細胞。2018 年美國與中國科學團隊，成功以奈米機器人切斷腫瘤細胞的血液供應，使腫瘤縮小，並已成功運用於以小鼠為模式動物之乳癌、黑色素瘤、卵巢癌及肺癌治療。

三、奈米藥物

把藥物製成奈米微粒（例如：紅血球的 1/200）將可使藥物在人體內的傳輸更為方便，經設計後之奈米藥物不僅可以在血管和人體組織內自由活動，更因為奈米微粒的表面積大，與人體組織能充分接觸，故吸收效果比傳統藥物好，同時可以避免刺激自身的免疫系統。市面上治療已轉移乳癌的 Abraxane 和晚期攝護腺癌的 Eligard，皆是奈米載體藥物。另一方面，很多不溶於水的物質做成奈米微粒後可溶於水，此特性非常有利於中藥的發展。以往許多水溶性差的中藥都是以煎服方式萃取中藥的有效成分。若將中藥成分奈米化，將可以增加水溶性以利身體吸收。例如：2015 年工研院，將天然中草藥配方萃取出生髮藥劑，再以專利奈米高壓均質技術加其奈米化(< 200 nm)，已利於活性成分被吸收和促進毛囊細胞強效生長，為成功案例。

美國麻省理工學院(MIT)的研究人員研發出一種微型奈米藥的樣品，可以植入皮下或是吞服，在樣品上有上千個微小藥囊，其容量約為 25 奈升(nano liter)，可作為止痛劑或抗生素。目前研究人員打算把微型奈米藥智慧化，控制在一定的時間與空間內釋放藥物。

此外，利用奈米生物技術已經研製出新一代的抗菌藥物，並且已實現產業化的目標。目前研究出直徑只有 25 奈米的棕色奈米抗菌顆粒，對大腸桿菌、金黃色葡萄球菌等致病微生物均有強烈的抑制和殺滅作用，同時還具有親水、環保等多項優點。以這種抗菌顆粒為原料藥，科學家已成功開發出創傷貼、潰瘍貼等奈米醫藥品，並已大量生產。由於奈米抗菌藥物採用純天然礦物質研製而成，所以也不會使細菌產生抗藥性。

美國俄亥俄州立大學(Ohio State University)的莫若·費拉里(Mauro Ferrari)教授的研究團隊研發出非常小的矽顆粒，可以將細胞放入其中，並進而植入失去功能的細胞中。糖尿病患者的胰腺細胞失去功能，將正常胰腺細胞放入矽顆粒後植入患者皮下組織，進而治療失去功能的胰腺細胞。早期植入外來細胞會引發身體的免疫反應，但矽顆粒可以防止抗體與細胞接觸，故不會造成排斥作用。同樣的方法也可以用來治療阿茲海默氏症(Alzheimer's disease)及帕金森氏症(Parkinson's disease)。這兩種疾病都是缺少神經傳導物質所造成的。

中密西根大學(Central Michigan University)的 Donald Tomalia 等人已使用樹型聚合物發展能夠捕獲病毒的「奈米誘捕器」，根據體外實驗證明「奈米誘捕器」能夠在流行性感冒病毒感染細胞之前就捕獲它們，使病毒喪失致病能力。

基因治療

美國密西根大學(University of Michigan)的詹姆斯·貝克教授的研究團隊研發出一種聚合物(polymer)分子，該分子是樹狀奈米結構(dendrimer)，其表面可以像鉤子一般攜帶一些有用的分子，而內部也可以攜帶分子。它的作用是可以當作載體，攜帶 DNA 分子進入細胞。在老鼠實驗中發現基因轉移效率很高，且對細胞不具毒性，因此正籌備進行人體試驗。

奈米光觸媒

光觸媒和奈米科技結合之後，已被國內廠商開發出光觸媒塗料、噴劑和口罩等產品（圖 8-4）。光觸媒的主成分為二氧化鈦(TiO_2)，奈米光觸媒就是把二氧化鈦做到奈米級大小，當有機物、汙染物或細菌接觸到被紫外線活化的奈米光觸媒，就會被分解成二氧化碳和水。其原理是二氧化鈦可利用光線中的紫外線來激發活性完成氧化作用，超強的氧化作用可破壞細菌的細胞膜，使細胞質流失而死亡，因此可用來有效除去大腸桿菌、金黃葡萄球菌、黴菌等生物。

(a)奈米光觸媒塗料

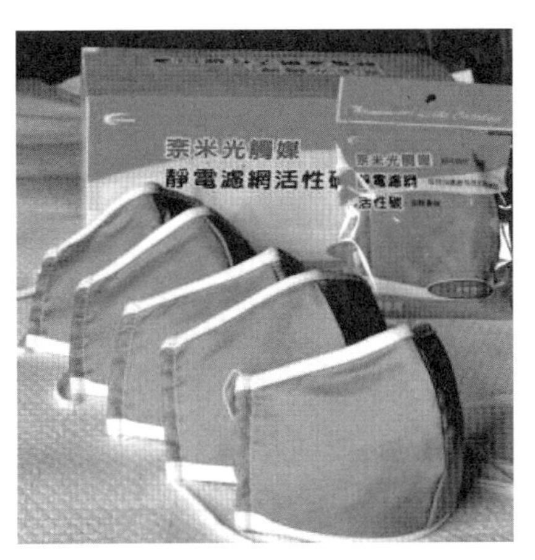

(b)奈米光觸媒口罩

(c)奈米光觸媒電子省電燈泡

(d)奈米光觸媒殺菌捕蚊燈

• 圖 8-4　奈米光觸媒產品

除了殺菌外，奈米光觸媒還可用來脫臭，其效果比臭氧(O_3)、負離子更好，因其氧化能力更強，可強力分解臭源，脫臭能力相當於 500 個活性碳除臭劑。有些新建的建築物外牆塗有奈米光觸媒，利用其親水特性，讓汙垢不易附著，建築體外觀施工後也能常保潔淨。此外，對人體無害，不會讓細菌產生抗藥性且殺菌、除臭能力不因時間而消退。

8-4 國外的產業化奈米生物技術

美國的 Quantum Dot 公司，利用奈米科技偵測數百個原子大小（比 DNA 還小）的量子分子，當人體有心臟病、中風、感染現象，相關的量子分子就會像嘉年華會中的燈光一樣發亮，而且可以持續很久。如果加上顏色，科學家就能觀察，哪些蛋白質和哪些疾病有關，以及藥物在人體中是如何運作的。事實上，量子點(quantum dot)是只有幾奈米大的點狀晶體，特製的量子點會附著在癌細胞上，等到癌細胞周圍聚集足夠的量子點，癌症病患只要接受特定波長光線的照射，就能讓這些量子點溫度升高，把癌細胞殺死而不會傷害到正常細胞。

加拿大的 C Sixty 公司，已利用碳簇足球狀化學結構(fullerene)方式，讓它快速和導致愛滋病的 HIV 病毒結合，也能和相關化學物質結合，以阻止 HIV 病毒擴散，並成功研發出藥物，目前已成為治療愛滋病的潛力新藥。

日本的 Olympus 公司運用奈米科技開發出口服的內視鏡，以後進行檢驗時只需要請患者將約一顆藥丸大小(2.6×1.1 cm)，卻包括了內視鏡、電池、天線及收音設備的口服內視鏡吞入腹中，即可進行內視鏡的檢查，並連續拍攝 5 萬張照片，在 1 天內隨糞便排出，但費用不低，自費費用約 5~7 萬元。

8-5 全球奈米生物技術的發展現況

奈米生物技術為目前國際生物技術領域中的熱門課題，在醫藥衛生領域已有廣泛的應用與明確的產業化前景，特別是在奈米藥物載體、奈米生物傳輸感測器及微型智慧化醫療儀器等，將在未來疾病的診斷、治療、衛生保健上發揮重要作用。目前美國、歐盟、德國、日本等國家均已將奈米生物技術作為 21 世紀的科學研究優先發展要項。茲分述如下：

美　國

美國非常積極地投資在生物科技上，而且是相對強勢的產業，對於奈米科技的研究，首先以生物科技作為優先發展的研究範疇，因此，目前在奈米生物科技的研究上表現得最出色。其優先研究領域包括：生物材料（材料－組織介面、生物相容性材料）、儀器（生物傳輸感測器、研究工具）、治療（藥物與基因載體）等。美國國家衛生研究所近年在奈米醫藥相關的研發重點包括：(1)快速、正確及成本低廉的 DNA 核酸定序技術；(2)細胞內部生理狀態感測器；(3)人工臟器；(4)新穎的藥物遞送系統，目前已有多種奈米藥物載體通過美國食品藥物管理局(FDA)核准，並應用於臨床上，包括：Liposome、Therapeutic polymer、Pegylated dosage form、Nanoparticles 等。

此外，美國的「國家奈米科技基礎結構網路計畫」(NNIN)是一個為期五年的計畫，從 2004 年開始執行，將推動奈米技術的相關研發工作，預估五年當中將投入美金 7000 萬元。

歐　盟

歐盟自 1998 年開始，即在奈米科技的投資上正式超越 2,600 萬歐元，而其預算分配以電子、材料、生物科技三大領域為主，充分反應歐盟對奈米科技的重視程度。在最新的歐洲生命科學報告中指出生物奈米技術為 21 世紀的關鍵技術，並認為此可增進經濟、醫療和技術領域的潛力。此外，歐盟在 2004~2006 年中投入 13 億歐元的資金，透過建立歐洲研究區(European Research Area)的方式支持歐盟各國在奈米技術、智慧型材料及新製程方面的研究。在奈米生物技術研究目標是支持對生物和非生物實體綜合性研究，發展許多應用領域中的新用途，例如加工生產、醫療及環境分析系統等。

德　國

德國在 2001 年啟動新一期的 6 年奈米生物技術研究計畫－德國生物奈米技術卓越計畫，其研究範圍包含了介於奈米與生物科技範疇的物理、生物、化學、材料及工程科學，預計有 1 億德國馬克的經費。第一期將挑選 21 個研究計畫子題並給予 4,000 萬馬克的計畫經費進行研究，計畫的主要重點為研製出用於診斷與摧毀腫瘤細胞的奈米導彈，以及可以儲存數據的微型存儲器，並藉由該技術開發出微型生物傳輸感測器，用於診斷受感染的人體血液中抗體的形成、治療癌症與各種心臟血管疾病，未來也可能應用在發展 DNA 電腦上。德國冀望能藉由此生物奈米技術卓越計畫，使德國成為繼美日之後強化在奈米生物學方面研究的國家。

法　國

法國研究部於 1999 年成立「獎勵合作專案」(Action Concertee Incitative, ACI)主導奈米技術研究，並與另一奈米研究單位－國家微奈米科技網絡(le Reseau de Recherche et d'innovation Technologie, RMNT)充分合作。而 ACI 主要資金來自於國家科學基金(le Fonds National de la Science, FNS)，以致力於材料、物理、生物、化學、機械領域之奈米研究，並積極開發奈米技術在醫藥、環境、能源、生物科技、農業、資訊及傳播等方面的實際應用，改善人類的生活品質。

日　本

日本政府認為，奈米技術不是某一領域的單一技術，而是一項主要的基礎技術，由此發展的奈米資訊、奈米生物、奈米工學與奈米材料等都將對未來世界產生不可估量的影響。因此日本政府於 2001 年初提出第二個科技 5 年計畫（1996~2000 年已完成第一個科技 5 年計畫），決定投資 24 萬億日元於生命科學、訊息通信、環境與奈米技術等重點研究領域。日本政府在國家實驗室、大學及公司設立了大量的奈米技術研究機構，並且建立與鼓勵這些機構彼此相互合作的模式與途徑，目前這些研究機構從事科學研究的設備與能量水準都非常高，而生物技術也為其優先著重的研究領域之一。

中國大陸

中國大陸對於奈米技術的發展相當重視，目前奈米技術研究已列入「攀登計畫」、「863 計畫」和「火炬計畫」當中。其科技部的「國家重點基礎研究－973 計畫」，即把奈米結構與材料列入其中。863 計畫中用於生物技術領域的研究經費是以往 15 年研究經費總和的 4~5 倍，總額將超過 50 億人民幣。而國家科學院在 3 年內也將投入 2,500 萬人民幣於研發奈米技術上。

中華民國

我國政府於 2001 年將奈米技術列為我國未來五項新興高科技產業發展策略性焦點項目之一，且奈米國家型科技計畫自 2002~2007 年，共編列預算約 192 億元，其中約有 100 億的計畫經費將在工研院執行。工研院也於 2002 年 1 月 16 日成立國內第一個以研發奈米技術為主的單位－奈米科技研發中心，在應用方面將以奈米材料、奈米電子與奈米生技作為三大研發主軸。目前政府也積極推動奈米國家型科技人才培育計畫，希望將奈米知識推廣到國小、國中及高中教育，以盡早培育奈米人才，並普及化奈米相關知識。

整體來說，目前全球奈米生物技術的研究範圍涉及奈米生物材料、藥物和轉殖基因奈米載體、奈米生物相容性人工器官、奈米生物傳輸感測器與影像技術、利用掃描探針顯微鏡分析蛋白質和 DNA 的結構與功能等重要研究領域，皆以疾病的早期診斷與提高治療療效為目標。在奈米生物材料方面，尤其是在藥物奈米載體的研究已經取得一些積極的進展；在惡性腫瘤診療方面，奈米生物技術也已取得了實驗階段的進展，但其他方面的研究尚處於研究探索階段。以產值而言，美國國家科學基金會(National Science Foundation, NSF)預估，到 2024 年，全球奈米科技的產值，將達到 1 兆美金，其中與奈米生技及醫藥相關的市場，則將達 1,800 億美金。

8-6 奈米生物技術的未來發展趨勢

奈米生物材料

奈米材料對生物醫學的影響頗具深遠的意義，奈米醫學的發展進程如何，其實主要取決於奈米材料科學的發展，奈米材料分為兩個層次：奈米微粒與奈米固體。如今人類已經能夠直接利用原子或分子進行生產、製備出僅包含幾十個到幾百萬個原子，且每單個粒徑僅為 1~100 奈米的奈米微粒，並把它們作為基本構成的單元材料，適當排列成三度空間的奈米固體。

奈米材料由於其結構的特殊性，表現出許多不同於傳統材料的物理與化學性質。在醫學領域中，奈米材料已經得到成功的應用，最令人矚目的是作為藥物載體或製作人體替代物的人體生物醫學材料，如人工腎臟、人工關節等。在奈米鐵微粒表面包覆一層聚合物後，可以固定蛋白質或酵素，以控制生物反應。國外運用奈米陶瓷微粒作為載體的病毒誘導物也相當成功。此外，由於奈米微粒比紅血球細胞還小許多，可以在血液中自由遊走，因此在疾病的診斷與治療中皆可發揮獨特的作用。近來的研究報告顯示，用於惡性腫瘤診斷和治療的藥物載體主要由金屬奈米顆粒、無機非金屬奈米顆粒及生物可分解性高分子奈米顆粒所構成。

一、金屬奈米顆粒

由於毒性副作用少，膠體金和鐵是金屬材料中作為基因載體、藥物載體的重要材料。膠體金於 40 年前用於細胞器官染色，以便在電子顯微鏡下對細胞分子進行觀察與分析。膠體金對細胞外基質膠原蛋白表現出特異結合的特性，讓研究人員考慮用膠體金作為藥物和基因的載體，用於惡性腫瘤的診斷與治療。

二、非金屬奈米顆粒

在非金屬無機材料中，以磁性奈米材料最為引人注目，已成為目前新興生物材料領域的研究重點。在醫療上，磁性奈米微粒可以改善核磁共振影像(magnetic resonance imaging, MRI)的品質，使得觀察生物體時更加清楚。另外在追蹤病情方面，磁性微粒可取代具放射性的追蹤劑，藉由觀察磁性微粒的變化量，能夠減少放射物質對人體所造成的傷害。

三、生物可分解性高分子奈米顆粒

生物可分解性是藥物載體或基因載體的重要特徵之一，透過分解作用，載體與藥物或基因片段進入標的細胞之後，表層的載體被生物所分解，內部的藥物釋放出來發揮療效，避免藥物在其他組織中釋放。

可分解性高分子奈米藥物和基因載體已成為目前診斷惡性腫瘤與治療研究中的主流，研究和發明中超過 60%的藥物或基因片段採用可分解高分子生物材料作為載體，如聚丙交酯(PLA)、聚乙交酯(PGA)、聚已內酯(PCL)、聚苯乙烯(PS)、纖維素、纖維素－聚乙烯、聚羥基丙酸酯、明膠及其聚合物等。

這類材料最突出的特點是其生物可分解性和生物相容性，透過成分控制和結構設計，生物分解的速率可以控制，而部分聚丙交酯、聚乙交酯、聚乙內酯、明膠及其聚合物可分解成細胞正常代謝物質—水和二氧化碳。

此外，生物性高分子物質，如蛋白質、磷脂質、醣蛋白、微脂粒、膠原蛋白等，利用其親和力與基因片段或藥物結合形成生物性高分子奈米顆粒，再結合上含特殊定向識別器，與標的細胞表面的整合子(integrin)結合後將藥物送進腫瘤細胞，達到殺死腫瘤細胞或使腫瘤細胞發生基因轉變的目的。

藥物遞送系統

在藥物遞送系統的研究中，藥物奈米載體與奈米顆粒基因轉移技術為目前研究的重點，且已有良好的基礎與實質性的研究成果。該技術是以奈米顆粒作為藥物和基因轉移載體，將藥物、DNA、RNA 等基因治療分子包裹在奈米顆粒之中或吸附在其表面，同時在顆粒表面附著特異性受體(receptor)，透過標的細胞(target cell)與顆粒表面特異性受體結合，在細胞胞飲作用下進入細胞內，實現安全有效的定向性藥物與基因治療。傳統上常用的微脂粒(liposome)是由磷脂質所形成的雙層囊狀化合物，可以用來包裹酵素，並將酵素遞送到特定的細胞（如癌細胞）。

藥物奈米載體的優點包括：

1. 具有高度定向。
2. 可控制藥物的釋放與提高難溶藥物的溶解度與吸收率。
3. 提高藥物成效與降低副作用。

以奈米顆粒作為基因載體的優點包括：

1. 奈米顆粒能包裹、濃縮、保護 DNA 或 RNA，使其避免遭受核酸酵素的分解。
2. 奈米載體表面積比較大，具有生物親和性，易於在其表面附著特異性的定向分子，具基因治療的特異性。
3. 在人體循環系統中的循環時間較普通顆粒所需的時間明顯增長，不會像普通顆粒那樣迅速地被巨噬細胞(macrophage)清除，讓 DNA 或 RNA 有效地延長作用時間，並維持有效的產物濃度。

總之，奈米藥物載體技術是奈米生物技術的重要發展方向之一，將給惡性腫瘤、糖尿病及老年失智症等疾病的治療帶來前所未有的變革。

奈米導彈

以往的給藥技術很難確保正常細胞不會受到藥物的攻擊，但生物導向卻可以在更高層次上解決定向給藥的問題。例如利用藥物載體的 pH 值、溫度、磁性等特點在外部環境的作用下（如外加磁場）對腫瘤組織實施定向給藥。

一、磁性導向

磁性奈米載體在生物體的定向性是利用外加磁場，使磁性奈米顆粒在病變部位聚集，減小正常組織的藥物暴露、降低藥物的副作用及提高藥物的療效。主要用於惡性腫瘤、心臟血管疾病、腦血栓及肺氣腫等疾病的治療。

二、生物導向

利用抗體、細胞膜表面受體或特定基因片段的專一性作用，將配位子結合在載體上，與標的細胞表面的抗原產生特異性結合，使藥物能夠準確被送到腫瘤細胞中。但目前藥物（特別是抗癌藥物）的定向釋放仍必須面臨網狀內皮系統對其非選擇性清除的問題，且多數藥物皆為疏水性，它們與奈米顆粒載體附著時，可能產生沉澱作用，若能利用高分子聚合物凝膠成為藥物載體時即可解決此類問題，因凝膠具有高度水合性，如合成時其尺寸能達到奈米級，則可運用於增強對癌細胞的通透和保留效應。

總之，目前雖然許多蛋白質類抗體已經能夠在實驗室中合成，但是更好的、特異性更強的定向物質還有待研究與開發，而且藥物載體與定向物質的結合方式也有待更進一步的研究。美國密西根大學目前研發中的智慧型奈米導彈，其大小僅有 20nm，能夠辨識癌細胞表面的特殊化學性質並鑽進細胞內加以攻擊。

奈米生物儀器研究

如奈米生物傳輸感測器，此種裝置是將螢光蛋白結合定向因子，透過與腫瘤表面的標的識別器結合後，在體外用測試儀器顯影可以確定腫瘤的大小尺寸和位置。另一個重要的方法是將奈米磁性顆粒與定向性因子結合，與腫瘤表面的標的識別器結合後，在體外用儀器測定磁性顆粒在體內的分布和位置，也可以確定腫瘤的大小尺寸和位置。

奈米生物技術在臨床診療中的應用

奈米生物技術日後在醫學臨床的應用將會非常廣泛。過去 10 年，利用奈米技術進行惡性腫瘤早期診斷與治療的探索研究在西方發達國家已經全面展開，美、日、德等發達國家投入鉅資進行該項研究，目的在於 15 年內可以征服一部分的惡性腫瘤。此外，美國科學家利用奈米顆粒與病毒基因片段及其他藥物結合，構成奈米顆粒，在動物實驗中定向治療乳腺腫瘤獲得相當的成功。

近年來奈米技術在惡性腫瘤的早期診斷與治療應用方面，最成功的是鐵氧體奈米材料與相關技術。然而，在充分安全、有效進入臨床應用前仍有許多問題尚待解決，諸如更可靠的奈米載體、更準確的定向物質、更有效的治療藥物、更靈敏、操作更方便的傳輸感測器及體內載體作用機制的動態測試與分析方法等重大問題尚待研究改善。

小試身手
EXERCISE

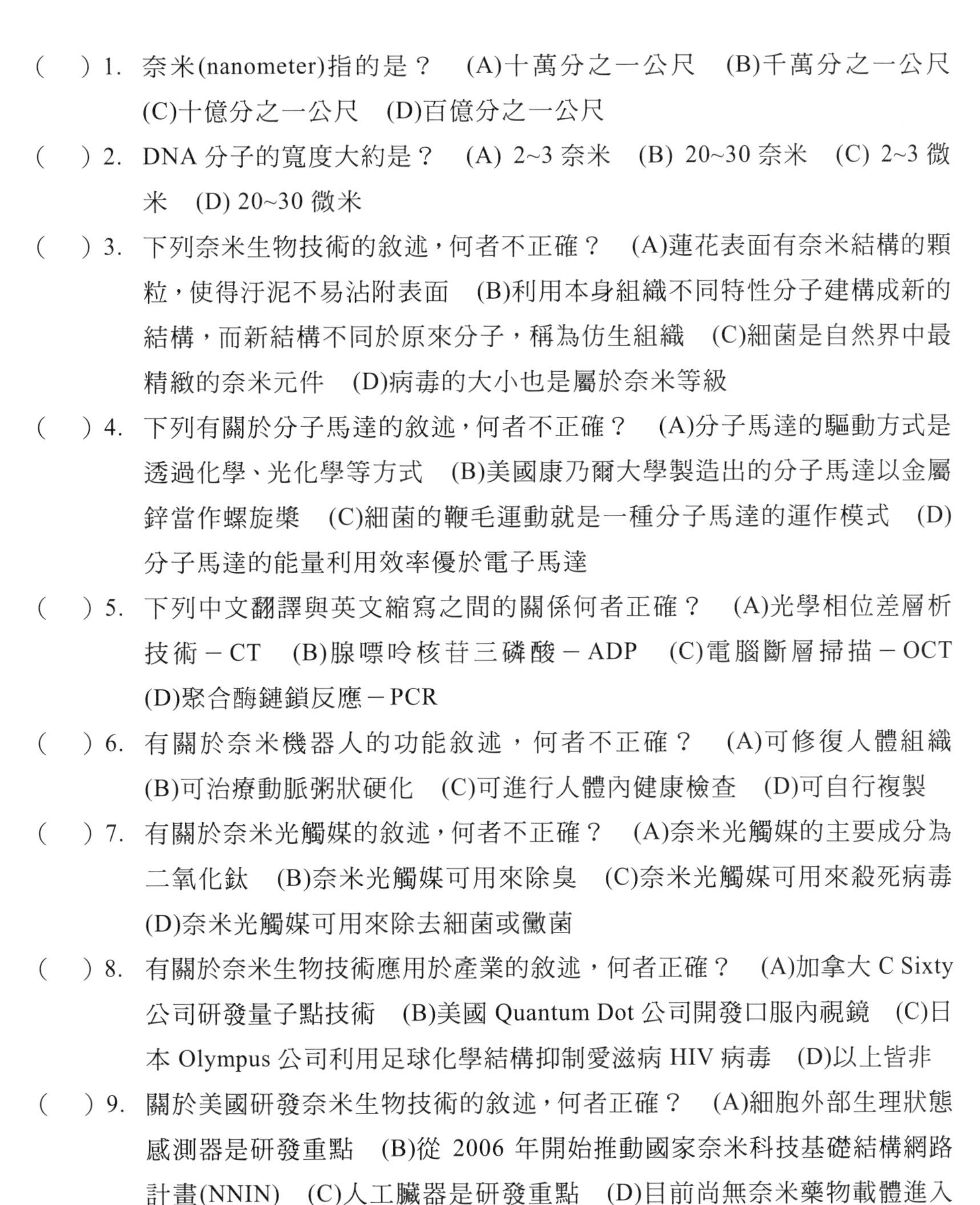

(　　) 1. 奈米(nanometer)指的是？　(A)十萬分之一公尺　(B)千萬分之一公尺　(C)十億分之一公尺　(D)百億分之一公尺

(　　) 2. DNA 分子的寬度大約是？　(A) 2~3 奈米　(B) 20~30 奈米　(C) 2~3 微米　(D) 20~30 微米

(　　) 3. 下列奈米生物技術的敘述，何者不正確？　(A)蓮花表面有奈米結構的顆粒，使得汙泥不易沾附表面　(B)利用本身組織不同特性分子建構成新的結構，而新結構不同於原來分子，稱為仿生組織　(C)細菌是自然界中最精緻的奈米元件　(D)病毒的大小也是屬於奈米等級

(　　) 4. 下列有關於分子馬達的敘述，何者不正確？　(A)分子馬達的驅動方式是透過化學、光化學等方式　(B)美國康乃爾大學製造出的分子馬達以金屬鋅當作螺旋槳　(C)細菌的鞭毛運動就是一種分子馬達的運作模式　(D)分子馬達的能量利用效率優於電子馬達

(　　) 5. 下列中文翻譯與英文縮寫之間的關係何者正確？　(A)光學相位差層析技術－CT　(B)腺嘌呤核苷三磷酸－ADP　(C)電腦斷層掃描－OCT　(D)聚合酶鏈鎖反應－PCR

(　　) 6. 有關於奈米機器人的功能敘述，何者不正確？　(A)可修復人體組織　(B)可治療動脈粥狀硬化　(C)可進行人體內健康檢查　(D)可自行複製

(　　) 7. 有關於奈米光觸媒的敘述，何者不正確？　(A)奈米光觸媒的主要成分為二氧化鈦　(B)奈米光觸媒可用來除臭　(C)奈米光觸媒可用來殺死病毒　(D)奈米光觸媒可用來除去細菌或黴菌

(　　) 8. 有關於奈米生物技術應用於產業的敘述，何者正確？　(A)加拿大 C Sixty 公司研發量子點技術　(B)美國 Quantum Dot 公司開發口服內視鏡　(C)日本 Olympus 公司利用足球化學結構抑制愛滋病 HIV 病毒　(D)以上皆非

(　　) 9. 關於美國研發奈米生物技術的敘述，何者正確？　(A)細胞外部生理狀態感測器是研發重點　(B)從 2006 年開始推動國家奈米科技基礎結構網路計畫(NNIN)　(C)人工臟器是研發重點　(D)目前尚無奈米藥物載體進入臨床試驗階段

(　　) 10. 關於歐洲研發奈米生物技術的敘述，何者正確？　(A)德國研究部成立 ACI 主導奈米技術研究　(B)歐盟預算分配以電子、材料及生物科技為主　(C)德國在 1999 年啟動為期六年的生物奈米技術卓越計畫　(D) 2000~2004 年建立歐洲研究區

(　　) 11. 關於亞洲地區研發奈米生物技術的敘述，何者不正確？　(A)日本於 1996~2000 年完成第一個科技五年計畫　(B)「368 計畫」及「火炬計畫」是中國大陸的奈米計畫　(C)我國以奈米材料、奈米電子及奈米生技為奈米技術三大研發主軸　(D)我國於新興高科技產業發展策略性焦點當中亦列入奈米技術

(　　) 12. 下列關於奈米材料的敘述，何者正確？　(A)奈米材料分成奈米微粒及奈米液體兩個層次　(B)用於惡性腫瘤的藥物載體主要由金屬奈米顆粒及生物可分解性奈米顆粒所構成　(C)奈米微粒雖然比紅血球小，但還是無法在血液中自由遊走　(D)膠體銀和銅是金屬材料中較常做為基因載體的重要材料

(　　) 13. 下列敘述何者不正確？　(A)生物可分解性是藥物載體的重要特徵之一　(B)磁性奈米微粒可以改善核磁共振影像的品質，使觀察生物體時更加清楚　(C)磁性奈米微粒目前尚無法取代具有放射性的追蹤劑　(D)現在已有超過 60%的藥物或基因片段採用可分解高分子生物材料作為載體

(　　) 14. 下列哪一種不是可分解高分子生物材料？　(A)聚丙交酯(PLA)　(B)木質素　(C)纖維素　(D)明膠

(　　) 15. 以奈米顆粒做為基因載體的優點不包括下列哪一項？　(A)奈米顆粒能包裹及保護 DNA，避免遭受酵素的分解　(B)奈米載體表面積比較大，具有生物親和性　(C)奈米顆粒可以破壞人體內巨噬細胞(macrophage)　(D)在人體循環系統中的循環時間較普通顆粒所需時間長

(　　) 16. 下列關於藥物奈米載體的敘述，何者不正確？　(A)具有高度定向　(B)成本低廉　(C)可控制藥物的釋放與提高難溶藥物的溶解度與吸收率　(D)提高藥物成效與降低副作用

(　) 17. 下列敘述何者不正確？ (A)奈米生物傳輸感測器可以確定腫瘤的大小及尺寸 (B)疏水性藥物與奈米顆粒在附著時可能產生沉澱作用 (C)美國密西根大學研發出的智慧型奈米導彈其大小僅有 0.2nm (D)改變藥物載體的溫度、pH 值及磁性，可以對腫瘤組織實施定向給藥

(　) 18. 下列關於磁性奈米載體應用於疾病治療的敘述，何者不正確？ (A)治療帕金森氏症 (B)治療惡性腫瘤 (C)治療肺氣腫 (D)治療心血管疾病

(　) 19. 下列哪一項不是奈米技術進入臨床應用亟待解決的問題？ (A)更可靠的奈米載體 (B)更準確的定向物質 (C)更低廉的費用 (D)更有效的治療藥物

(　) 20. 下列關於生物奈米研究的敘述，何者正確？ (A)德國卡里特洪堡大學研究 WTI (Wilms tumor gene product)基因的作用機制發現 (B)法國研究者使用樹型聚合物來捕捉病毒，稱為奈米誘捕器 (C)英國科學家發現奈米氧化鐵粒子配合外加磁場加熱誘導可殺死癌細胞 (D)美國麻省理工學院研究者研發出微型奈米藥樣品可植入皮下或吞服

解答 QR Code

MEMO

INTRODUCTION TO
BIOTECHNOLOGY

CHAPTER 9

後基因體時代

9-1 功能基因體學

9-2 蛋白質體學

9-3 結構生物學

9-4 生物資訊

9-5 生物晶片

－前言－

本章介紹人類基因體計畫完成後，伴隨衍生出的一些新興知識。包括蛋白質體學(proteomics)、結構生物學(structural biology)、生物資訊學(bioinformatics)、生物晶片(biochip)等。這些學問或是技術都是目前各大學生物技術相關科系或是生技公司所要發展的重點方向。

9-1 功能基因體學

凡探討基因與基因之間的關係為何，與人的身體結構及運作關係為何，乃至與人的生活環境的互動關係為何，都可謂為功能基因體學。

功能基因體學的目的是研究各種轉錄因子與基因之間的相互作用，以及不同基因在何種細胞的哪個階段發生作用，進而瞭解所有基因在生物體中的功能。人類基因體計畫中研究疾病和發病過程中基因型的變化情形將是研究功能基因體學的最佳方式。功能基因體學將可明瞭人類疾病或身體健康都是與基因直接或間接相關，若每種疾病都有其對應的致病基因或誘發基因存在，那疾病發生的原因可說是相關基因與內外環境交互作用的結果。

9-2 蛋白質體學

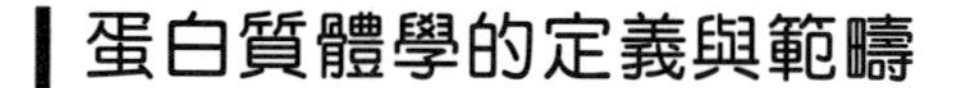

蛋白質體學的定義與範疇

一、蛋白質體學的定義

蛋白質體學(proteomics)，亦稱蛋白組學，是繼功能基因體學之後的另一學問，蛋白質體(proteome)指的是生物體內所有蛋白質的總稱。1994 年，澳洲的 Wilkins 和 Williams 首先提出了蛋白質體(proteome)的概念，最初源自於蛋白質(protein)與基因體(genome)兩個名詞的結合，其定義為細胞內所有的蛋白質。

研究蛋白質體學的目標是根據遺傳密碼與胺基酸序列，透過電腦的運算以預測特定蛋白質的結構與功能。細胞內的 DNA 所攜帶的遺傳訊息雖然是以蛋白質的方式呈現，但由於基因的表現方式相當複雜，從 mRNA 的形式或數量並不能預測蛋白質的表現，因為讓蛋白質產生修飾(modification)和加工(processing)並非由 DNA 序列下指令，因此產生了蛋白質體學。

面對人類基因體計畫完成後新的挑戰，2001 年 4 月成立了「人類蛋白質體組織」(Human Proteome Organization, HUPO)，這個組織可以相對應於人類基因體計畫成立的「人類基因體組織」(Human Genome Organization, HUGO)。在這個國際合作組織當中，蛋白質體學研究正如火如荼的展開，以作為新藥研發重要的基礎資訊。

二、蛋白質體學的範疇

1. **表現蛋白質體學(expression proteomics)**：將細胞或組織中的蛋白質，建立蛋白質表現圖譜。
2. **細胞圖譜蛋白質體學(cell-map proteomics)**：確定蛋白質在細胞內各個胞器當中的位置，並利用質譜儀(mass spectrometer)加以鑑定蛋白質複合物的組成，以確定蛋白質間的交互作用。
3. **進行藥物設計(structure-based drug design)**：早在 1977 年文獻中已有記載，蛋白質的結構上之缺陷或變異，將造成疾病形成之主因，而蛋白質體學正可提供分子層次上成因之解釋。例如：鐮刀形紅血球貧血症(sickle cell anemia)，其血紅蛋白結構中的 β 鏈有一個胺基酸由正常的「穀胺酸」(glutamate)被取代為「纈胺酸」(valine)，根據其血紅素晶體結構之分析，這樣之突變正使纈胺酸的疏水性支鏈正好插入另一個血紅素分子表面之疏水性凹洞，進而導致紅血球變形為鐮刀狀，無法正常輸送氧氣。藉由這種結構上之瞭解便可進行藥物設計，近年來抑制愛滋病毒藥物之開發，便是蛋白質體學發展最佳之例證。

研究蛋白質體學的技術

蛋白質鑑定主要是結合傳統蛋白質的研究方法，利用二維電泳分析蛋白技術、配合近年來發展逐漸成熟的質譜技術以研究蛋白質體學。

一、二維電泳分析蛋白技術

蛋白質是由 20 種胺基酸分子所構成，而每種胺基酸所帶的電荷數目不同，根據此一特性，發展出二維電泳分析蛋白技術(2-D electrophoresis)（圖 9-1）。其中第一維以帶電量不同來分離蛋白質，而第二維是以分子量不同來分離蛋白質，最後以染劑偵測膠片上所有蛋白質的位置，根據蛋白質染色程度的深淺，可以得知特定蛋白質的相對含量。做完二維電泳分析蛋白技術後可以獲得龐大的蛋白質資訊，進而建構所有表現蛋白的資料庫。

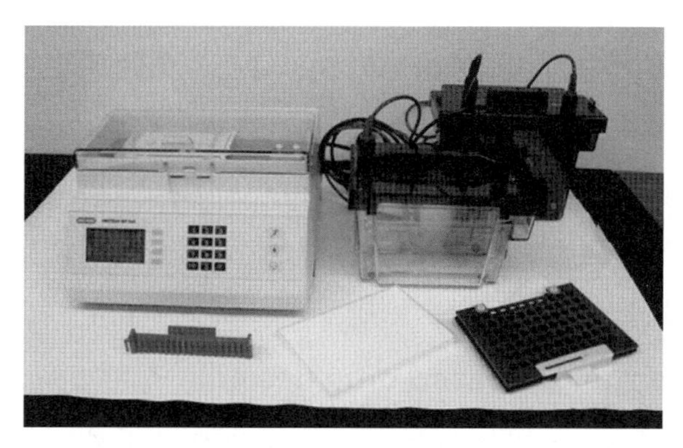

• 圖 9-1　二維電泳分析

二、質譜技術

1. **運作原理**：質譜儀(mass spectrometer)的運作原理是先將化學分子離子化，使之帶有電荷，然後利用外加電場使離子產生動能，離子在真空管內飛行一定距離後會撞擊到偵測標靶，並產生光電訊號。離子的質量越大則飛行速度越慢，所以到達標靶時間也就越長，由此得知待測分子之質量。早期質譜儀只能偵測分子量在數百到數千的分子，近年經過電噴灑離子化技術(electrospray ionization, ESI)與基質輔助雷射脫附離子化(matrix-assisted laser desorption/ionization, MALDI)兩項關鍵技術發展後，已經可以應用於

DNA 或蛋白質等生物大分子。此外，質譜儀的靈敏度高，待測樣品的需要量很少，所以質譜儀是研究蛋白質體學非常重要的儀器。目前基質輔助雷射脫附游離飛行式質譜儀(matrix-assisted laser desorption ionization- time of flight mass spectrometer, MALDI-TOF MS)最為常見，如圖 9-2 所示。

• 圖 9-2　基質輔助雷射脫附游離飛行式質譜儀

2. 分析蛋白質種類的方法：

(1) 在二維電泳膠片上所分離之蛋白質，可以分別取出並利用胰蛋白酶切割成胺基酸片段，接著送入質譜儀分析這些胺基酸片段的個別質量。質量分析結果出來後，直接將這些質量數目組合輸入資料庫內比對，就可以知道蛋白質的種類（圖 9-3）。

(2) 利用氣體分子撞擊胺基酸片段，並分析碎裂產物的質量：由於胺基酸片段在質譜儀上的位置，出現在個別胺基酸分子之間的機會很大，所以個別碎裂產物之質量差剛好等於一個特定胺基酸分子質量。透過分析軟體計算所有碎裂產物質量差，便可得知此胺基酸片段之序列。

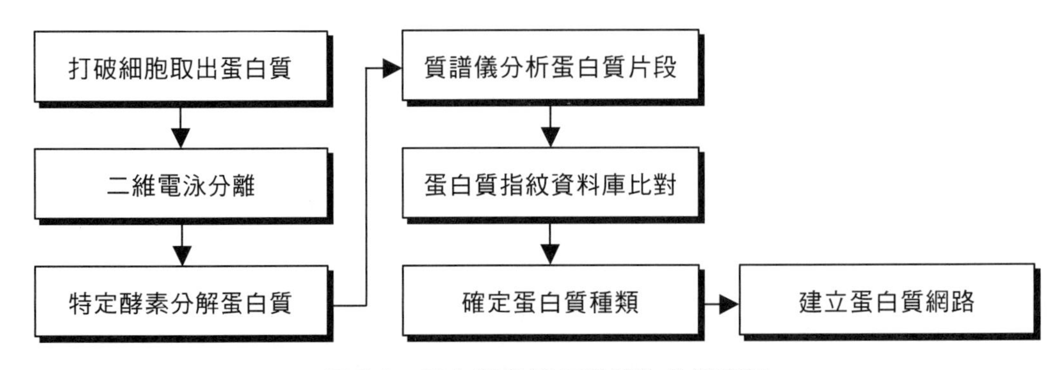

• 圖 9-3 蛋白質與蛋白質體的分析流程

除了二維電泳分析蛋白技術與質譜術外，近年來許多新技術的產生應用於研究蛋白質體，請見表 9-1。

表 9-1 研究蛋白質體的新興技術

名稱	優點	缺點
點陣列工具 (spotted array-based tools)	操作簡單、再現性高、省時，用途是分析蛋白質之間的反應	1. 成本高 2. 使用普及率低
微流體工具 (microfluidic-based tools)	省時且靈敏度高	1. 成本高 2. 使用普及率低
同位素親和力標示 (isotope affinity tags)	可對某些蛋白質作定量分析	1. 成本高 2. 使用普及率低
分子掃描儀 (molecular scanner)	可將二度空間蛋白質電泳與質譜儀結合在同一個儀器上	1. 成本高 2. 使用普及率低

但因處於研發與改良階段，故共同的缺點是成本高且使用普及率低。而且，光是技術仍嫌不夠，仍然需要生物資訊、圖像分析軟體及網路技術的支援。目前蛋白質體學還處於初期發展階段，仍有許多困難待克服。未來蛋白質體學研究將著重於藥物開發，找出可治療癌症、愛滋病等多種疾病的藥物。

9-3 結構生物學

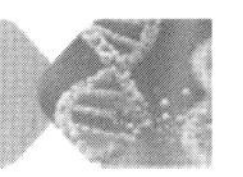

一、結構生物學的定義

結構生物學為生命科學當中一個重要的分支，本學科是以分子生物物理學為基礎，結合化學和分子生物學方法測定生物大分子複合體的空間結構（一般是指三維結構）、形成此結構的動力過程及分子結構與其生化功能之間的關係。

近年來，由於電腦的快速發展，以及生命科學資料庫當中實驗數據的累積，使高速計算在結構生物學研究中扮演的角色日趨重要。有學者預測，結構生物學將取代分子生物學的地位而成為整個生命科學領域的主流學科，目前在蛋白質晶體學領域中就有十餘名科學家獲得諾貝爾獎。

二、結構生物學的重要性

在生物大分子當中，蛋白質與核酸是最重要的分子。其生化功能與結構、折疊動力過程有密不可分的關係。而結構生物學之應用，不但可以提供結構與功能之關聯，更可以進一步地解釋造成特殊功能的機轉，在藥物的開發上，它更可運用於以結構為基礎之循理性藥物設計。

然而因為蛋白質分子過於巨大，結構極為複雜，其三維結構的求出，主要是靠 X-ray (80%)及 NMR (20%)兩種輔助工具，但即使以目前的超級電腦的計算能力，要預測所有巨分子的結構仍十分困難。因此目前的研究方向是由兩種方式來進行探討：

1. 由極度簡化的模型出發，掌握此類分子基本的共通性質，以此作為深層的精密研究的基礎。
2. 由現象學角度出發，分析目前資料庫中的實驗數據，進行資料挖掘，歸納出其特性。

9-4 生物資訊

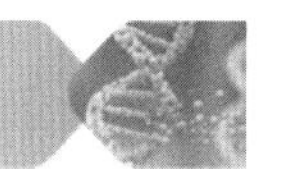

生物資訊(bioinformatics)是結合資訊科學與生物學的新興學科。所要探討的內容可以分成以下六項：

1. 尋找生物體與生物體之間的同源性。
2. DNA 序列分析。
3. 多重序列組合。
4. 基因功能預測：不同的基因在何時表達以及在何種組織器官中表達（功能基因體學）。
5. 蛋白質的形狀、結構及如何與其他蛋白質產生交互作用（蛋白質體學與結構生物學）。
6. 單一核苷酸多型性。

以往許多生物技術公司成立的目的是要把研究重心擺在 DNA 序列分析和基因預測上，隨著人類基因體計畫的完成，目前生技公司的研發重心將著重於功能基因體學、蛋白質體學、結構生物學及單一核苷酸多型性。

單一核苷酸多型性

一、單一核苷酸多型性的定義

單一核苷酸多型性(single nucleotide polymorphism, SNP)指的是在生物體內基因體內某一位置的單一核苷酸，在同一物種的不同個體間並不相同。例如某個基因的第 100 個核苷酸，有 90%的個體是胸腺嘧啶(T)，但另外的 10%則是胞嘧啶(C)，這個位置的核苷酸即具有單核苷酸多型性。此乃因為正常人細胞於細胞分裂、DNA 合成時可產生鹼基變化機率為 10^{-8}，因此導致任何兩個人 DNA 之 base 的差異機率為 1/1,000~1/2,000。故兩個人之間約有 2×10^6 個 SNP 之差異。

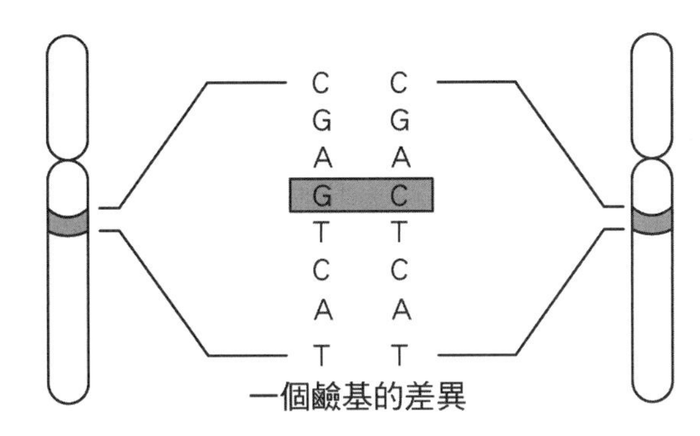

• 圖 9-4　兩條染色體之間產生一個單一核苷酸多型性(SNP)

基因體雙股 DNA 當中的某一股之單一鹼基發生改變時，另一股互補 DNA 上配對的鹼基同樣發生相對應的改變，這種情形只能算是一個單核苷酸多型性，而且基因體中單一核苷酸的缺失、插入或重複都不算是 SNP（圖 9-4）。簡單來說，每個人體內一百兆個細胞其 DNA 全部都一樣，但沒有任何兩個人的 DNA 會完全相同，這種差異就叫做 SNP，也就是我們俗稱的「體質」差異。

根據預測，人類染色體的 DNA 序列中，每隔 500~1,000 個鹼基對就會遇到一個單核苷酸多型性。在人類基因體的 30 億個核苷酸當中，預估 SNP 的數目將有 300~600 萬。兩個不同個體之間的基因體差異約 0.1%，換算之，即兩個不同個體之間的鹼基差異可達 300 萬，在如此龐大的資料下，必須借重生物資訊學的幫忙來分析 SNP。

通常 SNP 可分五大類：(1) r SNP(基因調控區域)；(2) c SNP(外顯子(exon)內有胺基酸之變化）；(3) s SNP（外顯子(exon)內無胺基酸之變化）；(4) i SNP（內含子(intron)內）；(5) g SNP（基因領域以外），其中以「r SNP」及「c SNP」之變化與「藥物基因體學」較有關，此為藥物設計上針對不同「體質」的人之設計重點。

二、單一核苷酸多型性的重要性

1. **使物種在面對環境變遷和病菌侵襲下，得以增加生存的機率**：例如負責代謝某些藥物的基因，因為單一核苷酸多型性的差異，進而影響對於藥物的代謝方式，這也就是上一段所說的「體質」差異。得到同一種病症的兩位病患，醫師開立相同的處方，有的藥到病除，有的反而病況加劇。

2. **是人類多基因疾病容易感染與否和藥物反應性差異的重要指模**：SNP 的出現頻率在不同民族或人群有明顯差異，所以不同種族的人，容易得到的病也不盡相同。研究顯示，在若干重要疾病相關 SNP 的頻率方面，東方民族與西方民族有顯著差異。

研究者希望能夠了解造成個體間差異的原因究竟何在，必須借重生物資訊學的幫助，因為資料量實在龐大，不僅涉及大量的運算，也包含資料庫的設計、資料的探勘等技術。此外，由於單一核苷酸多型性與藥物研發的關聯密切，人類基因體計畫當中也希望找出全球五大洲的若干不同人種間，在單一核苷酸多型性所存在的差異。目前為止，已經找出近 400 萬個 SNPs，此計畫仍持續進行中。

生物資訊資料庫的建立

在人類基因體計畫完成之後，累積了大量的資料，因而需要建立許多大型資料庫來儲存這些龐雜的資料。建立生物資訊資料庫最有名的首推 GenBank，目前是由美國國家衛生研究院(NIH)底下的國家生物技術資訊中心(National Center for Biotechnology Information, NCBI)來管理，也是世界上最大的公共生物資料庫，包括不同生物種類的 DNA 序列，自從人類基因體計畫開始以來，存入 GenBank 的資料是以級數般的累積。

此外，GenBank 每天與歐洲分子生物實驗室(European Molecular Biology Laboratory, EMBL)資料庫和日本的 DNA 資料庫(DNA DataBank of Japan, DDBJ)進行同步交換。

以下是幾個國際知名的生物資訊資料庫網站：

1. **美國 NCBI**：http://www.ncbi.nlm.nih.gov
2. **日本 DDBJ**：http://www.ddbj.nig.ac.jp
3. **歐洲 EMBL**：http://www.embl-heidelberg.de
4. **歐洲分子生物網**(The European Molecular Biology network, EMBnet)：http://www.hgmp.mrc.ac.uk/brochure/html/
5. **英國 Sanger Centre**：http://www.sanger.ac.uk
6. **加拿大病毒生物資訊資料庫**：http://athena.bioc.uvic.ca/

DNA 序列分析與基因預測

目前人類的基因總數約有 20,000~25,000 個，我們希望能夠從人類基因體當中找到具有功能的基因。真核生物的基因中只有外顯子(exon)才含有製造蛋白質的資訊，所以生物資訊就是利用電腦程式找出基因的轉錄起始點與終止點，並進一步找到同一基因內所有的外顯子。目前用於基因預測的方法主要有兩種：其一為利用機率與統計的方法去尋找基因；其二是利用相似性或同源性的方法去尋找基因，常見的有兩種分析軟體：

1. **基本區域排比搜尋工具(basic local alignment search tool, BLAST)**：這是一套用來比對序列的軟體，主要利用一些程式語言與複雜的演算法所寫出來的程式，不論是胺基酸或核苷酸序列皆能比對。
2. **序列相似性分析(FASTA)**：FASTA 程式運用的演算方法與生物進化過程中 DNA 序列的插入突變或缺失突變類似，不同於 BLAST 軟體的是它能夠對於 DNA 序列進行整體相似性分析。

生物資訊與蛋白質體研究

由於蛋白質三度空間立體結構的決定是新藥開發的重要資訊，所以若能早日知道蛋白質的立體結構，將可以大幅降低新藥開發所需的時間與投資成本。不過，研究蛋白質構造遠比研究 DNA 序列困難許多，因為 DNA 序列是由四個鹼基組成的線性結構，但是蛋白質是由 20 種胺基酸所形成的三度空間立體結構。若僅從 DNA 序列去預測蛋白質的立體構造，其誤差將非常的大。即使是分子量不是很大的蛋白質，光憑 DNA 序列去預測結構也會非常困難。

在美國，目前利用生物資訊來研究蛋白質的立體結構的生技公司很多，政府研究部門也投入不少金錢在上面，預計在這方面的總投資將可媲美在人類基因體計畫上的花費。另外，由政府所資助的研究計畫成果將屬於公開性資料，這些公開性資料都可以自由從網站上下載。美國國家衛生研究院預計在 10 年內將決定出 10,000 個蛋白質的立體結構，其目的是希望從已知的蛋白質結構資料庫中預測新的蛋白質構造。

後基因體時代生物資訊的發展方向

在單一核苷酸多型性(SNP)的逐步解析出來後，可以知道哪些人特別容易得到哪些疾病，並且可以預知對於疾病的抵抗能力。此外，使用藥物治療病患時，不同族群與遺傳特性會使人體表現出的不同藥理特性，未來將針對個人基因型態施以個人專屬藥物(personalized medicine)，將提高藥物的有效性及降低副作用。

進入後基因體時代後，由於生物資訊累積更新的速度加快，生技產業也呈現更多元的面貌，不再以單一產品為公司生存命脈。為因應日益變化劇烈的市場與技術演進，現在生技公司的新產品開發時程，必須比以前生技製藥公司短，如此才具有競爭力。

9-5 生物晶片

生物晶片概述

事實上，生物晶片的正式名稱叫做微陣列技術（圖 9-5）。生物晶片(biochip)一般指的是應用半導體策略以矽晶片、玻璃或高分子為材料，整合微機電、光電、生化及分子生物學等領域，進行醫療檢驗、環境檢測、食品檢驗、新藥開發、基礎研究等用途的精密微小化設備。與一般的半導體晶片不同之處是缺少整合性電子電路和元件，但作用原理大同小異。其方法是將生物大分子（如：DNA 及抗體等物質），以微陣列(microarray)方式配合化學方法將其製作於玻璃片、矽晶片或尼龍薄膜之微面積固體材料上。

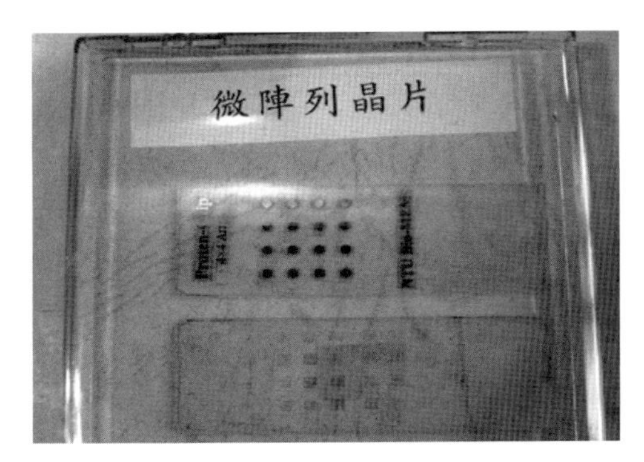

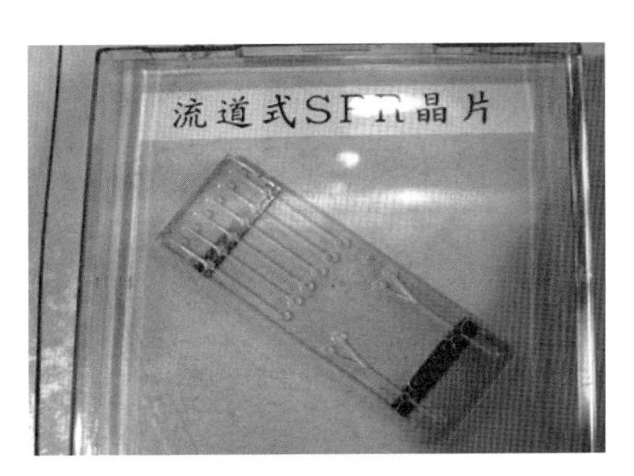

• 圖 9-5　台大生物機電研究所發展的微陣列晶片（左）與流道式 SPR 晶片（右）

生物晶片的種類

廣義的生物晶片包含：基因晶片、蛋白質晶片、組織晶片及實驗室晶片等，其製作方式及應用層次各有不同。

1. **基因晶片**：基因晶片(gene chip)包括 DNA 晶片(DNA chip)與核苷酸晶片(oligonucleotide chip)，是利用 DNA 為探針，整齊的排列在晶片上，並和檢體中的 DNA 片段（標記螢光分子）產生雜交反應，若有結合反應，即代表檢體中帶有與晶片上相同的 DNA，因此可大規模篩選並監測基因的表現。基因晶片的製作方法主要有三種：

(1) 光蝕刻法(photolithography)：先在載玻片上點上第一個核苷酸，然後慢慢接上一個個的核苷酸。此種方法是 Affymetrix 公司首先開發出來以半導體技術製程衍生出的方法，在晶片上可高達 400 個不同寡核苷酸／cm^2 密度之核酸，而 Affymetrix 公司擁有相關專利達近百項，此法之缺點為標的物接的愈長，成功率愈低。

(2) 機器手臂點樣法：此方法為先沾取 DNA 樣本，再利用機器手臂以實心針或空心針來將 DNA 點到載玻片上。若以實心針打點，則必須重沾試劑再打，速度較慢且可能有交叉汙染的問題，但價格便宜。使用空心針可連續打點後再補充試劑，速度較快，但價格比較貴。

(3) Canon 和 Agilent 應用墨點法或噴墨印刷(ink-jet printing)技術：將 DNA 探針植入晶片表面，此法優點是速度快，但對於微量多樣本則價格不斐，因為樣本愈多代表噴頭耗損需愈多，因此，此法的經濟規模相當重要，若沒有達到大量的標準，將不符成本效益。

2. **蛋白質晶片**：蛋白質晶片(protein chip)是以蛋白質為生物探針，整齊的排列在晶片上，進行抗原－抗體免疫反應，用以檢測蛋白質，由於製程牽涉到蛋白質／抗體的正確表達、結構、活性、轉譯後修飾及大量純化等因素，目前尚處於開發階段。目前市面上流感的快篩試劑，主要就是偵測流感病毒上的特定蛋白質，但只能分辨出「是 A 型流感」或「非 A 型流感」，更進一步則是利用「醣晶片」技術，可以更細分出「A 型亞種病毒」、「新流感 H1N1」，或「禽流感」等病毒。

3. **實驗室晶片**：實驗室晶片(lab-on-a-chip)是利用微機電技術製造，整合若干微管道與微反應器於一塊晶片上，以完成各種樣品處理、反應或分析檢測，功能類似一個實驗室之縮影，極有潛力成為未來生物晶片的主流。依其功能可分成 PCR 晶片與毛細管電泳晶片。

生物晶片的應用

生物晶片之所以能成為本世紀最受矚目的功能基因研究工具之一，乃因其具有高通量且有自動化分析之特點，並可迅速分析出基因表現上之差異及核酸之變異情形，目前以應用於生物醫學上較廣泛，以下列舉四項最常之應用作為參考。

1. **藥物開發及藥理學研究**：利用這項技術將迅速得知新藥是否會抑制致病基因或可能誘導抗病基因的表現，同時不影響正常基因的表現。如此將可縮短藥物開發的時程與提高臨床人體試驗的安全性。
2. **差異表現基因的篩選**：利用這項技術將可輕易比較出正常細胞與癌細胞間之差異，可用於篩選腫瘤標記基因或細胞。
3. **基因突變之解析**：利用這項技術將可快速定出基因突變的位置或序列。例如：Affymetrix 公司所推出之 P53 晶片將可篩檢出癌症高危險群之病人。
4. **遺傳網路的建構**：利用這項技術將可分析不同發育時期之動物胚胎，分析其脊髓中不同基因變化，以瞭解其中樞神經系統發育時各階段基因的交互作用情形，進而瞭解其中樞神經系統發育的基因網路。

此外，2008 年環保署成功研發出新型的生物晶片，不但可以一次檢測出黃麴菌等 10 種空氣中的致病真菌，檢驗的時間也由 1 個月大幅縮短為數個小時，成為快速檢驗室內的空氣品質之利器。

小試身手
EXERCISE

( ) 1. 下列何者不算是後基因體時代的新興知識？ (A)蛋白質體學 (B)結構生物學 (C)生物資訊學 (D)分子生物學

( ) 2. 下列關於蛋白質體學的敘述，何者不正確？ (A)蛋白質的修飾與加工也是由DNA序列下指令 (B)又稱為蛋白組學 (C)蛋白質體是生物體內所有蛋白質的總稱 (D) 2001年成立人類蛋白質體組織(HUPO)

( ) 3. 下列關於鐮刀型紅血球貧血症的敘述，何者不正確？ (A)蛋白質的結構上缺陷或產生變異，是產生疾病的主因 (B)血紅蛋白中的纈胺酸(valine)被取代成為穀胺酸(glutamate) (C)很多患者都不太能夠活過40歲 (D)得到此病的患者無法正常輸送氧氣

( ) 4. 下列有關於質譜儀的敘述，何者正確？ (A)化學分子離子化後質量越大者飛行速度越快 (B)目前質譜儀可用來分析DNA分子 (C)目前質譜儀只能偵測分子量在1,000道耳吞以下的分子 (D)利用質譜儀偵測時需要的樣品量很大

( ) 5. 請依照順序排列蛋白質與蛋白質體的分析流程： (1)質譜儀分析蛋白質片段 (2)蛋白質指紋資料庫比對 (3)二維電泳分離 (4)特定酵素分解蛋白質 (5)打破細胞取出蛋白質 (6)確定蛋白質種類 (A) (5)(4)(3)(1)(2)(6) (B) (5)(4)(3)(2)(1)(6) (C) (5)(4)(2)(3)(1)(6) (D) (5)(3)(4)(1)(2)(6)

( ) 6. 下列有關於研究蛋白質體的新興技術，何者正確？ (A)點陣列工具－使用普及率高 (B)分子掃描儀－成本低 (C)同位素親和力標示－成本高 (D)微流體工具－使用普及率高

( ) 7. 有關於結構生物學的敘述，何者不正確？ (A)分子生物物理學是重要基礎知識 (B)在新藥研發上結構生物學非常重要 (C)目前探討巨分子是以複雜的模型出發，掌握此類分子基本的共通性質 (D) X-ray及NMR是兩種重要的輔助工具

( ) 8. 有關於生物資訊學的敘述，何者不正確？ (A)可尋找生物體與生物體之間的同源性 (B)可進行基因功能預測 (C)可預測蛋白質的結構 (D)與單一核苷酸多型性無關

(　) 9. 關於單一核苷酸多型性(SNP)的敘述，何者正確？ (A)單一核苷酸多型性在同一物種的不同個體間仍然相同 (B) DNA 合成時可產生鹼基變化的機率為 10^{-4} (C)任何兩個人 DNA 之 base 的差異機率為 1/1,000~1/2,000 (D)基因體中單一核苷酸的缺失、插入或重複都算是單一核苷酸多型性

(　) 10. 關於單一核苷酸多型性(SNP)的分類，何者不正確？ (A) s SNP (B) m SNP (C) c SNP (D) i SNP

(　) 11. 下列敘述者正確？ (A)根據預測，人類染色體 DNA 序列中每隔 5,000~10,000 個鹼基對就會遇到一個單一核苷酸多型性 (B)生物資訊學對於分析單一核苷酸多型性十分重要 (C)預估人體內基因體的 30 億個核苷酸當中，單一核苷酸多型性的數目將有 3~5 萬 (D) i SNP 與藥物基因體學比較有關

(　) 12. 下列關於單一核苷酸多型性(SNP)的敘述何者不正確？ (A)因為單一核苷酸多型性的差異，進而影響對於藥物的代謝方式，這就是俗稱的「體質」差異 (B)醫師對於得到同一病症的病患開出相同的處方，有時藥到病除，有時反而病況加劇 (C)單一核苷酸多型性的出現頻率在不同民族間並無差異 (D)目前全球至少已經找到 400 萬個 SNPs

(　) 13. 下列敘述何者不正確？ (A)目前人類基因總數約 20,000~25,000 個 (B) NCBI (National Center for Biotechnology Information)是目前全球最大的公共生物資料庫 (C) EMBL 是日本的 DNA 資料庫 (D) BLAST 及 FASTA 是兩個常用來研究基因預測的資料庫

(　) 14. 下列敘述何者不正確？ (A)研究蛋白質構造遠比研究 DNA 序列困難許多 (B)真核生物中少部分的 intron 也含有製造蛋白質的資訊 (C)針對個人基因型態施以個人專屬藥物稱為 personalized medicine (D)未來生技公司的新產品開發時程將越來越短才有競爭力

(　) 15. 下列關於生物晶片的敘述，何者不正確？ (A)生物晶片也包括整合性電子電路及元件 (B)生物晶片一般會以矽晶片、玻璃或高分子當做材料 (C)生物晶片可以應用在醫療檢驗、環境檢測及新藥開發等領域 (D)又可以稱為微陣列技術

( ) 16. 下列敘述何者正確？ (A)機器手臂點樣法是 Affymetrix 公司首先開發出的基因晶片製作法 (B)墨點法或噴墨印刷法製造的基因晶片其優點是速度快 (C)光蝕刻法製造的基因晶片每平方公司晶片上的寡核苷酸密度可高達 4,000 個 (D)蛋白質晶片目前已進入商業化量產階段

( ) 17. 下列哪一項不屬於生物晶片的種類？ (A)基因晶片 (B)蛋白質晶片 (C)實驗室晶片 (D)以上皆是

( ) 18. 下列關於生物晶片的應用，何者不正確？ (A) Affymetrix 公司推出的晶片可篩檢心血管疾病高危險群之病人 (B)可用於藥物開發及藥理學研究 (C)可用於差異表現基因的篩選 (D)可用於遺傳網路的建構

( ) 19. 下列哪一項不是生物資訊資料庫網站？ (A)美國 NCBI (B)日本 DDBJ (C)英國 Sanger Centre (D)以上皆是

( ) 20. 下列敘述何者不正確？ (A)蛋白質晶片是以蛋白質為生物探針 (B)二維電泳分析蛋白技術的第一維是以分子量來分離蛋白質 (C)實驗室晶片是利用微機電技術製造，整合微反應器於一塊晶片上 (D)蛋白質晶體學領域已有十餘名科學家獲得諾貝爾獎

解答 QR Code

附錄 基因重組實驗守則

APPENDIX

1989 年 9 月行政院國家科學委員會訂定
2004 年 6 月增修

第一章 總 則

第一節 宗 旨

本基因重組實驗守則（以下簡稱本守則）的宗旨，是為推動去氧核糖核酸(DNA)及核糖核酸(RNA)重組研究之實驗安全。

第二節 定 義

本守則中的名詞解釋，需依照下面之定義：

1. 『基因重組實驗』在本守則中是指包括 DNA、RNA 及其他遺傳物質之重組實驗。
2. 『基因重組實驗』指在試管內，用酵素把活細胞內可以增殖之遺傳物質的本體與外源性之 DNA 組合，然後把這個組合移入另一活細胞體，使重組 DNA 得以增殖的實驗。不包括在自然界已存在，含外源性 DNA 之活細胞或同等之遺傳物質。
3. 『大量培養實驗』是指在基因重組實驗中，培養 20 公升以上細胞之大規模實驗。
4. 『宿主』是指在基因重組實驗中，接受重組 DNA 移入的活細胞。
5. 『載體』是指在基因重組實驗中，把外源性 DNA 運送至宿主的 DNA。
6. 『宿主－載體系統』是指宿主和載體的組合。
7. 『DNA 供應體』是指提供欲插入載體之 DNA 的細胞或微生物。當用 RNA 做模板合成 DNA 後，再插入載體的情況，則是指提供 RNA 的細胞或微生物。
8. 『重組體』是指攜帶重組 DNA 之病毒、細胞或生物體。

9. 『已確認 DNA』是指從 DNA 供應體製備並且經過核苷酸序列確認的 DNA，與選殖及化學合成的 DNA。

10. 『未確認 DNA』是指從 DNA 供應體製備，但還未被確認的 DNA。

11. 『基因轉殖動物』是以重組 DNA 進行下列實驗所轉殖的動物及動物體的一部分，包括精子、卵、受精卵、胚、胎、未分化之胚幹細胞及已分化之體細胞等（含基因剔除動物）。

    (1) 以動物為宿主之實驗。

    (2) 把重組 DNA 轉殖到動物之實驗。

    (3) 以上述的實驗所轉殖的動物作為實驗材料。

12. 『基因轉殖植物』是以重組 DNA 進行下列的實驗所轉殖的植物或植物體的一部分，包括花粉、胚珠、胚胎、孢子、種子，及已分化器官與未分化的細胞等（含基因剔除植物）。

    (1) 以植物為宿主之實驗。

    (2) 把重組 DNA 轉殖到植物之實驗。

    (3) 以上述的實驗所轉殖的植物作為實驗材料。

13. 『實驗室』是指從事基因重組實驗的房間。

14. 『實驗區域』是包括出入用的緩衝室，實驗室及走廊等所組成的區域。

15. 『緊急避難室』是指在實驗區域內備有在緊急狀況時能維持工作人員生命安全裝置的密閉空間。

16. 『安全操作裝置』是指防止實驗操作時所產生之汙染性氣霧向外流出之裝置或箱形設計（見附表一所規定的生物安全操作裝置規格）。

17. 『實驗人員』是指操作基因重組實驗的人員。

18. 『計畫主持人』是指主持該項實驗計畫的負責人。

19. 『研究機構主管』為監督基因重組實驗之各單位主管、公共團體之負責人或代表人（詳見第七章）。

20. 『研究機關主管』為監督基因重組實驗之公共團體法定代理人。

第三節　基因重組實驗之安全確保

為確保基因重組實驗的安全，需用病原微生物實驗室一般所用之標準實驗方法為基礎，視實驗的危險性，以物理性防護及生物性防護二種方法適切配合，才可實施。實施大量培養實驗時，需使用大規模培養醱酵裝置等各種密閉型裝置的實驗設施或相同層級的設施。

第四節　實驗人員之責任與義務

實驗人員對於實驗的規劃及執行，要特別注意確保安全，並需熟悉有關病原微生物的標準實驗方法，和實驗所需的特有操作方法及有關技術。

第五節　研究機構主管之責任與義務

研究機構主管應負責督促本守則之執行。

第六節　確保實驗安全之程序

1. **基本守則內的實驗**：為確保實驗的安全，實驗計畫須依本守則第三章第五節至第九節之規定辦理。
2. **基本守則外的實驗**：本守則未定出防護基準之實驗，需經研究機構相關之生物實驗安全委員會審查，並且得到研究機構主管許可後，需在監督機關之監督下進行實驗，但最長以三年為限（參考本守則第三章第十節）。
3. **生物實驗審查之程序請參閱圖一。**

第七節　基因重組實驗守則之修訂

必要時，行政院國家科學委員會得不定期邀請本守則之編審委員及有關專家，對本守則加以適當之修訂。

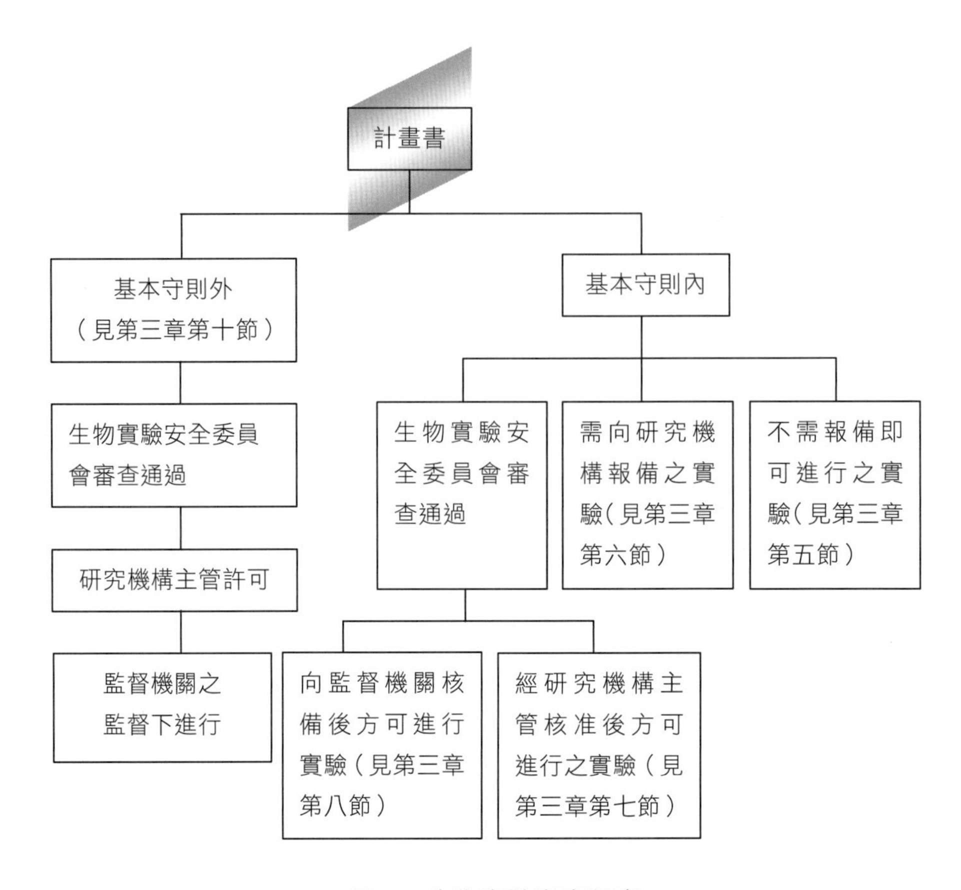

• 圖一　生物實驗審查程序

第二章　物理性防護(Physical Containment)

第一節　物理性防護之目的

物理性防護的目的是將重組體隔離在設施或設備內，防止實驗人員和其他物品受到汙染，並且防止其向外界擴散。

第二節　20 公升以下規模實驗之物理性防護

1. 實驗室物理性防護之區分：

(1) 20 公升以下規模實驗之物理性防護，由隔離的設備、實驗室的設計及實驗實施要項等三要素所組成。因封閉程度的不同，區分為 P1、P2、P3 和 P4 四等級，P1、P2、P3 防護等級參見表 2-1。

(2) 另訂 $P2^+$ 等級供每次操作最後總量不超過 200mL，且總病毒數不超過 1×10^9 之 HIV 或 HTLV 之操作規範。

2. 物理性防護的等級：

[1] P1 級：

(1) 隔離的設備及實驗室的設計：實驗室需具備跟一般微生物學實驗室相同等級的設備。

(2) 實驗實施要項：

1) 進行實驗時，宜關閉實驗室的門窗。

2) 每日實驗結束時需滅菌實驗台，如實驗中發生汙染，需立即加以滅菌。

3) 實驗所產生之所有生物材料廢棄物，在丟棄之前需滅菌。被汙染的器具需先經滅菌後，再清洗使用或丟棄。

4) 不得用口做吸量操作。

5) 實驗室內禁止飲食、吸菸及保存食物。

6) 操作重組體之後，或離開實驗室之前要洗手。

7) 在所有操作中，應盡量避免產生氣霧。

8) 要從實驗室搬離被汙染物品時，必須將其放入堅固且不漏的容器，在實驗室內密封後才可運出。

9) 防除實驗室的非實驗用生物，如昆蟲及鼠類等。

10) 若有其他方法可用，應避免使用針頭。

11) 實驗用衣物的使用，需遵從計畫主持人的指示。

12) 需遵守計畫主持人所訂之其他事項。

[2] P2 級：

(1) 隔離的設備：

1) 為了處理重組體，而使用容易產生大量氣霧的磨碎機(Blender)、冷凍乾燥器、超音波細胞打碎機及離心機等儀器時，應盡量避免氣霧外洩，或把這些儀器放置在安全操作裝置中。但若機器已經有防止氣霧外洩的裝置，則不在此限。

2) 需設置生物安全操作台（第一級或第二級），且要做定期檢查。高性能空氣過濾器(High Efficiency Particulate Airfilter, HEPA)的更換及使用甲醛燻蒸等操作時，需在不必移動生物安全操作台的情形下就可操作。生物安全操作台設置後需立即檢查，之後每年必須定期檢查一次。向實驗室內排氣之生物安全操作台，則每年需檢查兩次。

檢查項目包括：

(a) 風速、風量試驗。

(b) 密閉度試驗。

(c) HEPA 過濾器性能試驗。

(2) 實驗室的設計：實驗室所在之建物內，需具備處理汙染物及廢棄物滅菌用之高壓滅菌器。

(3) 實驗實施要項：

1) 進行實驗時，需關閉實驗室的門窗。

2) 每天實驗結束之後一定要滅菌實驗台及生物安全操作台。如實驗中發生汙染，需立即加以滅菌。

3) 與實驗有關之生物材料之廢棄物，在丟棄前需做滅菌處理。被汙染的器具需先經高壓滅菌後，再清洗使用或丟棄。

4) 不得用口做吸量操作。

5) 實驗室內禁止飲食、吸菸及保存食物。

6) 操作重組體時需戴手套以防汙染，操作完畢後及離開實驗室前需洗手。

7) 在所有的操作中，應盡量避免產生氣霧（例如，把燒熱的接種用白金環及接種針插入培養基時，若發生大量氣霧，就可能造成汙染）。亦應避免將吸管或針筒內之液體用力射出。

8) 要從實驗室搬離被汙染物品時，必須將其放入堅固且不外漏的容器，並在實驗室內密封之後，才可運出。

9) 防除實驗室的非實驗用生物，如昆蟲及鼠類等。

10) 若有其他方法可用，應避免使用針頭。

11) 實驗室內，要穿著實驗衣，離開前要脫掉。

12) 禁止對實驗性質不了解的人進入實驗室。

13) 實驗進行中，要在實驗室之入口，標示「P2 級實驗室」，並掛上「P2 級實驗進行中」的標示。而且保存重組體之冰箱及冷凍庫也要做同樣的標示。

14) 實驗室要經常清理，保持清潔，不得放置與實驗無關的物品。

15) 生物安全操作台內的 HEPA 過濾器，在更換前、定期檢查時，需密封生物安全操作台，每立方公尺用 10 公克的甲醛燻蒸 1 小時，去除汙染。

16) 若在此級實驗室內同時進行 P1 級的實驗時，需明確劃分實驗區域，小心進行操作。

17) 需遵守計畫主持人所規定之其他事項。

[3] $P2^+$級：

(1) 隔離的設備：

1) 為了處理重組體，而使用容易產生大量氣霧的磨碎機(Blender)、超音波細胞打碎機及離心機等儀器時，應避免氣霧外洩，且把這些儀器放置在生物安全操作台中。但若機器已經有防止氣霧外洩的裝置，則不在此限。

2) 需設置生物安全操作台（第二級或以上），且要做定期檢查。HEPA 過濾器的更換及使用甲醛燻蒸等操作時，需在不必移動生物安全操作台的情形下就可操作。生物安全操作台設置後需立即檢查，之後每年必須定期檢查一次。向實驗室內排氣之生物安全操作台，則每年需檢查兩次。

檢查項目包括：

a) 風速、風量試驗。

b) 密閉度試驗。

c) HEPA 過濾器性能試驗。

(2) 實驗室的設計：

1) 實驗區域之入口應有前室，其前後二扇門無法同時開啟，而且應有更衣室的設計，並需有紫外燈裝置。

2) 實驗區域內需放置高壓滅菌器，以供汙染物及廢棄物之滅菌用。

3) 實驗區域的窗戶需保持關閉狀態。

4) 實驗室內前室附近，需設有可用腳或肘操作或自動的洗手、噴臉和沖眼的設備。

(3) 實驗實施要項：

1) 進行實驗時，需關閉實驗室的門窗。

2) 每天實驗結束之後一定要滅菌實驗台及生物安全操作台。如實驗中發生汙染，需立即加以滅菌。

3) 與實驗有關之生物材料之廢棄物，在丟棄前需做滅菌處理。被汙染的器具需先經高壓滅菌後，再清洗使用或丟棄。

4) 不得用口做吸量操作。

5) 實驗室內禁止飲食、吸菸及保存食物。

6) 進入此級實驗室前室內需穿實驗衣、戴口罩、面罩／安全眼鏡、雙層鞋套（或包覆式實驗室鞋及一層鞋套）、帽套及雙層手套。所穿著之實驗衣需為長袖且胸前不開口之形式。

7) 在所有的操作中，應盡量避免產生氣霧（例如，把燒熱的接種用白金環及接種針插入培養基時，若發生大量氣霧，就可能造成汙染）。亦應避免將吸管或針筒內之液體用力射出。

8) 要從實驗室搬離被汙染物品時，必須將其放入堅固且不外漏的容器，並在實驗室內密封之後，才可運出。

9) 防除實驗室的非實驗用生物，如昆蟲及鼠類等。

10) 若有其他方法可用，應避免使用針頭。

11) 離開實驗室進入前室前，需脫掉外層手套後再脫掉面罩/安全眼鏡、帽套、實驗衣、外層鞋套（或鞋套）。最後脫口罩及內層手套，洗手後進入前室，脫掉內層鞋套（或包覆式實驗室鞋）後離開。脫換後之實驗衣、口罩、面罩／安全眼鏡、鞋套、帽套及手套在實驗室內消毒後方能攜出。

12) 禁止與進行實驗無關之人員進入。

13) 實驗進行中，要在實驗室之入口，標示「$P2^+$級實驗室」，並掛上「$P2^+$級實驗進行中」的標示。而且保存重組體之冰箱及冷凍庫也要做同樣的標示。

14) 實驗室要經常清理，保持清潔，不得放置與實驗無關的物品。

15) 生物安全操作台內的 HEPA 過濾器，在更換前、定期檢查時，需密封生物安全操作台，每立方公尺用 10 公克的甲醛燻蒸 1 小時，去除汙染。

16) 在此級實驗室內，如欲同時進行級數較低之實驗，需按照本級之規定實施。

17) 需遵守計畫主持人所規定之其他事項。

[4] P3 級：

(1) 隔離的設備：

1) 為了處理重組體，而使用容易產生大量氣霧的磨碎機(Blender)、超音波細胞打碎機及離心機等儀器時，應避免氣霧外洩，且把這些儀器放置在生物安全操作台中。但若機器已有防止氣霧外洩的裝置，則不在此限。

2) 設置生物安全操作台時（第二級 B 型以上），需做安全檢查。HEPA 過濾器之更換及使用甲醛燻蒸等操作時，需不必移動生物安全操作台就可操作。在設置生物安全操作台後，需立即檢查，之後每年必須定期檢查一次，但是向實驗室內排氣之生物安全操作台，則需每年檢查兩次。

   檢查項目包括：

   (a) 風速、風量試驗。

   (b) 密閉度試驗。

   (c) HEPA 過濾器性能試驗。

(2) 實驗室的設計：

1) 實驗區域之入口應有前室，其前後二扇門不能同時開啟，而且應有更衣室的設計，並需有紫外燈裝置。

2) 實驗區域內需有廢水收集及滅菌之設備。

3) 實驗區域內需放置高壓滅菌器，以供汙染物及廢棄物之滅菌用。

4) 實驗區域之地面、牆壁及天花板之表面，需使用容易清洗及可燻蒸之材料及結構。

5) 實驗室及前室附近，需設有可用腳或肘操作或自動的洗手、噴臉和沖眼的設備。

6) 實驗區域的窗戶需保持密封狀態。

7) 實驗區域之門需能自動開關。

8) 實驗室內之真空抽氣裝置，需與實驗區域以外之區域分別獨立，需有實驗專用裝置的設計，真空抽氣口需備有過濾器及滅菌液之收集器。

9) 實驗區域需設置空氣的排換氣裝置。此系統的設計需為負壓，空氣需從緩衝室流向實驗區域。從實驗區域之排氣需經過濾及其他必須處理之後方可排出。

10) 上述硬體詳細相關規定，請參照美國的疾病控制與預防中心(Centers for Disease Control and Prevention, CDC)及國家健康研究院(National Institutes of Health, NIH)之相關規定。

(3) 實驗實施要項：

1) 進行實驗時，需關閉實驗室的門窗。

2) 每天實驗結束之後一定要滅菌實驗台及生物安全操作台，如實驗中發生汙染時需立即滅菌。

3) 與實驗有關之生物材料廢棄物，在丟棄前需滅菌處理。被汙染之器具需先經高壓滅菌後，再清洗使用或丟棄。

4) 不得用口做吸量操作。

5) 實驗區域內禁止飲食、吸菸及保存食物。

6) 進入此級實驗室前室內需穿實驗衣、戴口罩、面罩／安全眼鏡、雙層鞋套（或包覆式實驗室鞋及一層鞋套）、帽套及雙層手套。所穿著之實驗衣需為長袖且胸前不開口之形式。

7) 在所有的操作中，應盡量避免產生氣霧（例如把燒熱的接種用白金環及接種針插入培養基時，若發生氣霧，就可能造成汙染）。亦應避免將吸管及針筒內之液體用力射出。

8) 要從實驗室搬離被汙染物品時，必需將其放入堅固且不外漏的容器，且在實驗室內密封之後才可運出。

9) 防除實驗區域之非實驗用生物，如昆蟲及鼠類等。

10) 若有其他方法可用，應避免使用針頭。

11) 離開實驗室進入前室前，需脫掉外層手套後再脫掉面罩／安全眼鏡、帽套、實驗衣、外層鞋套（或鞋套）。最後脫口罩及內層手套，洗手後進入前室，脫掉內層鞋套（或包覆式實驗室鞋）後離開。脫換後之實驗衣、口罩、面罩／安全眼鏡、鞋套、帽套及手套在實驗室內消毒後方能攜出。

12) 禁止與進行實驗無關之人員進入。

13) 實驗進行中，要在實驗室及實驗區域之入口處，標示「P3 級實驗室」，並掛上「P3 級實驗進行中」的標示。而且保存重組體之冰箱及冷凍庫，也要做同樣的標示。

14) 實驗室需經常整理，保持清潔，不要放置與實驗無關的物品。

15) 生物安全操作台內之 HEPA 過濾器，在更換前，定期檢查時，需密封生物安全操作台，每立方公尺用 10 公克甲醛燻蒸 1 小時，去除汙染。

16) 在此級實驗室內，如欲同時進行級數較低之實驗，需按照本級之規定實施。

17) 遵守計畫主持人所規定的其他事項。

[5] P4 級：

(1) 隔離的設備：

1) 設置操作重組體用的第三級生物安全操作台，但若在特別的實驗區域內，用生命維持裝置來換氣，且穿著維持正壓之上下連接的實驗衣時，則可用第一級或第二級生物安全操作台來代替。

2) 設置生物安全操作台時，需做安全檢查。HEPA 過濾器之更換及用甲醛燻蒸等操作時，需不必移動生物安全操作台就可操作。在設置生物安全操作台之後，需立即檢查，而且每年必須定期檢查一次，但是向實驗室內排氣的生物安全操作台，則需每年檢查兩次。

檢查項目包括：

(a) 風速、風量試驗。

(b) 密閉度試驗。

(c) HEPA 過濾器性能試驗。

(2) 實驗室的設計：

1) 在實驗專用之建築物範圍或在建築物內，要明確劃分出一實驗區域，限制實驗人員以外的人靠近該地區。

2) 實驗區域之入口需有緩衝室，其前後二扇門不能同時開啟。而且應有更衣室及沐浴室設備。

3) 將試驗材料及其他物品搬入實驗區域時，不可經過人員出入之緩衝室及更衣室，必須另經由有紫外線照射之緩衝室。

4) 實驗區域之地面、牆壁及天花板，應具有容易清洗、能夠燻蒸，及防止昆蟲及鼠類等侵入之結構。讓實驗區域處於適當的封閉情況，但這並不表示一定要密閉。

5) 實驗室及實驗區域的主要出口，要設有可用腳或肘操作或自動的洗手、噴臉和沖眼的裝置。

6) 實驗區域之大門，需能自動開關，並可上鎖。

7) 設置中央真空系統時，在盡量靠近各使用場所配置實驗區域專用之 HEPA 過濾器。HEPA 過濾器，應不需移動就可滅菌，並且可以改換。

8) 供應實驗區域水及瓦斯之配管，需有防止逆流的裝置。

9) 從實驗區搬出之物品，必須先經過高壓、浸漬或燻蒸滅菌處理。滅菌設備為通過式且兩邊門不能同時開啟。

10) 實驗區域需有專用之空調裝置。這個裝置需為負壓，空氣從外面流入時，要設計逐漸往危險性高的區域流，同時要維持其壓力差，並且防止空氣逆流。而且需有告知錯誤情況發生的警報裝置。

11) 在每個實驗室，空氣的再循環，需用 HEPA 過濾器過濾。

12) 從實驗區域排出之氣體，需經過 HEPA 過濾器過濾，並避免其向附近建築物之空氣進口處擴散。所裝置之 HEPA 過濾器，需在不移動的情況下，就可滅菌，而且更換之後立刻做其性能檢查。

13) 經第三級生物安全操作台處理之後的廢氣需往戶外排出。如果這些廢氣必須通過實驗區域專用的排氣裝置排出時，不可擾亂生物安全操作台，或實驗區域排氣系統的空氣平衡。

14) 實驗區域內需有廢水收集及滅菌之設備。

15) 在實驗區域應設立具備下列要項之緊急避難空間：

(a) 需備有警報裝置及緊急用的空氣供應桶。

(b) 在入口處設置空氣鎖。

(c) 為了去除附著在身上或衣物上的汙染物，需設置去除化學藥品之沐浴室。

(d) 從該室排出氣體，需用兩段 HEPA 過濾器加以過濾。

(e) 為了安全，需有一套單獨的空調設備。

(f) 需備有緊急用的電源，照明及電話裝置。

(g) 對於該室以外的實驗區域，要經常保持負壓。

(h) 需備有將該區廢棄物滅菌的高壓滅菌器。

16) 在實驗區域內需具備兩套以上之發電設備，以使在電力供給不足時，可維持負壓狀態。

17) 上述實驗室詳細相關規定，請參照美國的疾病控制與預防中心(Centers for Disease Control and Prevention , CDC)及國家健康研究院(National Institutes of Health, NIH)之相關規定。

(3) 實驗實施要項：

1) 進行實驗時，需關閉實驗區域的門窗。

2) 每天實驗結束之後，一定要滅菌實驗台及生物安全操作台，如實驗中發生汙染，要立即滅菌。

3) 與實驗有關之生物材料廢棄物，在丟棄前需滅菌處理。被汙染之器具需先經高壓滅菌後，再清洗使用或丟棄。

4) 不得用口做吸量操作。

5) 實驗區域內禁止飲食、吸菸及保存食物。

6) 操作重組體後及離開實驗區域前，需洗手。

7) 在所有的操作中，應盡量避免產生氣霧（例如把燒熱的接種用白金環及接種針插入培養基時，若發生氣霧，就可能造成汙染）。亦應避免將吸管或針筒內之液體用力射出。

8) 從第三級生物安全操作台及實驗區域要把生物試驗材料在活的狀態搬出時，必須放在堅固不漏的容器，並且要通過浸漬槽或是燻蒸滅菌室。搬入時需做同樣的處理。

9) 從第三級生物安全操作台及實驗區域搬出試料或物品時，除了8)所述處理程序，還需通過高壓滅菌器。若有可能被高溫及蒸氣破壞的物品，則通過浸漬槽或是燻蒸滅菌室。搬進時，也要做同樣的處理。

10) 防除實驗室內的非實驗用生物，如昆蟲及鼠類等。

11) 若有其他方法可用，避免使用針頭。

12) 除了實驗人員及做安全檢查之工作者外，禁止進入實驗區域。

13) 實驗區域的出入，需從緩衝室通過，並要沐浴更衣。

14) 進入此級實驗室需戴口罩、鞋套及帽套。穿著包括內衣、褲子、襯衫、實驗衣、鞋子、頭巾及手套的完整實驗服裝。從實驗區域出去時，在進沐浴室之前要把這些衣物脫掉，放入收集箱內。

15) 實驗區域所有的門，及保管重組體的冷凍庫和冰箱，要懸掛「生物性危險品」標示。

16) 實驗區域需經常整理，保持清潔，不得放置與實驗無關的物品。

17) 生物安全操作台內之 HEPA 過濾器，在更換前，定期檢查時，需密封生物安全操作台，每立方公尺用 10 公克甲醛燻蒸 1 小時，去除汙染。

18) 從生物安全操作台及實驗室洗滌處流出之廢液，要加熱滅菌。浴室、洗手及衛生設備的排水，需經過化學處理滅菌。

19) 在該實驗室內，禁止同時進行級數較低的其他實驗。

20) 遵守計畫主持人所規定的其他事項。

表 2-1 利用微生物及培養細胞為宿主有關實驗之防護等級（20 公升以下規模）

DNA 供應體 / 宿主－載體系統		動物 (P2)	植物 (P1)	附表三[5] -(1) RG3 (P3)	附表三[5] -(2) RG2 (P2)	附表三[5] -(3) RG1 (P1)
EK-2 系統[1]		P1	機構報備實驗(P1)	P2	P1	機構報備實驗(P1)
EK-1[2]、SC-1[3]、BS-1[4] 等系統		P2	機構報備實驗(P1)	P3	P2	機構報備實驗(P1)
表 3-4 左欄所列之宿主－載體系統		P2	P1	P3	P2	P1
培養細胞（宿主）（限於不以分化至成體為目的者）	附表三[5]-(1)載體	基準外實驗[6]	基準外實驗[6]	基準外實驗[6]	基準外實驗[6]	基準外實驗[6]
	附表三[5]-(2)載體	P2	P2	P3	P2	P2
	附表三[5]-(3)載體	P2	P1	P3	P2	P1
附表三[5]-(1)用為宿主或載體者		基準外實驗[6]	基準外實驗[6]	基準外實驗[6]	基準外實驗[6]	基準外實驗[6]
附表三[5]-(2)用為宿主或載體者（用附表三[5]-(1)者除外）		P2	P2	P3	P2	P2
僅由附表三[5]-(3)所組成之宿主－載體系統		P2	P1	P3	P2	P1

註：1、2、3、4：定義請參照表 3-2、3-3。
5：載體為非病毒或不產生感染性之病毒體者，附表三可由附表五或附表六所取代。
6：使用尚未鑑定種別，且尚未確定無病原性之微生物之實驗皆屬基準外實驗。
（）僅記載防護等級者皆屬於機構認可之實驗。

第三節　20 公升以上規模實驗之物理性防護

1. 大量培養實驗的物理性防護規定，由隔離的設備與設計及實驗實施要項所組成。因防護層級之不同，區分為 LS-C、LS-1 及 LS-2 的三等級。

2. 物理性防護的等級：

   [1] LS-C 級：

   (1) 隔離的設備與設計：

   1) 培養裝置及其他機器需經常維持良好狀態。

   2) 重組體培養裝置的廢氣排出，需有能盡量避免重組體漏出的設計。

   (2) 實驗實施要項：

   1) 大量培養實驗所產生的生物材料廢棄物及廢棄液，在實驗結束之後，丟棄之前需做高壓滅菌處理。而且必須以在大量培養實驗所用同樣之宿主，並事先確認該滅菌操作之有效性。

   2) 自培養裝置取樣時，要注意盡量避免造成培養裝置外圍壁面的汙染。

   3) 從培養裝置把重組體移往其他裝置時，要盡量避免重組體漏出所引起的汙染。

   4) 需保持大量培養實驗區域的清潔，同時要盡力驅除該區域非實驗用生物，如昆蟲及鼠類等。

   5) 大量培養實驗進行中的培養裝置，需懸掛「LS-C 級大量培養實驗中」的標示。

   6) 大量培養實驗用的衣物，要遵照計畫主持人的指示使用。

   7) 遵守計畫主持人所定的其他事項。

[2] LS-1 級：

(1) 隔離的設備與設計：

1) 需具有防止重組體外漏的設計，而且培養裝置在密閉的狀態下，可做內部的滅菌操作。該培養設備在設置之後需馬上做密閉度檢查，而且每年一次做同樣的定期檢查。

2) 操作重組體所使用，容易產生氣霧的磨碎機、冷凍乾燥器、超音波細胞打碎機及離心機等機器，需在生物安全操作台或是在具有跟生物安全操作台同樣功能的設備（以下稱為生物安全操作台等）內操作。但是若本身已有防止氣霧外洩設計的機器則不在此限。生物安全操作台等在裝設之後，需馬上做性能檢查，而且每年定期檢查一次。

3) 重組體培養裝置的廢氣需設計經過除菌用過濾器或是和其效果相當的除菌用機器處理後方可排出。而且除菌用過濾器等在更換之後，需馬上做性能檢查，並且每年定期檢查一次。

4) 有關設備及機器，若做與其封閉狀態有關部分的改造及更換時，需重新做密閉度及性能的檢查。

(2) 實驗實施要項：

1) 要明確設定大量培養實驗區域。

2) 被汙染的培養裝置與機器及大量培養實驗產生的生物材料廢棄物及廢液，在實驗結束之後，丟棄之前要做高壓滅菌處理。而且必須以在大量培養實驗所用同樣之宿主，並事先確認該滅菌操作之有效性。

3) 不得用口做吸量操作。

4) 在大量培養實驗區域內，禁止飲食、吸菸及保存食物。

5) 實驗操作時需戴實驗用手套，操作完畢及離開大量培養實驗區域時需洗手。

6) 在全部的操作過程，要注意盡量避免產生氣霧。

7) 在培養裝置接種或採樣時，要注意盡量避免造成培養裝置外圍壁面的汙染。若發生汙染時，需立即滅菌。

8) 從培養裝置把重組體移至其他培養裝置或其他密閉的設備、機器時，要放入堅固且不漏的容器內進行。進行操作時，避免汙染容器的外圍壁面。若發生汙染時，需立即滅菌。

9) 除了在生物安全操作台內操作，及在前面 7)及 8)所規定的情況外，不可把含有重組體的培養液，在沒有滅菌處理的情況下，從培養裝置取出。而且必須以在大量培養實驗所用同樣之宿主，並事先確認該滅菌操作之有效性。

10) 從大量培養實驗區域將汙染物搬出時，需將汙染物裝入堅固且不外漏的容器，且在大量培養實驗區域內密閉之後才可搬出。

11) 要防除大量培養實驗區域的非實驗用生物，如昆蟲及鼠類等。

12) 大量培養實驗進行時，要在大量培養實驗區域懸掛「LS-1 級大量培養實驗中」的標示。保存重組體的冷凍庫及冰箱，也要做同樣的標示。

13) 大量培養實驗用衣物等之使用，要遵從計畫主持人的指示使用。

14) 大量培養實驗進行中，每日要確認培養容器的密閉度等狀況一次以上。

15) 生物安全操作台及其他裝置的除菌用過濾器等，在其更換之前，定期檢查或更換培養實驗內容時，要做滅菌處理。

16) 在此級可同時進行 P1 級之實驗，但要明確設定區域，謹慎操作。

17) 遵守計畫主持人所規定的其他事項。

[3] LS-2 級：

(1) 隔離的設備與設計：

1) 需具有防止重組體外漏的設計，而且培養裝置在密閉的狀態下，可做內部的滅菌操作。對於直接連接在培養裝置的旋轉軸軸封、配管栓塞及其他設計，要特別考慮防止重組體的外漏。而且該培養裝置在設置之後，要馬上做密閉度檢查，及在大量培養實驗之後，依情況需要做同樣的檢查。

2) 操作重組體所使用，容易產生氣霧的磨碎機、冷凍乾燥機、超音波細胞打碎機及離心機等機器，需在可容納這些機器的第二級生物安全操作台或具有同樣封閉功能的設備（以下稱為第二級生物安全操作台）內操作。但若本身已有防止氣霧外洩設計的機器，則不在此限。

3) 重組體培養裝置的排氣，需設計經過除菌用過濾器（其除菌效率至少須和 HEPA 過濾器同等），或是和其效果相當的除菌用機器。除菌用過濾器等在裝設之後，需馬上做性能檢查，而且每年定期檢查一次。

4) 設置第二級生物安全操作台等，需考慮在不移動安全操作箱的情況下，就可做定期檢查、除菌用過濾器等的更換及用甲醛燻蒸等的操作。而且第二級生物安全操作台，在裝設之後需馬上做性能檢查，且每年定期檢查一次。但是向實驗室內排氣的第二級生物安全操作台，每年需檢查二次。

檢查項目包括：

(a) 風速，風量試驗。

(b) 密閉度試驗。

(c) HEPA 過濾器性能試驗。

5) 第二級生物安全操作台的隔離設備、培養裝置及和它直接連接的機器等，需備有監視大量培養實驗中的密閉度的裝置。

6) 全部的設備及機器，需標上一連貫的識別號碼，確實管理。在所有的記錄，包括檢查記錄及操作記錄，需把這些號碼詳細記載。

7) 汙染物及廢棄物高壓滅菌用的高壓滅菌器，需放置在同一建築物內。

8) 有關設備及機器，若做與其封閉狀態有關部分的改造及更換時，需重新做密閉度及性能的檢查。

(2) 實驗實施要項：

1) 大量培養實驗中實驗室，門窗需關閉，而且盡量減少實驗室門的開關。

2) 被汙染的培養裝置與機器及大量培養實驗產生的生物材料廢棄物及廢液，在大量培養實驗結束之後，丟棄之前，要做高壓滅菌處理。而且必須以在大量培養實驗所用同樣之宿主，並事先確認該滅菌操作之有效性。

3) 不得用口來做吸量操作。

4) 在大量培養實驗區域內，禁止飲食、吸菸及保存食物。

5) 實驗操作時需戴實驗用手套，操作完畢及離開大量培養實驗區域時需洗手。

6) 在所有的操作，要注意盡量避免產生氣霧。亦應避免將吸管或針筒內之液體用力射出。

7) 在培養裝置接種或採樣時，要注意盡量避免造成培養裝置外圍壁面的汙染。若發生汙染時，需立即滅菌。

8) 從培養裝置把重組體移至其他培養裝置或其他密閉的設備、機器時，要放入堅固且不漏的容器內進行。進行操作時，避免汙染容器的外圍壁面。若發生汙染時，需立即滅菌。

9) 除了在第二級生物安全操作台內操作，及在 7)及 8)所定的程序外，不要把含有重組體的培養液，在沒有滅菌處理的情況下，從培養裝置取出。而且必須以在大量培養實驗所用同樣之宿主，並事先確認該滅菌操作之有效性。

10) 從大量培養實驗區域將汙染物搬出時，需將汙染物裝入堅固且不外漏的容器，且在大量培養實驗區域內密閉之後才可搬出。
11) 要防除大量培養實驗區域的非實驗用生物，如昆蟲及鼠類等。
12) 在實驗區域內，必須穿著大量培養實驗用衣物，離開時，須脫掉。
13) 禁止對所實行之大量培養實驗性質不瞭解的人進入實驗室。
14) 大量培養實驗進行中，在實驗室的入口，要懸掛「LS-2 級大量培養實驗中」的標示。而且保管重組體的冷凍庫及冰箱，也要做同樣的標示。
15) 實驗室要經常整理，保持清潔，不要放置與大量培養實驗無關的物品。
16) 大量培養實驗進行中，第二級生物安全操作台的隔離設備狀況、有關培養裝置及與其直接連結的機器，需時常從監視系統來監視是否正常。
17) 有關第二級生物安全操作台及其他設備的隔菌用過濾器等，在更換之前、定期檢查時及大量培養內容有變更時，需把設備密閉，每立方公尺用 10 公克甲醛燻蒸約 1 小時處理，以去除汙染。
18) 在 LS-2 級進行 P1 及 P2 的實驗或與 LS-1 級大量培養實驗同時進行時，需謹慎明確地劃分區域。
19) 遵守計畫主持人所規定的其他事項。

表 2-2 利用微生物及培養細胞為宿主有關實驗之防護等級（20 公升以上規模之大量培養實驗）

宿主－載體系統 \ DNA 供應體[1]		動物 (P2)	植物 (P1)	附表三[6]-(1) RG3(P3)	附表三[6]-(2) RG2(P2)	附表三[6]-(3) RG1(P1)
EK-2 系[2]		LS-1	LS-1	LS-2	LS-1	LS-1
EK-1 系[3], SC-1 系[4], BS-1 系[5]		LS-2	LS-1	基準外實驗[7]	LS-2	LS-1
表 3-4 左欄所列之宿主－載體系統		基準外實驗[7]	基準外實驗[7]	基準外實驗[7]	基準外實驗[7]	LS-1
培養細胞（宿主）（限於不以分化至成體為目的者）	附表三[6]-(1)載體	基準外實驗[7]	基準外實驗[7]	基準外實驗[7]	基準外實驗[7]	基準外實驗[7]
	附表三[6]-(2)載體	LS-2	LS-2	基準外實驗[7]	LS-2	LS-2
	附表三[6]-(3)載體	LS-2	LS-1	基準外實驗[7]	LS-2	LS-1
附表三[6]-(1)用為宿主或載體者		基準外實驗[7]	基準外實驗[7]	基準外實驗[7]	基準外實驗[7]	基準外實驗[7]
附表三[6]-(2)用為宿主或載體者（用附表三[6]-(1)者除外）		基準外實驗[7]	基準外實驗[7]	基準外實驗[7]	基準外實驗[7]	基準外實驗[7]
僅由附表三[6]-(3)所組成之宿主－載體系統		基準外實驗[7]	基準外實驗[7]	基準外實驗[7]	基準外實驗[7]	基準外實驗[7]

註：1：來自 DNA 供應體之 DNA，僅限於具有本文中所列之特定有用機能者。

2、3、4、5：定義請參照表 3-2、3-3。

6：載體為非病毒或不產生感染性之病毒體者，附表三可由附表五或附表六所取代。

7：使用尚未鑑定種別，且尚未確定無病原性之微生物之實驗皆屬基準外實驗。

( ) 僅記載防護等級者皆屬於機構認可之實驗。

第四節　病毒類實驗之物理性防護

用為 DNA 供應體之病毒類之安全度分類見附表五、六。安全度評估相對應之防護方法之基準如表 2-3。

表 2-3　病毒類實驗所需之防護等級

DNA 供應體 ╲ 宿主－載體系統	附表五-(1)或附表六-(1)(P3-B1[1])(P2-B2[2])	附表五-(2)或附表六-(2)(P2-B1[1])(P1-B2[2])	附表五-(3)或附表六-(3)(P1-B1[1])(P1-B2[2])	附表五-(4)或附表六-(4)(基準外)	下列當作 DNA 供應體時除外				
					動物	植物	附表四-(1)	附表四-(2)	附表四-(3)
B1 系宿主－載體系統[1]	P3	P2	P1	基準外實驗[3]	P2	P1	P3	P2	P1
B2 系宿主－載體系統[2]	P2	P1	P1	基準外實驗[3]	P1	P1	P2	P1	P1
使用已被認可之宿主－載體系統以外之宿主－載體系統之實驗	基準外實驗[3]	同左	同左	同左	同左	同左	同左	同左	同左

註：1、2：B1、B2 請參見表 3-2、3-3。

3：用尚未鑑定種別，且尚未確定無病原性之微生物之實驗皆屬基準外實驗。

( ) 僅記載防護等級者皆屬於機構認可之實驗。

第三章　生物性防護(Biological Containment)

第一節　生物性防護之目的

在設定生物性防護標準時，須同時考慮重組 DNA 的載體及宿主，特別需注意盡量降低(1)在實驗室外環境中，載體在其宿主中的存活力(2)實驗用宿主中的載體轉移到非實驗使用的宿主。為達到此目的，實驗者對實驗開始前或實驗進行中所用的宿主、載體等，要確實地認識其安全防護之條件。

使用病毒之實驗（稱為「病毒類實驗」，表 3-1）需注意(1)使用的載體宿主系統除了在特殊培養條件下，不會轉移到其他的活細胞，或(2)使用危險性極低的宿主－載體系統，以確保重組實驗在生物學上的安全性。

不包含病毒之實驗（稱為「培養細胞類實驗」，表 3-1），從傳播性或感染性觀點來看，其危險性要比病毒類實驗為低。除了要評估 DNA 供應體的生物學性質外，亦需評估構築重組體過程中使用的宿主－載體系統之安全性。

第二節　實驗之區別

依據宿主－載體系統以及用於提供 DNA 之生物種類將實驗區分如下：

1. **病毒類實驗**：使用病毒之實驗（使用病毒於宿主－載體系統之實驗以及會產生感染性病毒體之實驗）。

2. **培養細胞類實驗**：

   [1] 使用微生物及培養細胞為宿主的實驗：以微生物（包括立克次小體及披衣菌，但病毒類除外，以下類同），及培養細胞（限於不以分化至成體為目的者）為宿主之實驗（載體用病毒類實驗以及會產生感染性病毒體之實驗除外）。

   [2] 使用動物及植物為宿主的實驗：以動物、植物及培養細胞（限於以分化至成體為目的者）為宿主之實驗（載體用病毒類實驗以及會產生感染性病毒體之實驗等除外）。

表 3-1 實驗之區別

<table>
<tr><th colspan="2" rowspan="2">實驗之區分</th><th colspan="2">宿主－載體系統</th><th rowspan="2">DNA 供應體</th></tr>
<tr><th>宿主</th><th>載體</th></tr>
<tr><td colspan="2">病毒類實驗</td><td colspan="3">使用病毒之實驗（使用病毒於宿主－載體系統之實驗以及會產生感染性病毒體實驗）</td></tr>
<tr><td rowspan="2">培養細胞類實驗</td><td>使用微生物及培養細胞為宿主的實驗</td><td>微生物【包括立克次小體及披衣菌，但病毒類（指真菌以外之真核生物之病毒和類病毒，及脊椎動物之原蟲類）除外，以下類同】，及培養細胞（限於不以分化至成體為目的者）</td><td rowspan="2">非病毒類者</td><td rowspan="2">病毒類以外之DNA來源以及DNA雖來自病毒類，但卻不會產生感染性病毒體者</td></tr>
<tr><td>使用動物及植物為宿主的實驗</td><td>動物、植物及培養細胞（限於以分化至成體為目的者）</td></tr>
</table>

第三節　生物性防護之層級

1. **病毒之防護**：病毒之安全防護層級，依宿主－載體在生物學上之安全程度而定，分 B1 及 B2 二個層級。

   [1] B1 層級：包括(1)由在自然條件下生存能力低的宿主以及對宿主之依賴性高，且不容易轉移到其它細胞的載體所構成，其重組體不會傳播擴散到自然環境之宿主－載體系統，(2)由所用宿主－載體之遺傳學、生理學性質，及在自然環境條件下的生態學性質足以確認對人類之生物學安全性甚高之宿主－載體系統。本守則表 3-2 所列的宿主－載體系統均屬於 B1 層級。

   [2] B2 層級：除了必須合乎 B1 的條件外，其所用宿主還必須在自然條件下的生存能力特別低，其所用載體對宿主的依賴性特別高，其重組體確認不會傳播擴散到自然環境。本守則表 3-3 所列的宿主－載體系統均屬於 B2 層級。在專家的指導下，利用安全性特別高的動物或植物之培養細胞（限於不以分化至成體為目的者）的宿主載體系統（會產生感染性病毒體者除外）進行實驗的時候，該宿主－載體系統需用 B2 層級操作。

根據所使用之宿主－載體系統，以及 DNA 供應體之生物學性質，綜合評估其安全度，以訂立其重組體之安全防護基準。若所使用之 DNA 為從細胞抽取的 DNA、選殖之 DNA 及化學合成之 DNA，且其機能、大小及構造已經確認，可認定其安全度較高，而可降低實驗之安全防護基準。

表 3-2　B1 層級之宿主－載體系統

一、 EK-1：以遺傳學及生理學性質非常清楚，不具毒性且在自然條件下生存能力極低之大腸菌 *E. coli* K12 或其突變株為宿主，以無接合(conjugation)能力，不會轉移給其它菌株之質體或噬菌體為載體所構成之宿主－載體系統。所用之宿主須不含有具接合能力之質體或一般導入之噬菌體。
二、 SC-1：以酵母菌 S. cerevisiae 之實驗室保存品系為宿主，以質體為載體所構成之宿主－載體系統。
三、 BS-1：以枯草菌 B. subtilis Marburg 168 株帶有對胺基酸或核苷酸之雙重以上營養需求的突變株（品系）為宿主，以無接合能力，不會轉移給其它菌株之質體或噬菌體為載體所構成之宿主－載體系統。
四、 以動物及植物之培養細胞（不以分化至成體為目的者）為宿主之宿主－載體系統（但會產生具感染性病毒體者除外）。
五、 以昆蟲培養細胞（不以分化至成體為目的者）為宿主，以 Baculovirus 為載體所構成之宿主－載體系統。

表 3-3 B2 層級之宿主－載體系統

EK-2：除了符合 EK-1 之條件外，以下表左欄所列，帶有特殊的遺傳缺陷，因而在一般培養條件下生存率極低之宿主，及下表右欄所列，宿主依賴性特別高，轉移到其他細胞之可能性極低之載體所構成，除了在特殊培養條件之外，保有其 DNA 重組體之活細胞，在 24 小時內將減少到 10^{-8} 以下之宿主－載體系統。

宿主	載體	
χ^{1776}	pSC101	YEp20
	pCR1	YEp21
	pMB9	YEp24
	pBR313	YIp26
	pBR322	YIp27
	pBR325	YIp28
	pBR327	YIp29
	pDH24	YIp30
	pGL101	YIp31
	YIp1	YIp32
	YEp2	YIp33
	YEp4	pKY2662
	YIp5	pKY2738
	YEp6	pKY2800
	YRp7	
DP50 sup F	λWESλB	
	λgtALOλB	
	Charon21A	
E. coli K12	λgtvJZ-B	
DP50	Charon3A	
DP50 sup F	Charon4A	
	Charon16A	
	Charon23A	
	Charon24A	

2. 培養細胞類實驗：

[1] 下列為評估培養細胞類實驗所用的宿主－載體系統及 DNA 供應體之生物安全性須根據下列要項：

(1) 病原性。

(2) 毒素產生能力。

(3) 寄生性。

(4) 致癌性。

(5) 抗藥性。

(6) 對代謝之影響。

(7) 對生態之影響。

(8) 宿主依賴性。

(9) 傳播性或感染性。

以此為依據，並參考安全防護層級的安全度等級以訂之。

[2] 在決定培養細胞類實驗之重組體防護等級時，原則上須採用所用的宿主－載體系統及 DNA 供應體之安全防護等級中最高者做為根據，同時更須特別考量其傳播性及感染性。

但當使用由細胞抽取的 DNA、選殖的 DNA 及化學合成之 DNA，且其機能、大小及構造已經確認時，可認定其安全度較高，而可降低實驗之安全防護等級。

第四節　安全度評估

1. 有關實驗安全度評估之基本構想：

[1] 確保實驗之安全先需以一般微生物實驗室之標準方法為基礎，並評估重組體所引發之生物性安全度來擬定適用之物理性防護方法來執行。

[2] 使用本守則認定之宿主－載體系統所進行之實驗，其重組體安全度高於使用其它宿主－載體系統之實驗。認定的宿主－載體系統中，使用EK1、BS1、SC1 及 EK2 之宿主－載體系統之實驗，其重組體的安全度可認定為特別高。又自表 3-4 之中欄所列之 DNA 供應體及被確認與此具有同

等之安全度評估之 DNA 供應體為來源之 DNA，轉殖進入於表 3-4 左欄所列之宿主－載體系統所得重組體有關之實驗，其重組體的安全度較高。

[3] 大量培養實驗之安全，必須使用包括大規模發酵裝置在內之各種密閉型裝置，或同等級之設施來確保之。若使用已認定安全度特高之重組體進行大量培養實驗，並利用裝備良好之大型培養裝置之實驗設施或同等級之設施，其安全更能確保。

2. 因應評估重組體生物安全度而訂定防護方法的規範：

[1] 20 公升以下規模之實驗：用於宿主－載體系統及 DNA 供應體之細胞等之安全度分類如附表三。原則是視其構成要素之安全度評估所用之最高防護水準為重組體防護方法之基準。又使用病毒類之 DNA（限於不產生感染性之病毒體者）時，所用病毒類之安全度分類則如附表五。

[2] 20 公升以上規模之實驗：

(1) 大量培養實驗所用之 DNA，將限於自細胞抽取之 DNA、選殖之 DNA、及化學合成之 DNA 中，已知其機能、大小及構造，且具備如生產有用蛋白質能力等應用價值。

(2) 20 公升以下之規模進行時需用 P1 級之物理性防護之實驗，若要提升於 20 公升以上規模時，適用 LS-1 級之物理性防護。又 20 公升以下之規模進行時需用 P2 級之物理性防護之實驗提升於 20 公升以上規模時，適用 LS-2 級之物理性防護。

(3) 唯前項之規範所示之大量培養實驗中，使用已確認具有需要較高防護的生物性安全性之重組體之實驗，則於相關部會之監督下，依據下列之 1)及 2)來實施之：

1) LS-C 級之物理性防護。

2) 第二章第三節所示之物理性防護以外之特別的物理性防護方法。

[3] DNA 供應體之防護層級之特例：自細胞抽取之 DNA、選殖之 DNA 及化學合成之 DNA 中，已知其機能、大小及構造者使用作為 DNA 供應體時，經生物實驗安全委員會討論下列事項後可降低實驗之防護層級。

(1) 病原性。

(2) 毒素產生能力。

(3) 致癌性。

(4) 傳播性或感染性。

表 3-4 已確認僅限用特定之 DNA 供應體安全性高之宿主－載體系統

宿主－載體系統	DNA 供應體	應實施實驗之物理性防護等級
下列細菌為宿主，以質體或噬菌體為載體之宿主－載體系統	符合附表三-(3)者	P1
Acetobacter aceti		
Acetobacter liquefaciens		
Acetobacter pasteurianus		
Bacillus amyloliquefaciens		
Bacillus brevis		
Bacillus stearothermophilus		
Bacillus subtilis（BS1 系以外者）		
* *Brevibacterium flavum*		
* *Brevibacterium lactofermentum*		
Corynebacterium ammoniagenes		
Corynebacterium glutamicum		
* *Corynebacterium herculis*		
Escherichia coli B		
Gluconobacter oxydans		
Lactobacillus helveticus		
Pseudomonas putida		
Streptococcus cremoris		
Streptococcus lactis		
Streptococcus thermophilus		
Streptomyces coelicolor		
Streptomyces griseus		
* *Streptomyces kasugaensis*		
* *Streptomyces lividans*		
Streptomyces parvulus		

表 3-4 已確認僅限用特定之 DNA 供應體安全性高之宿主－載體系統（續）

宿主－載體系統	DNA 供應體	應實施實驗之物理性防護等級
下列之低等真核生物為宿主，而以質體或微小染色體為載體之宿主－載體系統 *Acremonium chrysogenum* *Aspergillus oryzae* *Aspergillus sojae* *Neurospora crassa* *Pichia pastoris* *Sacchamycopsis lipolytica* *Schizosaccharomyces pombe* *Trichoderma viride* *Zygosaccharomyce rouxii*	符合附表三-(3)者	P1

*：慣用名稱

第五節　不需報備即可進行之實驗

1. 不需向研究機構生物實驗安全委員會及行政院國家科學委員會報備即可進行之實驗。

   合乎此規定的實驗如下：

   [1] 使用基因重組之 DNA，其核　酸序列本身並不存在於任何細胞或病毒的基因體中，且不具危險性者。

   [2] 將原核細胞中之染色體、質體或其噬菌體 DNA，再送回同一或類似品系細胞中之實驗。

   [3] 將真核細胞中之 DNA、葉綠體、粒線體或質體再送回同一或類似品系細胞中之實驗。

   [4] 在可以互相交換基因之不同種細菌間，做選殖實驗。

2. 有關 *Escherichia coli* K12 之宿主－載體系統：

[1] 在 *E. coli* K12 宿主中，如果沒有任何可以引起細菌接合或轉導之 DNA 片段，此類基因重組實驗，可不必向研究機構生物實驗安全委員會報備。

[2] 如果 DNA 是來自可以和 *E. coli* K12 交換基因的細菌，不論 *E. coli* K12 宿主中是否有 DNA 片段可以引起細菌接合或轉導，此類實驗可不必向研究機構生物實驗安全委員會報備。

3. 有關 *Bacillus subtilis* 宿主－載體系統：

[1] 宿主必須是不產生孢子之突變株，其反突變率必須低於 10-7。

[2] 除了必須向研究機構生物實驗安全委員會及行政院國家科學委員會報備或申請核准之實驗外，均可自行進行實驗而不需報備。

4. *Bacillus subtilis* 以外之革蘭氏陽性細菌之載體：除了本章必須向研究機構生物實驗安全委員會及行政院國家科學委員會報備或申請核准之實驗外，凡是使用由附表七所載細菌質體所製成之載體（包含穿梭載體），均可自行進行實驗而不需報備。

5. 有關 *Saccharomyces* 之宿主－載體系統：除了本章必須向研究機構生物實驗安全委員會及行政院國家科學委員會報備或申請核准之實驗外，均可自行進行實驗而不需報備。

第六節　需向研究機構報備之實驗

需向研究機構報備之實驗：使用 EK1、BS1、SC1 及 EK2 之宿主－載體系統之實驗中，使用植物及相當於附表五-(3)之 DNA 供應體之實驗皆屬於需先向研究機構報備之實驗。

第七節　需經由研究機構生物實驗安全委員會核准後方可進行之實驗

1. 屬於事先必須經由研究機構生物實驗安全委員會批准之實驗：

[1] 所有使用屬於第二級、第三級、及第四級危險群微生物為宿主之實驗。

(1) 所有第二級危險群微生物之實驗，必須在 P2 之物理防護下進行。

(2) 所有第三級危險群微生物之實驗，必須在 P3 之物理防護下進行。

(3) 所有第四級危險群微生物之實驗，必須在 P4 之物理防護下進行。

[2] 將第二級、第三級及第四級危險群微生物 DNA 殖入非病原性原核細胞或低等真核細胞之實驗。

(1) 屬於第二級及第三級危險群微生物之實驗，可以在 P2 之情況下進行。

(2) 屬於第四級危險群微生物之實驗，只要能夠證明所殖入的基因已發生了不可逆的突變時，即可在 P2 的情況下進行。

(3) 在經主管機構生物實驗安全委員會之審查後，一些特殊實驗可以在 P1 的情況下進行。

[3] 在組織培養或細胞培養系統中，培養具有感染性之動植物病毒類實驗，或在輔助病毒的存在下，培養有缺陷之病毒類實驗，涉及數種同科之病毒、病毒突變株、或選殖 DNA 片段時，因可能產生重組或互補，故所有外源性之病毒均應視為一種病毒。

(1) 牽涉到第一級危險群微生物中之病毒類實驗，可在 P1 之情況下進行。

(2) 牽涉到第二級危險群微生物中之病毒類實驗，必須在 P2 之情況下進行。

(3) 牽涉到第三級危險群微生物中之病毒類實驗，必須在 P3 之情況下進行。

(4) 牽涉到第四級危險群微生物中之病毒類實驗，必須在 P4 之情況下進行。

(5) 如果實驗之結果會使病毒之感染力增加，或使宿主之範圍擴大時，所使用之物理性防護必須至少增加一級。

[4] 人體除外之動物及植物實驗：相關人體之實驗請參照行政院衛生福利部之辦法。

(1) 任何要送入動植物體內的真核細胞病毒基因，只要是少於整個病毒基因體之三分之二，就可以在 P1 的情況下進行。可是在實驗前，實驗人員必須證明所使用之 DNA 不具感染性及不具複製病毒之能力。

(2) 任何不包含在上項(1)中所敘述之動植物實驗，必須由研究機構生物實驗安全委員會決定其防護條件。

[5] 體積超過 20 公升以上之醱酵實驗：實驗開始前，必須向主管機構之生物實驗安全委員會申請核准，生物實驗安全委員會應以個案處理，並應遵照一般大規模醱酵所應注意的事項處理。研究機構生物實驗安全委員會可以提高醱酵實驗之物理防護條件。

[6] 在進行本（第七）節前述之所有（包括 1.[1]、[2]、[3]、[4]、[5]）實驗前，計畫主持人應盡可能向研究機構生物實驗安全委員會提出下列資料，例如：

(1) DNA 來源、特性及核　酸序列。

(2) 宿主及載體之來源及特性資料。

(3) DNA 產生之蛋白質產物之特性。

(4) 是否要達到基因表現之目的。

(5) 將使用之物理及生物防護條件。

這些資料都必須簽名及註明日期。研究機構生物實驗安全委員會應在實驗前審查所有資料，對所有降低物理及生物防護之要求，需經行政院國家科學委員會核准。

2. 在實驗開始之同時，必須通知研究機構生物實驗安全委員會之實驗：凡是不屬於本（第七）節，1.[1]、[2]、[3]、[4]、[5]所列出之實驗，均可在 P1 之情況下進行。計畫主持人在實驗開始之前，必須填妥「管制致病性寄生蟲、微生物或病毒基因重組實驗申請表」，通知研究機構生物實驗安全委員會。

第八節　需經由行政院所屬主管機構核准後方可進行之實驗

1. 屬於需經過研究機構之生物實驗安全委員會審查同意，並知會行政院衛生福利部、行政院環境保護署及行政院農業委員會後，經行政院國家科學委員會核准，方可進行的實驗：釋放任何經基因重組過的生物進入自然界，但是此規則不適用於所有基因轉殖植物之田間試驗（見第五節）。

2. 屬於需經過研究機構之生物實驗安全委員會審查同意，並知會行政院農業委員會、行政院衛生福利部後，經行政院國家科學委員會核准，方可進行的實驗：所有牽涉到通用的動物病原性病毒之實驗，需由行政院農業委員會、行政院衛生福利部及行政院國家科學委員會核准後方可進行。各項實驗之防護條件以個案處理。

   註：如果所操作之適用的動物病原性病毒不會在人體發生病害，則不需經由行政院衛生福利部核准。

3. 屬於需經過計畫授予單位之生物實驗安全委員會審查同意，並在必要時知會行政院衛生福利部及行政院農業委員會，經行政院國家科學委員會核准，方可進行的實驗：

   [1] 選殖產生劇毒之基因：所謂劇毒，是指對脊椎動物的 LD_{50} 小於 100 ng/kg（包括任何方式測得）之毒素及毒蛋白。

   [2] 選殖 LD_{50} 不明之毒素基因。

   [3] 將抗藥性基因殖入病原微生物，而有可能導致疾病防治困難的實驗（此項需知會行政院衛生福利部或行政院農業委員會）。

   [4] 將基因重組後之 DNA，或其產生之任何物質送入人體中（此項需經行政院衛生福利部同意）。

4. 屬於需經過研究機構之生物實驗安全委員會核准，並經行政院農業委員會，依據「基因轉殖植物田間試驗管理規範」核准後始可進行之實驗：基因轉殖植物之田間試驗，且合乎下列條件者：

   [1] 宿主是田間常見之作物，而非雜草者。

   [2] 與植物宿主同屬之植物，不得有雜草。

[3] 所送入宿主之基因，其特性非常清楚，而且對人及動植物無害。

[4] 所用之載體來源必須是：

(1) 來自屬於本章第五節之 2.、3.、4.、5.中所敘述之宿主－載體系統。

(2) 來自與植物宿主類似或相同之植物。

(3) 來自非病原性原核細胞或低等真核細胞。

(4) 來自植物病原微生物，可是致病之基因必須在事先去除，並證明在植物上不會致病。

(5) 來自植物病原微生物並含有可以使植物致病之基因，可是實驗人員必須先在植物生長箱或溫室中種植，證明此載體不會在宿主中發生病害及不會在所有天然感染之宿主中引發新的或更嚴重之病害後，方可在田間進行試驗。

5. 屬於需經過研究機構之生物實驗安全委員會核准，並經行政院環境保護署，依據「遺傳工程環境用藥微生物製劑開發試驗管理辦法」核准後始可進行之實驗：以產製為目的之遺傳工程環境用藥微生物製劑開發試驗研究，於環境開發試驗（即田間試驗）前，應先經行政院環境保護署核准。

第九節　毒素基因之選殖

1. 對脊椎動物之毒性 LD_{50} 大於 100 μg/kg 以上之毒素，其基因之選殖沒有任何的限制。

2. 如果 LD_{50} 在 100 μg/kg 以下時，選殖實驗前必須由主管機構生物實驗安全委員會核准，並向行政院國家科學委員會報備。

3. 產生 LD_{50} 在 1 μg/kg 與 100 μg/kg 間的毒素基因，其選殖可以在 P1 的情況下進行。

4. 產生 LD_{50} 在 100 ng/kg 與 1 μg/kg (1,000 ng/kg)之間的毒素基因，其選殖必須在 P3 之防護下進行。LD_{50} 小於 100 ng/kg 以下時，需在 P3 或更高之防護下進行。如採用 *E. coli* c1776 為宿主時，可在 P2 防護下進行。

5. 下列毒素基因可以在 P1 之防護下進行：

[1] 霍亂毒素基因。

[2] 大腸桿菌熱敏感毒素基因。

[3] 能產生類似霍亂毒素及大腸桿菌熱敏感毒素之基因。

6. 其他毒素基因之防護條件：

[1] 綠膿桿菌 A 型外毒素：P1。

[2] 金黃色葡萄球菌 A 型外毒素：P3＋枯草桿菌 HV2 宿主。

[3] 白喉毒素：P4。

[4] 引起毒素休克症候之金黃色葡萄球菌基因：P2。

[5] 志賀毒素相類似之基因：P3（如果在宿主中所產生之志賀毒素量少於 *Shigella dysenteriae* 60 R 所產生之毒素，以及所用的載體是不屬於能夠主動經由細菌進入其他宿主的類別時，如 pBR322，可以在 P2 下進行實驗）。

第十節　需經由行政院所屬主管機構監督下方可進行之基本守則外實驗

基本守則外的實驗：本守則未定出防護基準之實驗，需經研究機構相關之生物實驗安全委員會審查，並且得到研究機構主管許可後，需在監督機關之監督下進行實驗，但最長以三年為限。

1. 使用微生物及培養細胞為宿主的實驗中，屬於下列任何一項的實驗則認為基準外實驗。

[1] 使用尚未鑑定種別但未證實為不具病原性之微生物之實驗。

[2] 不產生感染性之病毒體之 DNA 中，使用來自符合附表五-(4)及附表六-(4)之 DNA 供應體之實驗。

[3] 附表三-(1)所列為宿主或載體之實驗。

[4] 對脊椎動物具蛋白質毒素之產生基因之選殖實驗。

[5] 包含重組體在自然界散布之實驗。

第四章　重組體之處理

第一節　重組體之增殖實驗

宿主－載體系統所得到重組體的增殖實驗，若被選殖之特定 DNA，經過該研究機構的生物實驗安全委員會審查，其安全性已被確認為非常高，該研究機構主管可以核准該實驗按第二章第二節所規定之 P2 級以上之物理性防護降一級來操作。

第二節　重組體之保管

1. 含有重組體的材料，需清楚標示「重組體」，並且安全地保管在符合操作重組體所需物理性防護等級標準的實驗室、實驗區域或大量培養區域內。計畫主持人應把這些重組體詳細記錄，並且妥為保管。保管重組體試料及廢棄物之冷藏庫、冷凍庫也要標示「重組體保管中」之牌子。
2. 計畫主持人要把重組體之試料及廢棄物做紀錄保管之，但在 P2 層級以下之物理性安全防護，可以用實驗紀錄來代替。
3. 動物、植物及培養細胞（不以分化至成體為目的者）為宿主之實驗時，除了上述之注意事項外，請參考第五章及第六章。

第三節　重組體之搬運

1. P2 層級以下之物理性防護之重組體、試料及廢棄物之實驗的東西搬出時，要用堅固不易漏的容器密封再搬出實驗室外。
2. P3 層級以上之物理性防護之重組體、試料及廢棄物要搬出實驗室時，加上 1.所列，即使破損時，內容物也不會外漏之容器裝之，容器或包裝物的外面要在明顯的地方標示「注意小心搬運」之紅色標籤。
3. 計畫主持人，對於搬運或郵寄時，要把重組體名稱、數量、寄達地（試驗所及計畫主持人）要紀錄保存之，但在 P2 層級以下作物理性防護時，以重組體之實驗紀錄就可替代。

4. 有關大量培養實驗，LS-C 層級之物理性防護或所用之重組體、試料及廢棄物要搬出大量培養實驗區域外時，和 P2 層級以下的物理性防護操作方法相同。LS-1 及 LS-2 層級所用的重組體、試料、廢棄物的時候，和 P3 層級之安全防護法相同。
5. 動物、植物及培養細胞(不以分化至成體為目的者)用為宿主進行實驗時，以上所列之外，請參考第五章及第六章。
6. 國內郵寄含有需要 P3 以上之物理性防護的重組體材料時，必須遵照本國郵寄之規定。寄至國外時，需遵照該國郵寄規定，以及國際郵寄條約或規定。

第四節　重組體之轉讓及實驗結束後之處理

1. **重組體之轉讓**：重組體可轉讓其他試驗研究機構。惟受讓之試驗研究機構針對利用該重組體之有關實驗，依照本守則第一章第六節所示之程序完成後，方可接受該重組體之轉讓。
2. **重組體實驗結束後之處理**：實驗結束後，須使重組體不活化之處理。但是當須利用該重組體進行所申請之實驗以外之實驗時，向所屬試驗研究機構主管提出所請實驗之結案報告書，以及該重組體保存場所及負責人員後，則可保存該重組體。假若想保存從基準外實驗所製備之重組體，或利用該重組體再進行實驗時，除遵守上述規定之外尚需接受各主管部會之監督。

第五章　使用動物為宿主之實驗

第一節　動物實驗安全評估之守則

本守則適用於使用經殖入重組 DNA 或剔除某基因，使基因體永久改變之完整基因轉殖動物的實驗，及使用含重組 DNA 之存活微生物的動物實驗。而後者，除了只有垂直性傳染的病毒外，所有實驗不得在 P1 的條件進行，基本的實驗條件應為 P2 級。至於基因轉殖動物的實驗條件評估，在特殊狀況下，如增加重組病原體感染力或使動物宿主產生不良的症狀，則需提高基因轉殖動物實驗條件的基準。

1. 任何要送入脊椎或無脊椎動物的真核細胞病毒基因，只要是少於整個病毒基因體之三分之二，就可在 LS-1 的防護條件及適合該物種的環境下進行。攜有不具感染力之病毒載體的動物亦得在 LS-1 的防護條件及適合該物種的環境下進行實驗。在實驗前，實驗人員必須證明所使用之 DNA 不具複製病毒之能力。
2. 任何不包含在上項 1.中所敘述之動物實驗，必須由研究機構生物實驗安全委員會決定其防護條件。

第二節 動物實驗安全之防護基準

1. 動物實驗安全之基本條件：

[1] 為確保實驗之安全，需以微生物實驗室一般常用的標準方法為基礎，並評估重組 DNA 之生物安全度以擬定適用之物理性防護等級。

[2] 使用動物為宿主之相關實驗，需實施基因轉殖動物之生物安全度之評估。

2. 基因轉殖動物之生物安全度評估及適用之防護等級：

[1] 產製基因轉殖動物之實驗：

(1) 實驗之物理性防護等級需依據本守則附表五之規定，依據重組 DNA 及被轉殖之動物性質，採用適當之物理性防護等級。惟將重組 DNA 轉殖於動物之實驗時，應考慮使用外源性 DNA。

(2) 選用自細胞等抽取之 DNA、選殖化之 DNA 或化學合成之 DNA 時，應使用已知其機能、大小及構造者。生物實驗安全委員會討論下列事項後可降低實驗之防護等級。

1) 病原性。

2) 毒素產生能力。

3) 致癌性。

4) 傳播性。

[2] 定義：危險性低之基因轉殖動物：引進對人不具健康威脅性 DNA 分子之動物個體。

危險性高之基因轉殖動物：引進對人具健康威脅性 DNA 分子之動物個體。

[3] 使用基因轉殖動物之實驗：

(1) 由基因轉殖動物之生物安全度評估最適當之物理性防護等級。

(2) 基因轉殖動物之飼育管理，需遵守下列事項：

1) 為避免病原感染，原則上基因轉殖動物需飼養於無特定病原之環境內。

2) 基因轉殖動物之遺傳特性需持續監測。

3) 飼養於專用動物房舍，避免與非基因轉殖動物飼養於同一室，並標示「重組 DNA 動物飼育室」如無法避免同室飼養，飼養容器需與非基因轉殖動物之飼養容器做明確的區別，且非基因轉殖動物之處理方式需與同室之基因轉殖動物層級相同。

4) 飼育設施之出入口、吸排氣口、排水口、窗等需設防止基因轉殖動物逃亡之設備（如金屬網、防老鼠口、捕鼠器及緩衝室等）。出入口之門扇除出入時常需關閉。窗應加鎖使無法自外部打開。

5) 使用之飼育容器（如飼養籠等），不因基因轉殖動物之力量或振動而使蓋子容易打開，並應有天然災害之防護措施。

6) 盡可能識別每隻基因轉殖動物。個體數要定期確認，要每籠實施，且留下記錄至實驗結束。對個別識別較困難的基因轉殖動物（如昆蟲、魚類等），每飼養容器分別管理之。

7) 防除實驗室的非實驗用生物，如昆蟲及鼠類等。

8) 當搬運基因轉殖動物至實驗室外時，需放入於具有堅固且萬一破損時基因轉殖動物無法逃亡之構造之容器，其表面明顯處註明標示。

9) 實驗室貼示「基因轉殖動物實驗中」標示（識）。

10) 危險性高之基因轉殖動物，可能排出感染病原，故需有適當之物理性及生物性防護；其墊料、排泄物及飼養水等需進行滅菌、高壓滅菌或焚化等處理，且應有過濾功能之排氣設備及多層安全過濾水生動物之卵、胚、幼苗的進排水設備。動物個體於安樂死後，施行滅菌或高壓滅菌，而後焚化之；此外，飼育籠及水瓶亦要滅菌、高壓滅菌等處理。

表 3-5 以動物作為宿主之實驗的相關防護等級

宿主－載體系統 \ DNA 供應體		動物 (P2)	植物 (P1)	附表三[1] -(1)(P3)	附表三[1] -(2)(P2)	附表三[1] -(3)(P1)
動物	附表三[1]-(1)載體	基準外實驗[2]	基準外實驗[2]	基準外實驗[2]	基準外實驗[2]	基準外實驗[2]
培養細胞（只限於分化至成體為目的者）	附表三[1]-(3)載體	P2	P1	P3	P2	P1
宿主	直接法（不使用載體者）	P2	P1	P3	P2	P1

註：1：對於非病毒，或不會產生病毒粒子之載體者，附表三可由附表五或附表六所取代。
2：種名尚未被確定之微生物中，若其病原性有無也尚未確認者，則使用該等微生物之實驗為基準外實驗。
( ) 僅記載防護等級者皆屬於機構認可之實驗。

第三節 基因轉殖動物之運輸、轉讓及實驗結束後之處理

1. **基因轉殖動物之運輸**：輸送容器需要有充分的強度並以雙層包裝，並於容器表面張貼標示（如註明：生物性危險品）；萬一容器破損動物亦不會逃脫，並減少破損機會。

2. **基因轉殖動物之轉讓**：基因轉殖動物可轉讓至其他研究或生物醫學單位。轉讓者需提供重組（轉殖）動物之微生物狀況及引進之基因資料給被轉讓者；此轉讓動作需經雙方機構之「動物實驗管理小組」同意後方執行。

3. **基因轉殖動物之實驗結束後之處理**：實驗結束後將基因轉殖動物安樂死並焚化之。如為危險性較高之基因轉殖動物實驗則需經滅菌、高壓滅菌再進行焚化；此外，飼育籠、水瓶、培養水槽及進水排水管等亦要實行滅菌、高壓滅菌等處理。

基因轉殖動物實驗結束後，如需保存該基因轉殖動物，需向該機構之「動物實驗管理小組」提出申請，並提出實驗成果以及該基因轉殖動物保存場所及負責人員，於核可後，則可保存該基因轉殖動物本身及其冷凍之精子、卵、受精卵、胚、幼苗等。

第六章　使用植物為宿主之實驗

第一節　植物實驗安全評估之守則

基因轉殖植物在進行試驗前，應由執行單位生物實驗安全委員會核准，才得以在政府主管機構檢定及存查下進行先期試驗。先期試驗皆必須在室內或容器內進行。此部分可依不具生物及環境危害性或具生物及環境危害性兩種性質而決定實驗進行方式。前者得以半封閉性方式進行實驗，而後者必須以封閉性的方式進行實驗。半封閉性狀況下容許試驗容器內外之空氣進行非過濾性交換；而封閉性者則不得有空氣之交換現象或必須進行粉塵過濾及必要之防止粉塵外逸之措施。具生物及環境危害之基因轉殖植物，如具病原性，毒素產生能力，致癌性等，其實驗及後續使用必須以封閉性方式進行。任何基因轉殖植物在室內或容器內試驗完成後必須呈送報告書，請依行政院農業委員會「基因轉殖植物田間試驗管理規範」核准後，方可進行田間試驗。田間試驗一旦完成，其生物安全性評估結果報告書應經行政院農業委員會審議核准後，方可轉讓或保存。

第二節　植物實驗安全之實施要項

1. 不具生物及環境危險性之基因轉殖植物：
   [1] 先期試驗應在室內，生長箱(growth chamber)，人工氣候裝置(phytotron)，網室，或溫室等至少半封閉性設施栽培。
   [2] 上述設施必須在特定實驗區域內進行並明顯標示。
   [3] 實驗區域內，非相關人員未經許可禁止進入。
   [4] 應防止昆蟲進入以避免花粉、孢子、種子等之散播。
2. 具生物及環境危險性之基因轉殖植物，遵守前述各項守則及以下各項規定
   [1] 所有實驗必須在完全封閉性或具有空氣過濾裝置(可捕捉花粉、孢子、種子等）之設施內進行。
   [2] 實驗人員在栽培設施內必須穿著特定實驗衣，離開時必須更換衣服並洗手。
   [3] 栽培設施排水應經過濾或高壓滅菌處裡以防重組體外流。
   [4] 搬運植株時，嚴防容器破損、漏水、土壤散落等意外。
   [5] 用於植物體之基因工程微生物，其規範比照上述各項規定。

表 3-6　以植物作為宿主之實驗的相關防護等級

宿主－載體系統 ＼ DNA 供應體		動物 (P2)	植物 (P1)	附表三[1] -(1)(P3)	附表三[1] -(2)(P2)	附表三[1] -(3)(P1)
植物	附表三[1]-(2)載體	P2	P2	P3	P2	P2
培養細胞（只限於分化至成體為目的者）	附表三[1]-(3)載體	P2	P1	P3	P2	P1
宿主	直接法（不使用載體者）	P2	P1	P3	P2	P1

註：1：對於非病毒，或不會產生病毒粒子之載體者，附表三可由附表五或附表六所取代。
　　2：種名尚未被確定之微生物中，若其病原性有無也尚未確認者，則使用該等微生物之實驗為基準外實驗。
　　（ ）僅記載防護等級者皆屬於機構認可之實驗。

第三節　基因轉殖植物之運輸、轉讓及實驗結束後之處理

1. **基因轉殖植物之運輸**：輸送容器需要有充分的強度並以雙層包裝，並於容器表面張貼標示（如註明：生物性危險品）。
2. **基因轉殖植物之轉讓**：基因轉殖植物可轉讓給其他研究機構及生物農業單位。但受讓前需完成上述本章第二節之試驗，並獲得計畫授予單位之生物實驗安全委員認可才得實施。
3. **基因轉殖植物實驗結束後之處理**：實驗結束後該基因轉殖植物需全株性不活化處理。若欲繼續保持該基因轉殖植物或種子則必須在田間或最終試驗完成之報告書（見本章第一節）上註明，並得請依行政農業委員會「基因轉殖植物田間試驗管理規範」核准後始可進行。種子必須存放在封閉性之設施或容器，而若保持基因轉殖植物本身或其種子則必須依照本章第二節之守則實施。

第七章　確保實驗安全之組織及任務

第一節　實驗人員

實驗人員，執行一般微生物實驗之人員需曾修過微生物相關實驗課程或經訓練熟悉實驗之標準操作，進行病原性微生物實驗之人員則需精通微生物及相關實驗之標準操作且經計畫主持人許可，並熟悉本守則，且應接受第八章第一節所定之教育訓練。

第二節　計畫主持人

計畫主持人，除應熟悉本守則外，也要熟悉防止生物災害發生的知識與技術，除對參與實驗人員的安全要負責外，並且要負以下的責任。

1. 在擬定實驗計畫及進行實驗時，要確實遵守本守則，並應和生物實驗安全委員會密切聯繫，負責全部實驗的管理及安全。
2. 對實驗人員，應給予第八章第一節所定的教育訓練。

3. 實驗計畫需獲得研究機構主管之同意，方可執行。實驗計畫若需變更時，亦應事先獲得同意。
4. 實施其他有關實驗安全確保的必要事項。
5. 大量培養實驗之完整紀錄,需從實驗結束之日開始保存十年,若被要求時，需提供給實驗督導機構。

第三節　研究機構主管

研究機構主管可以是研究單位之各級負責主管，如所長、系主任、研究部主任、院長、校長等。對實驗人員進行實驗時之安全需負責，並需負以下的任務：

1. 任命生物實驗安全委員會的委員，及主任委員。
2. 實驗計畫需經生物實驗安全委員會審查認可，方可提出申請。
3. 依據生物實驗安全委員會的建議，實施第八章第二節所定之實驗人員的健康管理。
4. 生物實驗安全委員會的審議記錄，從實驗結束之日開始保存十年；若被要求時，需提供給實驗督導機構。
5. 實施其他有關安全確保的必要事項。

第四節　生物實驗安全委員會

1. 研究機構應以校或院為單位設置生物實驗安全委員會。
2. 生物實驗安全委員會受研究機構主管之委託，對下列事項做調查及審議，並對研究機構主管做必要的建議。
   [1] 實驗計畫是否根據本守則而擬定。
   [2] 有關實驗的教育訓練及健康管理。
   [3] 意外發生時必要的處置及改善方法。
   [4] 其他與實驗安全有關的必要事項。
3. 生物實驗安全委員會在需要時，可要求計畫主持人提出報告。

第五節　生物實驗安全委員會主任委員

1. 在研究機構中，為輔佐研究機構主管處理有關生物防護安全等事宜，應設生物實驗安全委員會主任委員一職，由研究機構主管任命之。
2. 生物實驗安全委員會主任委員，除應熟知本守則外，也要熟悉如何防止生物災害發生的知識與技術，並確實執行下面任務：

   [1] 確知實驗是否遵照本守則正確地在實行。

   [2] 給予計畫主持人必要的指導與建議。

   [3] 有關其他實驗安全事項的處理。
3. 生物實驗安全委員會主任委員為了達成任務，需和生物實驗安全委員會其他委員時常聯繫，必要時召集會議提出報告並徵詢各委員之意見。

第六節　督導機關

1. 督導機關包括：中央研究院、內政部、國防部、法務部、經濟部、行政院衛生福利部、行政院環境保護署、行政院原子能委員會、行政院國家科學委員會、行政院農業委員會、行政院勞工委員會等計畫授予之機關。
2. 督導機關負責監督研究機構是否確實遵守『基因重組實驗守則』之規定，以確保實驗的安全。

第八章　教育訓練及健康管理

第一節　教育訓練

計畫主持人及研究機構之主管，在實驗開始前，要讓實驗人員熟習本守則，並實行以下有關之訓練。

1. 瞭解各種具危險性微生物的安全處理技術。
2. 有關物理性防護的知識及技術。
3. 有關生物性防護的知識及技術。
4. 將實施之實驗的危險度。

5. 有關處理意外事件應有的標準操作程序（在大量培養實驗，特別要注意萬一含有重組體的培養液漏出時，需用化學方法來做殺菌的處理）。

第二節 健康管理

1. 在進行對人體有害之病原微生物實驗時，所有實驗人員，在實驗開始前以及在開始之後一年內必須做相關健康檢查，並存檔。
2. 計畫主持人，對實驗人員操作病原微生物之實驗時，在實驗開始前需事先做好預防及治療的對策；所需之抗生素、疫苗及血清等需準備妥當。實驗開始後，需做定期健康檢查，每次檢查的間隔不能超過一年。
3. 若在 $P2^+$ 層級以上的實驗區域做實驗時，計畫主持人在實驗之前及實驗結束前，每年要收集實驗人員的血清，而且要保存到實驗結束後二年。
4. 在實驗室內或在大量培養實驗區域內，計畫主持人及實驗室相關人員要立即接受全面健康檢查，並配合相關處置。
5. 實驗人員應不斷注意自己的健康，實驗人員的健康情形有變化，或長時間生病的話，計畫主持人要立即向生物實驗安全委員會主任委員及研究機構主管報告。
6. 計畫主持人若發現實驗人員發生以下所述之任何一項，或是發現上項 5. 所述的情況時，需立即調查並且採取必要的措施。

   [1] 誤把重組體喝入或吸入。

   [2] 皮膚受到重組體的汙染。

   [3] 實驗室、實驗區域或大量培養實驗區域被重組體汙染時。

參考資料 REFERENCE

1. Geoffrey L. Zubay, William W. Parson, Dennis E. Vance 原著，張聰民、彭瓊琿編譯，麥格羅希爾國際出版公司。
2. Kevin Davies 原著，潘震澤譯，時報文化出版社。
3. S. B. Primrose 原著，徐泰浩、曾耀銘著，藝軒圖書公司。
4. Susan R. Barnum 原著，翁秉霖、鄭信男、邱華賢編譯，學富文化事業公司。
5. 大石正道著，林碧清譯，圖解人類基因組的構造，世茂出版社。
6. 尹邦躍，奈米時代，五南出版社。
7. 牛頓雜誌，227 期，2002 年七月號，pp.36-105，牛頓出版股份有限公司。
8. 王三郎，生物技術，高立圖書有限公司。
9. 王政光等，免疫學（第四版），新文京開發出版股份有限公司。
10. 田蔚城，生物技術，眾光出版社。
11. 田蔚城，生物技術的發展與應用，九州出版社。
12. 田蔚城，生物產業與製藥產業（上下冊），九州出版社。
13. 石濤，環境微生物（第九版），鼎茂出版社。
14. 朱玉賢、李毅，現代分子生物學（第二版），藝軒圖書。
15. 江晃榮，不可思議的生物科技，世茂出版社。
16. 何怡帆、高世平，2001，我國奈米科技研究之規劃與推動概況，自然科學簡訊，第十三卷，第四期，125-129。
17. 吳惠國，我家也有桃莉羊！－生物科技大事記，幼獅出版社。
18. 李建凡，無性複製技術，五南出版社。
19. 科景網站，http://www.sciscape.org/news_detail.php?news_id=1088
20. 徐善慧，奈米生物醫學，國科會科資中心。
21. 殷麗君、孔瑾、李再貴，基因轉殖食品，五南出版社。
22. 國科會－國際科技合作簡訊網，http://stn.nsc.gov.tw/
23. 基因重組實驗守則，中華民國科技部。

24. 張玉瓏、徐乃芝、許素菁，生物技術（第五版），新文京開發出版股份有限公司。
25. 曾哲明，免疫學（第三版），新文京開發出版股份有限公司。
26. 馮斌、謝先芝，基因工程技術，五南出版社。
27. 楊長賢、蔡坤旺、林美吟、陳俊寰，生物科技與法律：美國生技發明專利案例分析，五南出版社。
28. 廖婉茹、黃穰，科學發展，2003 年 4 月，364 期，pp. 30-37
29. 裴雪濤，幹細胞技術，五南出版社。
30. 趙謀明，食品生物技術，藝軒圖書公司。
31. 賴志河、張芸潔，醫護微生物及免疫學（第三版），新文京開發出版股份有限公司。
32. 張竣維、胡若梅、張清堯、施養佳、蒙美津、姚雅莉等，生命科學概論，新文京開發出版股份有限公司。
33. Environmental Biotechnology, Alan Scragg, Longman。
34. http://140.112.78.220/~brc/Research/Biomed1Ts.htm
35. http://aquasci.aqua.ntou.edu.tw/tech/tech_f/gene02.htm
36. http://aquasci.aqua.ntou.edu.tw/tech/tech_j/algae001.htm
37. http://biotek.nsc.gov.tw/5-01-01.html
38. http://content.edu.tw/senior/computer/ks_ks/pro/index/4/c.htm
39. http://home.kimo.com.tw/laws917/article/b/90010101/90010101.htm
40. http://investintaiwan.nat.gov.tw/moea-web/InvestOpps/Type/CrrntStrngInds/Biotech/BiotechIndepth-c.htm
41. http://microbiology.scu.edu.tw/colony/colony5/feature/stem%20cell.htm
42. http://netroom.hbu.edu.cn/personal/gene2000/medical.htm
43. http://www.alarvita.com/b01/stemcell/stem01.htm
44. http://www.brc.ntu.edu.tw/~juang/
45. http://www.epa.gov.tw/cooperation/Meeting-U/meeting5A.htm

46. http://www.genome-kmu.com.tw/genome%20web/diagram_9.htm
47. http://www.herbal-med.org.tw/Tech1.asp
48. http://www.level.com.tw/2002/RnD/tech.htm
49. http://www.moea.gov.tw/~ecobook/season/saa16.htm#p1
50. http://www.nhltc.edu.tw/~bruce/cloned_sheep/tutor2.htm
51. http://www.sciscape.org/bio_news.php
52. http://www.wordpedia.com/sino/gene.asp
53. http://90ways.com/sciarchive/sci25.php
54. http://bunshi3.bio.nagoya-u.ac.jp/bunshi3/students/yohko/CG.html
55. http://caffeine.chemistry.montana.edu/mass-spec/maldipics.html
56. http://fig.cox.miami.edu/~cmallery/255/255hist/255history.htm
57. http://juang.bst.ntu.edu.tw/ECX/monoclonal.htm#scheme
58. http://louisville.edu/~awisha01/index2.htm
59. http://show.bioon.com/product/Show_product.asp?id=54009
60. http://vietsciences.free.fr/khaocuu/nguyenlandung/virus01.htm
61. http://www.acrc.uams.edu/cancer_research/proteomics_equip.asp
62. http://www.clinique-agdal.com/plateau_technique.asp?id_cat=6
63. http://www.hokushin-hosp.jp/ct/ct/ctsouchi1.htm
64. http://www.nies.ch/diving/philippines/jan04/index.de.php/dscn4652.php
65. http://www.science.org.au/events/biotechnology/green.htm
66. http://www.ucc.ie/spillane/bioinformatics/bioinformatics2005/pages/moduleFive.html
67. http://www.udel.edu/chem/bahnson/chem645/websites/laccase/index_files/Page452.htm
68. http://www.wallpaperfishtalk.com/saltwater_aquarium.html
69. http://www2.bishopmuseum.org/dargis/spaloc.asp?Locale=Oaph03
70. http://biotech.nstm.gov.tw/11/112.asp?yy=1

71. http://binfo.ym.edu.tw/edu/biol_basis/pcr.htm
72. http://science.marshall.edu/harrison/research.html
73. http://www.treasuresofthesea.org.nz/green-macroalgae
74. http://taggart.glg.msu.edu/bot335/seaweed.htm
75. https://www.twreporter.org/a/sars-cov-2-variants
76. https://health.hawaii.gov/ola/files/2020/03/HI-COVID-19_FAQs_CHINESE_TRADITIONAL.pdf
77. https://www.cdc.gov.tw/Category/List/AuFztf_j5e4MaYz-sjteNQ

MEMO

INTRODUCTION TO BIOTECHNOLOGY

MEMO

INTRODUCTION TO
BIOTECHNOLOGY

MEMO

INTRODUCTION TO
BIOTECHNOLOGY

MEMO
INTRODUCTION TO
BIOTECHNOLOGY

國家圖書館出版品預行編目資料

生物技術概論／鍾竺均, 陳偉編著. － 第七版. －
新北市：文京開發出版股份有限公司, 2023. 11
面 ： 公分

ISBN 978-986-430-990-0（平裝）

1. CST: 生物技術

368 112018954

生物技術概論（第七版）

（書號：B178e7）

編著者	鍾竺均 陳 偉
出版者	新文京開發出版股份有限公司
地址	新北市中和區中山路二段 362 號 9 樓
電話	(02) 2244-8188（代表號）
F A X	(02) 2244-8189
郵撥	1958730-2
初版	西元 2003 年 09 月 15 日
第二版	西元 2007 年 03 月 30 日
第三版	西元 2008 年 07 月 04 日
第四版	西元 2013 年 08 月 23 日
第五版	西元 2016 年 06 月 01 日
第六版	西元 2019 年 11 月 30 日
第七版	西元 2023 年 12 月 01 日

建議售價：410 元

法律顧問：蕭雄淋律師

ISBN 978-986-430-990-0

NEW WCDP
New Wun Ching Developmental Publishing Co., Ltd.
New Age · New Choice · The Best Selected Educational Publications—NEW WCDP

NEW WCDP

新文京開發出版股份有限公司

新世紀・新視野・新文京 — 精選教科書・考試用書・專業參考書